抗静电抗菌发泡材料

郑玉婴　著

科学出版社

北　京

内 容 简 介

针对常规乙烯-乙酸乙烯酯共聚物(EVA)发泡材料表现出较差的阻燃性能、抗菌性能、抗静电性能和降解性能,本书介绍了系列功能化改性的 EVA 复合发泡材料,系统研究了复合材料结构与性能的变化,获得了具有良好阻燃性能、抗菌性能、抗静电性能、降解性能和力学性能等的功能化 EVA 复合发泡材料,有望为实现 EVA 复合发泡材料的生产及应用提供理论指导并奠定实践基础。

本书可供材料科学研究人员、青年学者以及所有与材料科学有关的自然科学工作者和工程技术人员参考。

图书在版编目(CIP)数据

抗静电抗菌发泡材料/郑玉婴著. —北京:科学出版社,2021.7
ISBN 978-7-03-067111-0

Ⅰ. ①抗… Ⅱ. ①郑… Ⅲ. ①抗静电–发泡材料–复合材料–研究 Ⅳ. ①TB34

中国版本图书馆 CIP 数据核字(2020)第 239578 号

责任编辑:贾 超 / 责任校对:杜子昂
责任印制:吴兆东 / 封面设计:东方人华

科 学 出 版 社 出版
北京东黄城根北街 16 号
邮政编码:100717
http://www.sciencep.com

北京中石油彩色印刷有限责任公司 印刷
科学出版社发行 各地新华书店经销
*
2021 年 7 月第 一 版 开本:720×1000 1/16
2021 年 7 月第一次印刷 印张:17 3/4
字数:350 000
定价:128.00 元
(如有印装质量问题,我社负责调换)

前　言

乙烯-乙酸乙烯酯共聚物(EVA)发泡材料由于质轻、高弹、无毒和易加工等优点，被广泛用于运动鞋材、绝缘光缆外皮、软质坐垫材料和阻尼材料等领域。然而社会在高速发展，人们对 EVA 发泡产品性能的要求也不断提高，因此研究出一种具有良好力学性能、功能化的 EVA 发泡材料就显得十分重要。本书研究了不同功能化改性的 EVA 发泡材料，并对其微观结构、抗菌性能、抗静电性能、阻燃性能、降解性能及力学性能等做了详细研究。

采用 EG(可膨胀石墨)与 APP(聚磷酸铵)复配协同阻燃制备阻燃 EVA 复合发泡材料，研究了阻燃剂用量对复合发泡材料阻燃性、热稳定性、物理力学等性能的影响并探讨了 EG、APP 协同阻燃机制。

采用成炭剂 TPS(热塑性淀粉)与 EG、APP 复配协同阻燃制备可降解阻燃 EVA 复合发泡材料，研究了 TPS 对复合发泡材料热稳定性、耐水性、降解性等性能的影响。

采用 MPOP(三聚氰胺多聚磷酸盐)对 EG 进行二次插层制备新型阻燃剂 MPOP-EG，并将其应用于 EVA 复合发泡材料中，对比了 MPOP-EG、EG、APP、APM(APP/PER/MEL=1/1/1)的阻燃效果，探讨了 MPOP-EG 膨胀阻燃机制。

以改性炭黑、可膨胀石墨和碳纤维为抗静电剂制备具有抗静电功能 EVA 复合发泡材料，研究了不同防静电剂及用量对复合发泡材料防静电性、阻燃性、热稳定性等性能的影响。

纳米无机物可以作为发泡材料的泡孔成核剂，以硅烷偶联剂 KH-550 和 KH-570 两种表面活性剂分别对煤系煅烧高岭土、龙岩煅烧高岭土和水洗高岭土进行改性，将改性后的高岭土作为淀粉/EVA 复合发泡鞋底材料的泡孔成核剂制备复合发泡鞋底材料，探讨了复合发泡鞋底材料的力学性能和拉伸断裂机理。

对可溶性淀粉和玉米淀粉分别进行湿法和干法接枝改性，不使用增容剂和改性剂 EAA(乙烯-丙烯酸共聚物)，将改性后的淀粉直接应用于 EVA 发泡材料，探讨了接枝改性淀粉/EVA 复合发泡鞋底材料的配方工艺，表征了其力学性能。

通过改进的 Hummers 法制备氧化石墨烯(GO)，选用硅烷偶联剂 KH-550 对 GO 进行化学接枝处理，制备出氧化石墨烯的衍生物 K-GO，并作为纳米助剂运用于 EVA 基体中制得 EVA 复合发泡材料。

将 GO 与炭黑(CB)进行溶液混合，选用对苯二胺(PPD)作为还原剂在悬浮液中原位还原,制得还原氧化石墨烯-炭黑杂化物 RGO-CB,然后将其作为功能助剂运用于 EVA 基体中制得抗静电 RGO-CB/EVA 复合发泡材料。考查了石墨烯及其杂化物的形貌,复配抗静电剂对 EVA 复合发泡材料抗静电、热稳定和机械性能的影响。

以异丙醇钛为钛源,葡萄糖为还原剂,通过一步水热法制备 RGO-TiO$_2$,并将其通过多巴胺自聚合膜涂覆于 EVA 发泡材料表面,考查了涂层的光催化降解效率。

本书是对作者所开展的部分研究工作和取得成果的详细介绍和总结。全书共分 18 章,第 1 章介绍了 EVA 发泡材料和功能化 EVA 发泡材料的研究进展;第 2 章介绍了 EG-APP/EVA 复合发泡材料;第 3 章介绍了 EG-APP-TPS/EVA 复合发泡材料;第 4 章介绍了 MPOP-EG/EVA 复合发泡材料;第 5 章介绍了 CB-EG/EVA 复合发泡材料;第 6 章介绍了炭黑、碳纤维双组分抗静电 EVA/淀粉复合发泡材料;第 7 章介绍了含纳米银系抗菌粉的 EVA/淀粉复合发泡材料;第 8 章介绍了表面负载纳米银的 EVA/淀粉复合发泡材料;第 9 章介绍了木薯淀粉/EVA 复合发泡鞋底材料;第 10 章介绍了玉米淀粉/EVA 复合发泡鞋底材料;第 11 章介绍了改性高岭土在玉米淀粉/EVA 复合发泡鞋底材料中的应用;第 12 章介绍了淀粉接枝改性及其在 EVA 复合发泡鞋底材料中的应用;第 13 章介绍了 EVA/木粉/HDPE 复合发泡材料;第 14 章介绍了 EVA/淀粉/HDPE 复合发泡材料;第 15 章介绍了淀粉/木粉复合发泡材料;第 16 章介绍了 K-GO/EVA 复合发泡材料;第 17 章介绍了 RGO-CB/EVA 复合发泡材料;第 18 章介绍了表面负载 RGO-TiO$_2$ 的 EVA 复合发泡材料。

在编写过程中,张由芳、胥荣威、陈志杰、周谦和刘艺等研究生提供了研究工作内容,对本书的内容和研究成果付出了努力、做出了贡献,在此表示由衷的谢意。

由于作者水平有限,书中难免有不妥和疏漏之处,敬请读者批评指正。

作　者
2021 年 7 月

目　录

第1章 绪 论

1.1 研究背景

乙烯-乙酸乙烯酯共聚物(EVA)是由乙烯单体和乙酸乙烯酯单体聚合而成的热塑性树脂。由于在聚乙烯链上引入乙酸乙烯单元，打乱了原来的结晶状态，EVA趋向于"塑化效应"而降低了其支链的结晶度并增大了聚合物链与链之间的距离，这就使得EVA相比于PE(聚乙烯)更具有弹性以及柔软性，也提高了热密封、耐冲击、耐环境应力开裂、耐低温等性能，同时适合于挤塑、吹塑、注塑、模塑等多种加工方式。因此，以EVA树脂为基体材料而制备的EVA复合发泡材料具有良好的缓冲性、保温、隔音、耐酸碱、质轻等特性，广泛应用于制鞋行业、包装行业、家具行业、建筑行业等多个领域。但EVA也有不足之处，如易燃、使用或生产制品时易产生静电、不能降解等，限制了其应用领域。因此研究出一种具有良好力学性能、功能化的EVA发泡材料就显得十分重要[1]。

1.2 EVA发泡材料

1.2.1 EVA简介

1.EVA结构

EVA(ethylene-vinyl acetate copolymer)，中文名称为乙烯-乙酸乙烯酯共聚物，是由结晶性、非极性的乙烯单体(E，$CH_2=CH_2$)和非结晶性、极性的乙酸乙烯酯单体(VA，$CH_3COOCH=CH_2$)在高压条件下本体聚合或乳液聚合或溶液聚合而成的热塑性树脂，是最主要的乙烯类共聚物之一。其分子结构如图1-1所示，可通过调整两种单体的投入比而制备得到不同乙酸乙烯酯含量(1%～99%)的EVA树脂。

关于EVA，英国ICI公司早在1938年就申请了相关的专利，美国杜邦公司于1960年开始实现了工业化连续生产，随后BAYKR、EXXON、Ucc、Usi等三十几家公司同样投入生产。EVA是继低密度聚

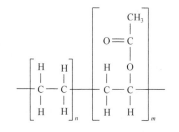

图1-1 EVA分子结构

乙烯(LDPE)、超高分子量聚乙烯(UHMWPE)、中密度聚乙烯(MDPE)、高密度聚乙烯(HDPE)、线型低密度聚乙烯(LLDPE)以及改性聚乙烯后乙烯类共聚物的一个重要品种。

2. EVA 性能及应用

随着 VA 含量的不同，EVA 可应用于从弹性体到热塑性塑料的很多材料。VA 含量不同，EVA 产品的应用(表 1-1)不尽相同。

表 1-1　EVA 的应用

VA 含量/%	应用
1~6	通用型薄膜(冷冻食品袋、冰袋及农膜等)
6~15	拉伸包装、电线电缆、弹性薄膜等
15~20	黏合剂、热熔胶、发泡鞋材等
20~35	地毯背衬、蜡基涂料、热熔黏合剂等
35~45	聚合物掺混/接枝物及模塑制品等
>45	涂料、PVC 改性剂等

EVA 的性能主要取决于 VA 含量和熔体流动速率(MFR)，也受分子链支化度的影响。

(1) VA 含量的影响：一是链转移反应随着 VA 含量上升而增加，分子量的分布会变宽从而影响 MFR，使得聚合物更加容易相互缠结，出现高弹性响应。二是由聚乙烯链段组成的结晶区受到严重的破坏。VA 含量越高，EVA 的性质越类似于橡胶；VA 含量越低，EVA 的性质越类似于 PE。

(2) MFR 的影响：MFR 决定了 EVA 的熔融流动性，与聚合物的分子量有着很大的关系，可用于 EVA 分子量大小的表征。VA 含量一定时，MFR 数值变大，可提高 EVA 的熔融流动性，降低熔融黏度、拉伸强度、分子量大小、断裂伸长率、永久压缩变形、韧性、环境应力开裂性等性能。

(3) 分子链支化度的影响：由 EVA 分子链中 CH_3COO—基团形成的短支链破坏了本来的结晶区，降低了结晶性，从而导致 EVA 趋近"塑化效应"，增加了分子链之间的距离，也降低了分子支链上乙烯结晶度。这就是 EVA 比 PE 更具有弹性以及柔软性的原因所在。

EVA 树脂具有良好的回弹性、低温挠曲、抗环境应力开裂、耐候性、黏着性等特性，以及易加工、易着色、耐酸碱、耐老化、耐腐蚀、缓冲抗震、隔音隔热等性能，因而其应用十分广泛，而且应用范围还在不断地扩大。工业生产中 EVA 树脂的应用通常按照其中乙烯单体和 VA 比例不同分为以下几方面：塑料型、橡胶型、黏合剂型、其他类型。主要的应用范围如下。

(1) 鞋材：凉鞋、平底鞋、登山鞋、高档旅游鞋等鞋底以及内衬材料；

(2) 黏合剂：可制成 VA 含量在 25%～40%的热熔胶，广泛应用于地毯的涂层、书籍的无线装订、金属的防腐涂层等；

(3) 改性剂：可同 PE、PP(聚丙烯)、PVC(聚氯乙烯)、ABS(丙烯腈-丁二烯-苯乙烯共聚物)、橡胶等混合，具有广泛的应用范围，可以制成板材，替代钢材、管材、各种软管以及其他材料；

(4) 包装材料：仪器仪表、电子电器等产品的缓冲减震外包装材料；

(5) 其他：包括薄膜、家电材料、建筑材料、电线电缆等方面。

1.2.2 EVA 发泡材料概述

1. EVA 发泡材料特点

发泡材料是一类由气体分子以及聚合物一同构成的气、固两相复合材料。在这种气、固两相的复合材料中，不仅可以是聚合物和气体分别为连续相和分散相，而且也可以是聚合物和气体同时为连续相，这取决于气体所形成的泡孔与泡孔之间的连接形式。

发泡材料因其泡孔的存在而具有密度低、比强度高、热导率低、隔热、隔音等良好性能，应用范围十分广泛，可在包装、汽车、鞋材等领域发挥重要的作用。常用来制备发泡材料的基体材料有 EVA、苯乙烯-丁二烯-苯乙烯嵌段共聚物(SBS)、PE 树脂等。其中，以聚合物 EVA 为基体材料制得的 EVA 发泡材料能够大量地应用于鞋材、救生材料、隔热保温材料、建筑等方面，是因为 EVA 发泡材料具有以下常见的特性。

(1) 耐腐蚀性：可耐酸碱性、涂料、消毒剂等化学品腐蚀，无味道、无毒性、无污染；

(2) 耐水性：封闭孔洞，防潮湿、防吸水，耐水性能优良；

(3) 防震/缓冲性：因韧性、抗张力高而拥有优异的防震、缓冲性能；

(4) 加工性：易于进行裁剪、贴合、涂胶等加工；

(5) 隔音性：封闭孔洞，隔绝声音效果良好；

(6) 保温性：优良的保温性，可耐日晒、冻寒。

2. EVA 发泡材料原料及工艺

成功制备性能优异的 EVA 发泡材料，除了需要基体材料 EVA 树脂外，还需添加合适用量的发泡剂、交联剂和加工助剂以及适当的工艺条件。

1) 发泡剂

发泡剂是指能够发泡使得材料形成相连孔洞或者封闭孔洞结构的一类物质，

最早工业化是在橡胶工业早期，1846 年 Hancock 等以挥发性液体和碳酸铵作为发泡剂制备了天然橡胶开孔海绵制品。发泡剂是发泡材料制备过程中气泡进行增长的动力源泉，它对发泡材料有关性能的影响十分重要。发泡剂根据形成气体机理的不同可分为化学发泡剂和物理发泡剂。化学发泡剂是现在工业中最常用到的发泡剂，而 EVA 发泡中使用的就是化学发泡剂偶氮二甲酰胺(AC)。

发泡剂 AC 具有性能稳定、发气量大、不助燃、无污染、不变色、无毒性以及适用范围广、性价比高等优点。发泡剂 AC 受热分解形成的氮气、氨气等气体，渗透性较小，因此可制备得到封闭孔洞的发泡材料。发泡剂 AC 受热后的分解反应式如式(1-1)～式(1-3)所示。

$$2H_2N-\overset{\overset{O}{\|}}{C}-N=N-\overset{\overset{O}{\|}}{C}-NH_2 \xrightarrow{\triangle} H_2N-\overset{\overset{O}{\|}}{C}-NH-NH-\overset{\overset{O}{\|}}{C}-NH_2 + 2\ HCNO + N_2\uparrow \tag{1-1}$$

$$H_2N-\overset{\overset{O}{\|}}{C}-N=N-\overset{\overset{O}{\|}}{C}-NH_2 \xrightarrow{\triangle} H_2N-\overset{\overset{O}{\|}}{C}-NH_2 + N_2\uparrow + CO\uparrow \tag{1-2}$$

$$H_2N-\overset{\overset{O}{\|}}{C}-NH_2 \Longrightarrow HCNO + NH_3\uparrow \tag{1-3}$$

合适的 AC 用量才能成功制备性能优异的 EVA 发泡材料，当 AC 用量过小时，EVA 发泡材料硫化明显不足，发泡压力不够，发泡就不正常；当 AC 用量过大时，EVA 发泡材料产生了过硫化，形成多且大的气孔而使得气泡合并且泡孔的尺寸分布不均匀，材料的性能较差，物料变黄影响正常调色，不具有使用价值。同时，发泡剂 AC 在 EVA 体系中的分散程度对发泡成型有重要的影响，假如 AC 在 EVA 体系中分散性较差，EVA 发泡材料泡孔较大，就不会起到良好的增加韧性作用，反而容易造成裂纹的扩展，很大程度上扩大了发泡材料内部的缺陷，使其综合性能下降。因此，在 EVA 发泡材料发泡成型中，需要添加合适用量的发泡剂 AC 并且分散要良好。

2) 交联剂

过氧化二异丙苯(DCP)是最常用的交联剂，它可以延长混炼胶储存的时间，也减小了早期的硫化。在 EVA 达到熔融状态时，体系的黏度快速下降，需加入交联剂 DCP 来保持发泡剂 AC 产生的气体并保持硫化黏弹性，因此 DCP 用量是影响发泡材料有关性能的关键因素之一。若 DCP 用量过大，则发泡过程中会发生交联过度，易出现龟裂现象，使得材料变得硬且脆，从而导致发泡材料的拉伸强度、断裂伸长率、撕裂强度、回弹性等下降以及密度增大；若 DCP 用量过小，则发泡过程中会发生交联不足，易出现黏模以及气孔迅速收缩现象。一般情况下，EVA 发泡材料在 DCP 用量为 0.5～1phr[①]时力学性能较好。

---

① phr 全称为 parts per hundreds of rubber (or resin)，表示对每 100 份(以质量计)橡胶(或树脂)添加的份数。

3) 加工助剂

硬脂酸(St)在发泡过程中可作为脱模剂和促进剂,使得物料在塑化熔融时不黏辊或者易从辊上揭下并且有利于硫化发泡时开模和脱模,还可降低发泡剂 AC 的分解温度而促进其分解,然而用量过多时则会造成体系酸性太强使得交联剂 DCP 酸中毒,阻碍交联而出现吐霜现象。氧化锌(ZnO)在发泡过程中不仅可以降低发泡剂 AC 的分解温度,还可中和发泡体系中多余的酸性,故合适的 ZnO 用量有利于制备泡孔大小均一、分布均匀的发泡材料,从而提高材料的力学性能。硬脂酸锌(ZnSt)同样可降低发泡剂 AC 的分解温度,但效果不如 ZnO。三者同时使用时可起到较好的协同作用。

4) 工艺条件

在 EVA 发泡成型过程中,工艺条件(模压所需的时间和温度)对体系的黏度以及泡孔的性能影响显著。在加工温度范围内,体系的黏度随着加工温度的上升而下降,然而黏度过低将使得孔壁变薄而容易发生破孔,但是黏度过大则阻碍了泡孔的形成。模压所用的时间越长则越有利于泡孔的生长,但时间过长同样容易造成破孔。

1.2.3　EVA 发泡材料研究进展

M. A. Jacobs 等利用超临界二氧化碳发泡技术制备了 EVA 微孔发泡材料。研究发现,发泡体因吸附压力的增加而具有更小的孔径以及更低的密度;升高发泡温度可形成孔隙小且致密的泡孔,但温度超过熔点后发泡体则变得不稳定而出现破孔和并孔现象。

本书研究了温度、压力以及时间等工艺参数对注射成型中 EVA 制品有关性能的影响,发现模具温度对断裂伸长率、邵氏硬度 C 影响显著,注射压力和模压时间次之,模压压力的影响最小;模具温度对材料的密度影响最大,模压时间次之,模压压力、注射压力的影响可忽略不计;注射压力对拉伸强度影响较大,模压时间和模压压力对拉伸强度影响较小。将 EVA 与丁苯橡胶(SBR)共混得到交联密闭泡孔式发泡材料,实验结果表明:6% AC、0.6% DCP、130℃发泡温度、15 min 发泡时间时,EVA/SBR 共混发泡材料的力学性能最好。

本书采用 EVA 与植物纤维进行共混改性,研制了所适用的复合发泡剂,并讨论了发泡剂的含量对复合鞋材撕裂强度以及拉伸强度等性能的影响。从而确定了植物纤维与 EVA 加工时最佳配方与工艺,并制备了综合性能相对优异的鞋材。

为提高 EVA 发泡材料的回弹性并降低其密度,添加天然橡胶(NR),分别在155℃、160℃和160℃下交联发泡,当 NR 与 EVA 的质量比为 10∶90 时,在165℃下 EVA 发泡效果最好,制备的 EVA/NR 复合发泡材料的回弹性和撕裂强度最大,且密度最小。

1.3　阻燃材料概述

同大多数聚合物一样，EVA 复合发泡材料极其容易燃烧，且发烟量、发热量大，由于多孔状结构的存在以及密度较低而加快了其燃烧的速度和质量的损失，所以 EVA 复合发泡材料的阻燃性能差，其极限氧指数仅为 18%～20%，燃烧时产生的烟雾对人们的身体健康有危害。阻燃性能差大大限制了 EVA 复合发泡材料更加广泛的应用，因此随着人们安全意识的不断增强，具有低烟、低毒等特性的无卤阻燃 EVA 复合发泡材料的开发引起了高度重视。

1.3.1　常用阻燃剂

阻燃剂是能够阻碍火焰燃烧的物质的统称，根据阻燃剂在阻燃基材中的存在形态以及使用方法，可分为反应型阻燃剂和添加型阻燃剂。添加型阻燃剂由于具有使用方便、应用范围广、对基材影响小等优点而得到广泛应用，可分为无机阻燃剂、磷系阻燃剂、膨胀型阻燃剂及其他阻燃剂。

1. 无机阻燃剂

氢氧化铝(ATH)是一种安全性高的典型无机阻燃剂，具有稳定性好、来源丰富、价格低廉等优点，易与其他阻燃剂产生协同阻燃效应。ATH 阻燃时吸收大量热量，在 250℃左右开始脱水，可降低燃烧物表面温度并稀释氧气、可燃性气体的浓度，在燃烧物表面生成 Al_2O_3 隔热层，同时促进基体炭化。ATH 阻燃 EVA 存在着以下不足：一是容易发生灼烧；二是分解温度较低；三是阻燃效率较低，添加量较大而使得材料性能变差。

氢氧化镁(MH)也是一种典型的无机添加型阻燃剂，具有消烟作用显著、价格低廉等特点，还能够中和燃烧物产生的酸性气体，属于环境友好型阻燃剂。MH 的分解温度较高，适合应用于加工温度要求较高的聚合物中，如聚甲醛、尼龙等。MH 阻燃时吸收大量热量，分解产生水蒸气，可抑制燃烧物表面的温度上升以及稀释可燃性气体的浓度，生成 MgO 产物附着在燃烧物的表面，起到物理隔热作用。但是 MH 阻燃 EVA 的缺点类似于 ATH，添加量大且因极性大而与聚合物相容性较差，影响了材料的性能。

2. 磷系阻燃剂

红磷是一种效率高的阻燃剂，在 400℃受热后分解成白磷，而白磷会在水蒸气的作用下被氧化成磷的含氧酸，磷的含氧酸既可以附着在燃烧物的表面又能促进材料炭化形成隔热炭层。在现实的使用中，红磷常与氢氧化物复配，应用于 EVA

的阻燃，其协同效应是由于氢氧化物在吸收大量热量后脱水，在水蒸气的作用下将红磷氧化成磷的含氧酸，在此类酸的强脱水作用下氢氧化物的脱水反应更加彻底并促进燃烧物炭化形成具有隔热、隔氧作用的保护炭层。也有相关报道表示这是因为 EVA 侧基氧元素促进红磷的氧化。红磷由于加工安全性差，需对其进行微胶囊化包覆。

3. 膨胀型阻燃剂

膨胀型阻燃剂是一类阻燃效率高的阻燃剂，根据阻燃机理的不同可分为物理膨胀型阻燃剂、化学膨胀型阻燃剂。化学膨胀型阻燃剂主要由酸源、炭源及气源三部分组成，通过多孔蓬松的膨胀炭层而在凝聚相中起到隔热、隔氧等作用而达到阻燃目的。酸源、炭源及气源三者的添加量只有达到合适的比值，才能使得聚合物燃烧时形成致密均匀的膨胀炭层，从而起到良好的抑烟、隔热、隔氧的阻燃作用。

聚磷酸铵(ammonium polyphosphate, APP)是近些年来国内外迅速发展起来的一类高效新型膨胀型阻燃剂，其分子通式为 $(NH_4PO_3)_n$。APP 分子内磷、氮元素含量很高，具有化学稳定性好、分散性优良、毒性低、吸湿性小等优点，可与其他阻燃剂进行复配协同阻燃塑料。APP 在高温作用下，受热快速分解形成聚磷酸和氨气，氨气可稀释气相中可燃性气体及氧气，而聚磷酸是一类强脱水剂，促进聚合物脱水炭化而形成具有隔热、隔氧作用的膨胀炭层，从而达到阻燃目的。

物理膨胀型阻燃剂主要是可膨胀石墨(EG)，是一种由天然鳞片石墨经过电化学氧化法[2]或者化学氧化法处理得到的石墨层间化合物。EG 在高温作用下其层间的插层剂 H_2SO_4 受热与石墨迅速发生氧化还原反应并释放出大量 CO_2、H_2O、SO_2 等气体。石墨片层在产生气体的作用下被撑开，并逐渐膨胀扩大，最终由"片层状"膨胀成"蠕虫状"，而"蠕虫状"残炭堆叠在一起形成具有良好隔热作用的膨胀炭层，在膨胀的过程中，石墨片层间释放出酸根离子进一步促进材料发生脱水炭化反应。虽然 EG 阻燃效率较低，但与其他阻燃剂复配可起到良好的协同阻燃作用。

4. 其他阻燃剂

其他阻燃剂，包括有机硅、碱式硫酸镁晶须(MOS)、有机膨润土、蒙脱土(MMT)等。

1.3.2　阻燃测试方法

为了更好地了解材料的阻燃性能，需准确测得材料的各项性能参数，使其在火灾危害的预防上发挥必要的作用。材料的相关阻燃测试方法和分析方法类别很多，但是从实验和分析的角度，可由微观至宏观进行分类，如图 1-2 所示。

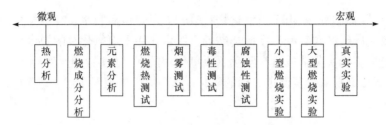

图 1-2　阻燃测试方法

现在比较常用而且非常重要的阻燃测试方法有极限氧指数(LOI)法、水平和垂直燃烧(UL-94)法。LOI 法就是聚合物在氧气和氮气的混合气体中当刚能支撑其燃烧时的氧体积分数(浓度)，LOI 法测试的结果是可量化的。而 UL-94 法是最具代表性和应用最广泛的测试方法，其原理是按一定的火焰高度和一定的施焰角度对呈水平或者垂直的试样定时施燃若干次，以试样有焰、无焰燃烧时间(垂直法)和线性燃烧速率(水平法)来评定其燃烧性。

1.3.3　阻燃材料研究进展

Burns 等[3]研究了 EVA 及 EVA/PVB 复合材料中 ATH 和 MH 对其性能的影响。研究表明，纯 EVA 极限氧指数仅为 20.7%，拉伸强度、断裂伸长率分别为 8.5 MPa、297%。添加 38% MH 时，极限氧指数可提高为 29%。同时发现拉伸强度随着 ATH 用量的增大而提高，断裂伸长率却下降。

本课题组采用硅烷改性剂对 MH 表面处理，并将其用于 EVA 的阻燃。结果发现，改性剂在温度 110℃、时间 0.5 h 以及 2.5%用量时，EVA/MH 复合材料具有良好的阻燃性能和力学性能，极限氧指数可达 33%，拉伸强度和断裂伸长率分别为 7.2 MPa、220%。

Zhang 等[4]制备得到 EVA、ATH、Na-MMT 配比为 50∶47∶3 的阻燃复合材料，极限氧指数可达 37%，垂直燃烧为 V-0 级。当 EVA、ATH、Fe-OMT 配比为 50∶47∶3 时，阻燃复合材料的极限氧指数提高至 39%，垂直燃烧同样为 V-0 级，表明 Fe-OMT 的阻燃效果优于 Na-MMT。

蔡晓霞等[5]研究了可膨胀石墨与聚磷酸铵复配协同阻燃 EVA，当可膨胀石墨和聚磷酸铵添加比例分别为 13.3%和 36.7%时，复合材料阻燃性能最好，其极限氧指数可达 45.0%，垂直燃烧可达 V-0 级别。

王乐等[6]通过硫化硅橡胶制备了新型有机硅(ZD)，并同 MH 和 ATH 复配协同阻燃 EVA/LLDPE 材料。研究表明，复合材料的极限氧指数可提高至 33%，ZD 起到显著的协同阻燃作用并且一定程度上不降低材料的力学性能。

1.4　防静电材料研究进展

高分子材料可应用于家用电器、电子电气以及交通运输等多个领域，但高分子材料通常具有很高的电绝缘性而极易因摩擦或者碰撞产生静电现象。EVA 复合发泡材料同大多数高分子塑料一样都具有优良的电绝缘性，其体积电阻可达 $1014\ \Omega \cdot cm$ 甚至更高。但是，良好的电绝缘性使得 EVA 复合发泡材料在某些环境中使用时容易因摩擦或者碰撞而产生并累积静电荷，大量的静电荷累积会对包装产品造成破坏，如电子元件报废、精密仪器失真等，甚至会引起火灾、爆炸、电击等事故。EVA 复合发泡材料由于防静电性能差而限制了其在更多领域的进一步应用，因此需要开发防静电性的 EVA 复合发泡材料，减少因静电而造成的事故以及静电放电、静电效应对人体产生的危害。

1.4.1　防静电剂分类

1. 外处理型防静电剂

外处理是一种暂时性的防静电处理方法，即通过浸渍、喷涂等方法用溶于合适溶剂的防静电剂处理高分子材料，并在材料表面形成防静电剂分子层而起到防静电作用。外处理型防静电剂因所带基团不同一般可分为阳离子型、阴离子型、两性离子型以及非离子型四种。

阳离子型防静电剂中的阳离子一般是带有长链的烷基，包括季铵盐类以及咪唑啉类等化合物，其中季铵盐类化合物应用最为广泛。阳离子型防静电剂具有吸附力强、静电消除效果佳等优点，但对高分子材料的热稳定性有不良的影响。阴离子型防静电剂有磷酸盐类、硫酸盐类及磺酸盐类化合物。阴离子型防静电剂具有耐老化、稳定性好等优点，但无法利用离子本身导电转移载流子而需要较大量防静电剂。

两性离子型防静电剂是一类在一定的条件下能同时起到阳离子、阴离子活性剂作用的离子型防静电剂。两性离子型防静电剂具有与高分子材料较好的配伍性、相容性等优点，但卫生性差限制了其广泛的应用。非离子型防静电剂因其分子本身不带有电荷而具有较小极性，因此与高分子材料具有较好的相容性，其中乙氧基化脂肪族烷基胺是最具代表性的非离子型防静电剂。

2. 内添加型防静电剂

内添加型防静电剂也称为内部混炼型防静电剂，是高分子材料在混炼过程中加入其内部的一种防静电剂。防静电的过程就是将防静电剂同高分子材料经过机械均匀混合后进行加工成型，而内部防静电剂向高分子材料的表面迁移从而形成了具有防静电特征的表层而起到防静电作用。假如高分子材料表面的防静电表层的防静电性能因摩擦或者碰撞等原因而减弱，此时内部的防静电剂分子将会继续迁移到高分子材料表面而补充表层的防静电剂，从而达到防静电持久性。内添加型防静电剂在混炼的过程中可与高分子材料基体构成较为均一的体系，防静电性持久，在高分子材料加工的温度范围内不挥发、不分解，具有应用方便、价格低、毒性小等优点。

1.4.2 导电填料炭黑

导电填料就是填充到高分子材料中能起到防静电作用的各种无机填料，有碳系导电填料、金属系导电填料、其他导电填料。其中，炭黑(CB)是一类典型的碳系导电填料，由于具有价格低廉、品种齐全、质轻以及兼有吸收紫外线、补强作用等功能而得到十分广泛的应用。炭黑填充型复合材料的导电性能与炭黑的粒径、吸油值、比表面积等因素有关，而表面的化学性质(表面活性基团的数量)起着关键性作用，因为表面活性基团会阻碍载流子的移动而降低导电性，所以防静电材料不宜选用表面活性基团多的炭黑或者需要对炭黑进行表面处理。

许多研究都表明，当炭黑用量较低时，材料的电阻率(体积电阻率、表面电阻率)基本不变或者变化不大；而随着炭黑用量的增大，电阻率缓慢减小；当炭黑用量增大到某一临界值时，电阻率迅速减小；继续增大炭黑用量时，电阻率又是缓慢减小，变化不大，这一变化现象被称作渗滤效应，这一临界值被称作渗滤阈值。上述渗滤效应的解释是：炭黑用量较低时，其粒子在高分子材料的基体中是独立分散的，粒子与粒子的间距比较大，难以形成导电网络；随着炭黑用量的增大，粒子间距逐渐变小，直至达到渗滤阈值时，炭黑粒子非常接近或者互相接触，通过电子跃迁或者隧道效应形成连续的导电结构，从而降低了电阻率；炭黑用量超过渗滤阈值后，导电网络已经完善，从而对材料的电阻率影响较小。

本书通过在 EVA、三元乙丙橡胶(EPDM)以及 EVA/EPDM 共混胶中添加导电炭黑来生产具有导电功能的橡胶。结果表明，临界炭黑填充量的多少取决于聚合物以及并用聚合物的类型，对于二元共混聚合物体系，炭黑会在界面聚集或者优先在一相中分布，从而使得渗滤阈值比在单一聚合物中的小。

Huang 等[7]研究了在 Ziegler-Natta 催化剂中，聚丙烯/氧化石墨烯纳米复合材料的聚合。研究表明，在聚丙烯基体中纳米氧化石墨烯可以有效地分散在其中，而且还发现聚丙烯/氧化石墨烯纳米复合材料具有很高的导电性，例如，氧化石墨烯含量为 4.9%时，电导率(σ_c)可达 0.3 S/m。

Zhang 等[8]通过模压成型和压延成型制备了高抗冲型聚苯乙烯/苯乙烯-丁二烯-苯乙烯三嵌段共聚物/炭黑复合材料。研究表明，用压延法生产出的抗静电复合材料由于炭黑在复合材料中的分散较好而渗滤阈值更低，这是由于压延成型中高压缩比和快的牵引速率更有利于炭黑颗粒的分散。

田瑶珠等[9]将炭黑以不同的方式添加到 PVC 材料中，研究复合材料的抗静电性能。结果表明，采用以 EVA 为母料的炭黑添加方式，复合材料在炭黑用量较低时就可得到优异的抗静电性能。

Zheng 等[10]通过静电纺丝工艺制备了炭黑存在于尼龙 6(PA6)界面处的导电 CB/PA6/HDPE 复合材料。结果表明，对比 CB/HDPE 的渗滤阈值(8.5%)，CB/PA6/HDPE 的渗滤阈值仅为 4.3%。

1.4.3 金属系导电填料

金属系导电填料通常包括 Ag、Cu 和 Ni 等金属或合金粉末。其所需的较大的添加量和易氧化失效的特点限制了在高分子复合材料中的进一步应用，同时对聚合物基体的力学、抗老化性能均有不利影响。将 ATH 或 MH 应用于 EVA、LDPE 和两者的共混物。比较两种类型的金属氢氧化物对复合材料的机械和电学性能的影响。研究发现，与含有 ATH 的复合材料相比，含 MH 的复合材料导电性能更好，且增容剂的使用改善了金属氧化物和高分子基体的相容性。

1.4.4 高分子型导电填料

高分子型抗静电剂通常是少数可导电的高分子，有聚乙炔和聚吡咯(PPy)的衍生物等，可以与高分子基体一起加工成型，因此其在基体中的分散性是影响添加效果的重要因素。通过熔融混合方法制备纯 EVA 及其导电纳米复合材料 PPy/CB/EVA，对样品进行动态力学分析和导电分析，发现损耗模量和体积电阻率受到 PPy/CB 掺入的显著影响，当 PE∶EVA∶CB=75∶5∶20(质量比)时，复合材料的电阻最小。

1.5 抗菌材料研究进展

1.5.1 抗菌剂的分类与抗菌机理

按照抗菌剂的化学组成，一般将其分为无机抗菌剂和有机抗菌剂两大类，其中有机抗菌剂又能分为小分子有机抗菌剂和高分子抗菌剂两种。

1. 无机抗菌剂

无机抗菌剂是塑料工业中应用最为广泛、市场前景最好的一类抗菌剂。它是利用银、锌、铜、钛等金属及其离子的杀菌抑菌作用而制得的一类抗菌剂。在 20

世纪 80 年代早期,日本科学家开始将含银化合物作为抗菌材料直接共混添加到塑料中, 制备出抗菌塑料。但是早期直接添加银化合物的抗菌塑料性能明显降低,容易变色,与水接触时 Ag^+ 容易析出,抗菌时效性差,应用价值低。后来在此基础上发展而来的抗菌剂多采用能牢固负载金属离子的多孔材料,或者是能够和金属离子形成稳定螯合物的材料来负载抗菌金属离子。目前,无机抗菌剂的主要载体有不溶性磷酸盐、硅灰石、沸石和可溶性玻璃等,其抗菌效果好、耐热性高、安全,在应用中具有明显的优势。

抗菌剂的作用机理一般存在两种解释,接触反应机理和活性氧机理。其中接触反应机理认为,由于金属离子带正电,当微量的金属离子靠近并接触到微生物的细胞膜时,由于细胞膜带负电,与金属离子发生库仑吸引,两者牢固地结合在一起,这将导致金属离子穿透细胞膜,进入细胞内,与微生物中蛋白质上的巯基和氨基等发生反应。而由于细胞的合成酶活性中心由羟基、巯基和氨基等官能团组成,当与金属离子结合后,蛋白质的活性中心结构遭到破坏,蛋白质发生凝固,酶的活性丧失,同时还有可能干扰微生物 DNA 的合成,造成细胞丧失了增殖能力而死亡。并且金属离子和蛋白质的结合还有可能破坏微生物的呼吸系统、电子传输系统和物质传输系统。金属离子抗菌机理如图 1-3 所示。由于抗菌材料中的金属离子一般负载在缓释型载体上,在使用过程中金属离子能够缓慢释放出来,因而在浓度很低的情况时就具有抗菌效果了。

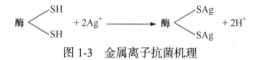

图 1-3　金属离子抗菌机理

活性氧机理认为,当加入金属离子抗菌剂后,材料表面分布的大量金属元素起到了催化活性中心的作用,如钛、银、锌。这些活性中心能够吸收环境中的紫外线短波能量,进而激活材料表面的空气或者水中的氧,产生活性氧离子和羟基自由基,它们具有强氧化还原能力或与细胞中的蛋白质、糖苷和不饱和脂肪酸发生反应,破坏细胞的正常结构,使细菌丧失增殖能力,达到杀菌效果。

2. 有机抗菌剂

与无机抗菌剂相比,有机抗菌剂的开发应用时间更长、工艺更加成熟。在某些领域,有机抗菌剂的作用不可替代。例如,抗菌作用速率上有机抗菌剂比无机抗菌剂要快得多,在材料的添加可操作性上也明显好于无机抗菌剂,在使用过程中颜色稳定性也较好。与无机抗菌剂相比,有机抗菌剂对微生物的抗菌作用具有一定的特异性,针对不同抗菌类别,可以分为抗菌剂、防霉剂、防腐剂、防藻剂等,因此需要根据不同的使用场合来选择不同的有机抗菌剂。有机抗菌剂种类繁多，常用的种类有有机锡、卤化物、吡啶金属盐、异噻唑、咪唑酮、醛类、季铵盐类等。有机抗菌剂的抗菌作用强、防霉效果好于无机抗菌剂，一般用量在 10^{-6} 以下就具有明显的抗菌效果。但是有机抗菌剂的缺点也十分明显，它的耐热性较差、抗菌时效性短，长时间使用将导致微生物产生耐药性。

有机抗菌剂的作用机理与无机抗菌剂有所不同。有机抗菌剂主要是通过与微生物细胞膜表面的阴离子相结合逐渐进入细胞内，或者与细胞表面的巯基、氨基等基团反应，破坏了细胞膜和蛋白质的合成系统，有效抑制了微生物的繁殖。不同种类的抗菌剂，其抗菌机理一般如下：①降低或者消除微生物细胞内的代谢酶活性，抑制微生物的呼吸作用；②阻碍孢子发芽时的膨润，抑制核糖核酸的合成，最终破坏孢子的发芽；③加速磷酸氧化，破坏细胞正常的生理机能；④抑制微生物的生物合成活性，干扰微生物维持生命和生长所需物质的产生；⑤破坏细胞壁的合成过程；⑥阻碍类脂类物质的合成。

3. 高分子抗菌剂

高分子抗菌剂是人们根据有机抗菌剂和天然抗菌剂的作用机理，结合两者特点设计出的一类抗菌性高分子。Kawabata 和 Nishiguchi[11]首次合成了吡啶型主链高分子，发现此种高分子具有杀菌能力并证实了其抗菌机理是通过高分子链吸附微生物细胞壁的功能来捕捉微生物的，通过分子链与微生物的电荷作用，使微生物失去活性，达到杀菌效果。此后，人们在此研究基础上成功合成出带有吡啶侧基的抗菌聚烯烃类材料，克服了天然抗菌剂不耐高温等特点，通过熔融共混即可加入材料中，方法简单易行。

1.5.2 抗菌粉的表面改性

无机抗菌粉由于呈亲水性，而且尺寸一般为微米级，因此具有较大的比表面积、较高的表面自由能，容易发生团聚现象。而聚合物大都呈亲油性，表面自由能低，因此当无机抗菌粉直接加入聚合物基体中时，由于两者在结构上存在较大的差别，相容性变差，难以有效分散在聚合物中。同时由于无机抗菌粉与聚合物基体的界面作用力较弱，无机抗菌粉的直接添加会对材料的物理力学性能产生不良影响。因此，改善无机抗菌粉在聚合物中的相容性显得十分重要。

一般而言，表面改性是通过物理作用或者化学反应，将具有亲水亲油性的表面活性剂包覆于无机粉体表面，从而改变粉体的表面性质。偶联剂由于处理方法简单，改性效果明显而被广泛应用。市面上常见的偶联剂种类有铝酸酯偶联剂、钛酸酯偶联剂、硅烷偶联剂、硼酸酯偶联剂、磷酸酯偶联剂和复合型偶联剂等。不同品种的偶联剂对于无机粉体的改性效果和适用范围也有所不同。

根据操作方法的不同，偶联剂的改性一般分为干法改性和湿法改性。其中，干法改性是偶联剂投入干燥的无机粉体中，在一定温度下通过高速混合达到改性效果。干法改性具有方法简单、成本低廉、可控性高等优点，适用于各种无机粉体的改性。湿法改性是将偶联剂投入一定固液比的粉体悬液中，在一定温度下充分搅拌达到改性效果。湿法改性效果优异、偶联剂用量少，但是存在方法复杂、成本高等缺点。

抗菌粉体的表面改性效果可以用以下几种方法来评价，毛细管浸透速度法、临界表面张力法、界面接触角测定法、沉降体积法、活化指数法、表面化学包覆法、Zeta 电位等表面电性法等。

1.5.3 纳米银的制备方法

纳米银与普通银粉相比，其尺寸在原子簇和宏观颗粒之间，微粒尺寸小、比表面积大，因此具有更加优异的抗菌效果。制备纳米银的方法很多，主要分为物理法和化学法两种方法。

物理法原理简单，得到的产品杂质含量少、品质高，但是对仪器设备要求较高，成本高昂。主要有蒸发冷凝法、溅射法和物理粉碎法。通过惰性气体冷凝和共冷凝技术，冷冻蒸发得到了纳米尺寸的银颗粒，此种方法得到的银颗粒对大肠杆菌具有良好的杀菌效果，但是存在容易团聚的缺点。在液氮温度下对银粉进行高能球磨，可得到纳米级的银颗粒。采用 Nd：YAG 激光器激发光照射银、金等金属，通过改变照射时间可制备各种纳米级的银、金胶体。

化学法是目前最为常用的制备纳米银的方法，它是通过将 Ag^+ 化学还原，形成纳米级颗粒。主要有还原法、电化学法、光化学法、微乳液法等。Mayer 等[12] 将 Ag^+ 采用多种化学还原法，得到包覆在 PS(聚苯乙烯)乳胶表面的 Ag 层，研究了不同还原方法对乳胶表面 Ag 形貌和包覆率的影响。Cherevko 等[13]采用硫氰化钾、硫酸银、氯化铵的混合溶液，采用恒电流法制备了多孔发泡状纳米银。Jiang 等[14]利用聚多巴胺功能反应层将纳米银固定在了多壁碳纳米管上，聚多巴胺层不仅增加了多壁碳纳米管在溶液中的分散性，同时利用其弱还原性将 Ag^+ 还原成 Ag 纳米粒子。本书以 PVP 作为稳定剂和还原剂，在$[Ag(NH_3)_2]^+$透明水溶液中，用汞灯照射，得到纳米级银颗粒。Agnihotri 等[15]利用共还原法通过控制不同的原料配比和反应条件，制备出了粒径在 5～100 nm 的一系列尺寸可控纳米银颗粒，得到的产物具有良好的单分散性，当粒径小于 10 nm 时，抗菌效果得到显著提升，当粒径为 5 nm 时具有最高的杀菌活性。

1.6　淀粉改性研究进展

天然淀粉是一种绿色可再生资源，它是一种高分子碳水化合物，为白色粉末，其基本组成单位为 D-葡萄糖，葡萄糖脱水后由糖苷键连接在一起所形成的共价化合物就是淀粉分子，属于多聚葡萄糖。淀粉分为直链淀粉和支链淀粉，不同来源的淀粉直链淀粉和支链淀粉的含量比例不同，图 1-4 为直链淀粉和支链淀粉的结构示意图。

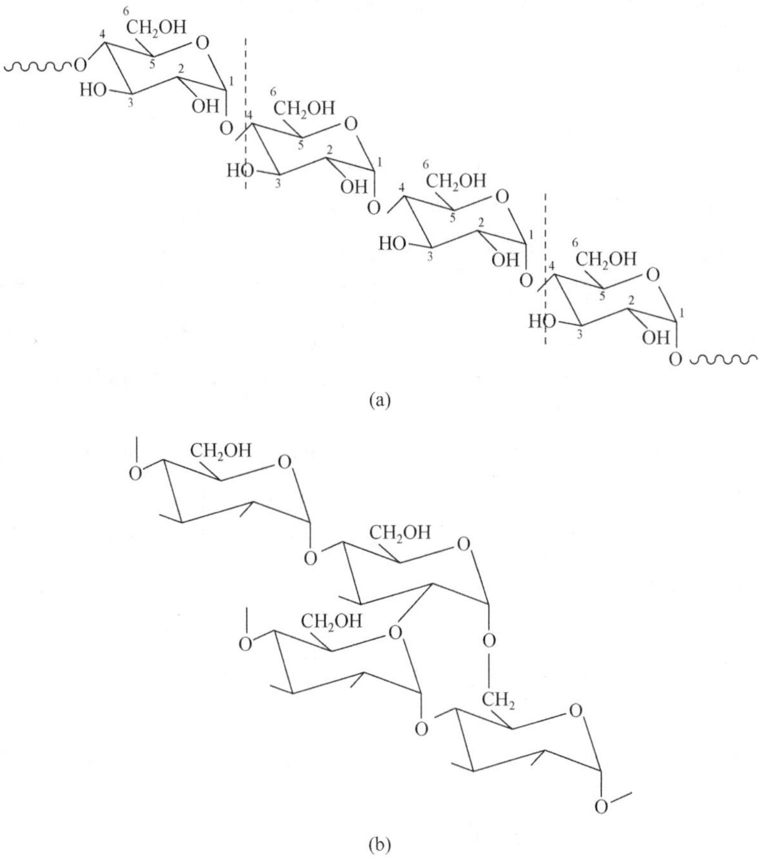

(a)

(b)

图 1-4 直链淀粉(a)及支链淀粉(b)结构示意图

从图中可以看出，无论是直链淀粉还是支链淀粉，其分子都由碳、氢、氧组成，且分子内都含有很多羟基，分子极性较大，直链淀粉含有的羟基比支链淀粉含有的羟基多，故：①淀粉在各种环境中都具备完全的生物降解能力，其降解或灰化后形成 CO_2 气体，不对土壤或空气产生危害；②淀粉可以与醇或酸以及酸酐进行酯化反应，最终破坏天然淀粉的部分氢键，降低其极性和结晶度，增加与聚烯烃及聚烯烃类衍生物的相容性；③直链淀粉与支链淀粉相比，更易与其他物质发生化学反应，制得变性淀粉。综上所述，采取适当的改性方法对淀粉进行改性或者用适当的工艺对淀粉进行塑化后，可制备达到使用要求的淀粉基生物降解塑料。因此，淀粉是一种最为经济的生物降解环保材料。

目前，变性淀粉的品种达两千多种。一般根据处理方式分为物理变性、化学变性、酶法变性和复合变性；根据工艺路线分为干法变性、湿法变性、有机溶剂法变性、挤压法变性、滚筒干燥法变性及涂层改性法变性等改性方法。本书重点综述关于淀粉的增塑改性及淀粉的化学接枝改性。

1.6.1 淀粉增塑改性

淀粉的可塑性研究主要是增塑剂改性方法的研究，它是指通过向淀粉添加增塑剂，以此来削弱淀粉分子间原有的氢键作用，降低淀粉的结晶性及玻璃化转变温度，使淀粉具有可塑性。因此，寻找适宜的增塑剂是研究的重点。

目前，用于淀粉增塑的增塑剂一般有两类，一类为甘油、丙二醇、乙二醇、山梨醇、赤藓醇、甘露醇及低分子量聚乙烯醇等醇类；一类为尿素、硫脲、盐酸胍及甲酰胺等胺类。关于增塑，未来的发展趋势为复合增塑和多元增塑，即将两种或两种以上的增塑剂加入淀粉分子中，利用不同增塑剂之间的协同复合作用，对淀粉分子进行塑化处理。

Jiang 等[16]以 $CaCl_2$ 为增塑剂制备了淀粉/PVA 复合薄膜。研究结果表明，$CaCl_2$ 可以降低淀粉和 PVA 的结晶性并增加淀粉和 PVA 的相容性。加入 $CaCl_2$ 后，复合薄膜变得柔软而富有延展性，提高了材料的断裂伸长率但降低了材料的拉伸强度，同时可以提高复合薄膜的吸水率。

Oliveira 等[17]以甘油为增塑剂，在淀粉复合薄膜中同时加入纳米膨润土和植物纤维，并研究了纳米膨润土和植物纤维相互协同作用对淀粉复合薄膜的力学性能和阻隔性能的影响。研究结果表明，甘油增塑后，加入纳米膨润土和植物纤维，淀粉复合薄膜的拉伸强度和杨氏模量分别提高了 8.5 倍和 24 倍，薄膜对水的阻隔性提高了 1.6 倍，但薄膜的延伸率降低。

Sudhakar 和 Selvakumar[18]以甘油增塑淀粉及壳聚糖为主聚合物、高氯酸锂 ($LiClO_4$) 为掺杂剂制备了可降解的超级电容器聚合物电解液，并研究了聚合物比例、增塑剂含量、高氯酸锂浓度对聚合物电解质阻抗性能的影响。研究结果表明，当壳聚糖和淀粉比例为 60：40 时，壳聚糖/淀粉聚合物电解质在室温下的最大电导率为 $3.7×10^{-4}$ S/cm，加入高氯酸锂后，差示扫描量热(DSC)图谱特征峰强度降低。

Da Róz 等[19]将 VA 含量为 19%的 EVA 水解改性后与 30%甘油增塑的热塑性淀粉进行共混制得淀粉/EVA 共混材料。研究结果表明，EVA 水解后与热塑性淀粉(thermoplastic starch, TPS)的相容性明显提高，共混物的玻璃化转变温度随着水解程度(50%～100%)的提高而提高，在 40～50℃之间。加入水解 EVA 后，共混物的杨氏模量、拉伸强度及断裂伸长率均提高。

Chabrat 等[20]以甘油为增塑剂，制备得到热塑性小麦粉，然后以柠檬酸为增容剂，将热塑性小麦粉与聚乳酸在双螺杆挤出机中进行熔融共混，并研究共混物的热性能、力学性能及微观形态。研究结果表明，当柠檬酸为 2 phr、小麦粉为 75 phr、聚乳酸为 25 phr、甘油为 15 phr 时，共混物的力学性能比较好；在挤出的过程中加入少量的水，有助于淀粉的塑化及柠檬酸增容效果的提高，但是降低了聚乳酸的降解性。本课题组以甘油为增塑剂，利用转矩流变仪和差示扫描量热法研究了甘油增塑淀粉时红薯 TPS 流变性质的变化。并以乙醇胺/甘油/尿素/为复合增塑剂，利用双螺杆挤出机制备了红薯 TPS 和 HDPE/塑化淀粉共混材料，以改善 TPS 与 HDPE 的相容性。

Mohd 等[21]制备了甘油增塑木薯淀粉(tapioca starch, TS)/聚乙烯醇共混物。在共混之前，聚乙烯醇用 15～40 phr 的甘油增塑，并辅以硬脂酸钙、磷酸作为助剂；木薯淀粉则用 20 phr 甘油增塑。用双螺杆挤出机对改性聚乙烯醇增塑木薯淀粉进行熔融共混再进行注射成型。研究结果表明，甘油对熔体的流动性和加工性有着至关重要的影响，并且甘油不会降低共混物的力学性能。

邵俊和赵耀明[22]以二甲基亚砜(DMSO)为增塑剂，制备了淀粉/聚乳酸复合材料。研究结果表明，随着淀粉含量的增加，复合材料的力学性能均降低，但用 DMSO 增塑后，复合材料的脆性明显改善，冲击强度和弯曲应变均随着 DMSO 含量的增加而提高；DSC 及 TG(热重)分析表明，加入 3%的 DMSO 时，复合材料的冷结晶温度和熔融温度明显降低，增塑效果较明显。扫描电子显微镜(SEM，以下简称扫描电镜)分析表明，DSMO 的加入，可以提高淀粉与聚乳酸的界面黏结力，淀粉颗粒结构被破坏，使共混物呈现均相特征。

1.6.2 淀粉化学接枝改性

淀粉化学接枝改性的首要条件是在接枝共聚体系中产生淀粉单体自由基，而淀粉单体自由基的数量决定淀粉接枝共聚物的接枝率和接枝效率。一般，淀粉自由基可以通过自由基引发、缩合加成及离子相互作用三种方式产生，目前，应用最多的是自由基引发。自由基引发有物理引发法和化学引发法。一般的物理引发法有 γ 射线引发、微波辐射引发、紫外线引发等方法。化学引发法一般是指淀粉自由基引发烯烃类单体在淀粉分子链上接枝上一定聚合度的聚烯烃支链，常用的引发体系有过硫酸盐引发体系、高锰酸盐引发体系、氧化还原引发体系及硝酸铈铵引发体系。

淀粉化学接枝共聚物主要通过两种工艺制备：湿法接枝改性、干法接枝改性。其中，湿法接枝改性主要是将淀粉在常温下放入蒸馏水中搅拌均匀，然后将淀粉糊化一段时间，糊化后降低接枝反应温度，缓慢滴入引发剂，快速搅拌，最后加入接枝共聚单体。该工艺方法的主要缺点是接枝反应产物一般需要沉析、过滤、洗涤，操作复杂且需要消耗大量的溶剂；干法接枝改性也称熔融接枝改性，是指将淀粉、接枝共聚聚合物及引发剂、加工助剂加入双螺杆或密炼机中，在高温下进行接枝改性，该方法操作简单，比较适合接枝共聚物和均聚物不需要分析的产品应用中。另外，淀粉接枝共聚反应的聚合方法主要有溶液聚合法、乳液聚合法、反相乳液聚合法及悬浮聚合法；其中，最常用的是溶液聚合法。

卜华恒和许德生[23]以过硫酸钠为引发剂制备了马铃薯淀粉接枝丙烯酸乙酯共聚物，并确定了反应的最佳条件：丙烯酸乙酯浓度为 0.56 mol/L，引发剂浓度为 5.83 mmol/L，反应温度为 48℃，反应时间为 120 min。

李翔和李长有[24]以淀粉为亲水主链，丙烯酸和丙烯酰胺为接枝单体，合成了对煤尘具有长效抑尘作用的新型煤尘抑尘剂。杨黎燕等[25]以 $K_2S_2O_8$-Na_2SO_3 为氧化还原引发剂，在反相悬浮体系中研究了可溶性淀粉接枝 N,N'-亚甲基双丙烯酰胺的接枝动力学，并确定了接枝共聚动力学关系式 R_p(反应速率)$\propto$[I]$^{0.89}$[M]$^{1.45}$[St]$^{0.73}$[Sp]$^{0.70}$([I]为引发剂浓度，[M]为交联剂浓度，[St]为可溶性淀粉浓度，[Sp]为分散剂浓度)。

曹亚峰等[26]采取一种新的聚合方法，以聚乙二醇为分散介质、高锰酸钾为引发剂的双水相聚合法制备了淀粉接枝丙烯酰胺共聚物，并通过实验找到了聚合反应的最佳工艺条件，n(高锰酸钾)：n(丙烯酰胺)=310×10^{-4}：1，n(高锰酸钾)：n(H$^+$)=1：10，引发时间为 10 min，反应温度为 50℃，反应时间为 7 h。

1.7　淀粉/EVA 复合材料研究进展

台立民[27]以 EVA-150、淀粉为原料，采用螺杆挤出工艺，制备了用以除草剂咪草烟控制释放的可生物降解的 EVA-150/淀粉复合基材，并研究了该共混物的相容性、结晶度及对除草剂咪草烟的释放性能。研究结果表明，在 pH 为 4、7、9 的环境中，9 天后除草剂咪草烟的释放量均大于 50%。

徐利平等[28]以 LDPE、玉米淀粉为原料，以 EVA 为增容剂制备玉米淀粉/LDPE/EVA 共混材料，并对其热性能和抗张性能进行了研究。从 DSC 图谱中可以明显看出，EVA 的加入提高了淀粉和 LDPE 的相容性；在 EVA 含量为 10%时，共混物的抗张强度为 9.2 MPa，断裂伸长率为 117.4%。任崇荣等[29]通过用铝酸酯偶联剂和硬脂酸对淀粉进行表面处理，并以 EVA 和马来酸酐接枝 PE 为增容剂，制备高含量淀粉/HDPE 复合片材。

本文以淀粉和乙二醇、丙三醇、丙二醇等不同增塑剂为原料制备了 TPS 和 TPS/EVA 共混材料。研究结果表明，增塑剂含量的增加，提高了共混材料的冲击强度，但降低了共混材料的拉伸强度和弹性模量；加入马来酸酐改性的 EVA 后，共混材料的韧性提高明显。

钱志国等[30]以复合增塑剂(甘油、甲酰胺、尿素)对天然淀粉进行改性，制备出 TPS，然后以 TPS、EVA 为主要原料制备出新型低成本 TPS/EVA 热熔胶。研究结果表明，当 TPS 含量为 20%、EVA 含量为 30%时，TPS/EVA 热熔胶的均匀度较好、黏结强度超过 2.0 MPa 且成本低。

Rodriguez-Perez 等[31]以 EVA、玉米原淀粉为原料制备了 EVA/淀粉复合发泡材料。研究了 EVA 含量为 30%、50%、70%时对复合发泡材料性能的影响。通过 SEM 观察得知，原玉米淀粉颗粒在 EVA 中存在相分离现象，相容性较差。傅里叶变换红外光谱仪(FTIR，简称傅里叶红外光谱仪)谱图表明，EVA 与淀粉共混后没有出现新的基团，属于物理共混。当 EVA 含量增加时，共混物的熔体流动速率增大，表明淀粉在共混物中充当填充物。密度、硬度及导热系数则随着 EVA 含量的增加而降低。

孙刚等[32]以淀粉和 EVA 为原料制备生物质发泡材料的过程中，工艺参数对复合发泡材料的生产制备有着很大的影响。研究了在制备淀粉/EVA 复合发泡材料过程中螺杆转速对塑化形态的影响，喂料速率对制备过程的影响，模口温度对泡孔大小的影响和原料含水率对材料膨胀率的影响。研究发现：螺杆转速设置为 120 r/min 时，淀粉/EVA 复合材料挤出物塑化效果最优；适当的喂料速率可避免"架桥""堵塞"现象；模口温度设置为 160℃时，可配合发泡剂达到充分分解，使泡孔最大化；当原料含水率为 14%时，复合发泡材料的膨胀率达最大值，为 14.4%。

1.8　高岭土表面改性及高岭土纳米复合材料研究进展

高岭土又称高岭石，其晶体化学式为 $2Al_2Si_2O_5(OH)_8$ 或 $2SiO_2 \cdot Al_2O_3 \cdot 2H_2O$，晶体结构为硅氧四面体和铝氧八面体以 1∶1 在 c 轴方向周期性一层层排列组成，层与层之间以氢键相连接，具有很强的极性。经过高温煅烧以后，高岭土中的结晶水和其他杂质消失，二氧化硅和三氧化铝含量提高，但由于煅烧后羟基一般不消失，故煅烧后高岭土仍具有相当的极性。正是由于高岭土本身具有亲水疏油的特性，与聚合物的相容性差，故需要对高岭土进行改性处理。

高岭土常用的改性方法有煅烧、机械研磨、包膜处理、化学接枝处理、插层处理和偶联剂表面处理等。本节仅对高岭土的表面改性进行归纳总结。

本书研究了煅烧高岭土和水洗高岭土的颗粒大小和氨基硅烷偶联剂改性高岭土表面改性效果对高岭土/尼龙 66 共混物的力学性能的影响。研究结果表明，氨基硅烷偶联剂对煅烧高岭土的改性效果比对水洗高岭土的改性效果好。对煅烧高岭土进行表面改性后，能够提高共混物的拉伸强度和断裂伸长率。但是，表面改性剂氨基硅烷偶联剂用量较高时，反而会降低共混物的拉伸强度。另外，对煅烧高岭土进行表面改性后，共混物的湿拉伸性能高于未改性高岭土共混物。

孙家干等[33]用原位插层复合的方法制备了有机改性纳米高岭土/聚氨酯复合材料，并通过 XRD(X 射线衍射)、红外光谱、扫描电镜、热分析及拉伸性能等研究了有机改性高岭土的改性效果和纳米复合材料的断面形貌、耐热性及力学性能。结果表明,当改性纳米高岭土质量分数为3%时,复合材料的拉伸强度为29.3 MPa、弹性模量达6.23 MPa、断裂伸长率达492%,均比纯聚氨酯弹性体增加10%以上,同时其热稳定性也有所提高;改性纳米高岭土加入量低于 3%时,以剥离形态存在于聚氨酯基体中;而高于3%时,则开始出现片层形态且有团聚现象。

朱平平和王戈明[34]通过两种硅烷偶联剂(A-151、A-171)对煅烧高岭土进行表面改性,并考察了偶联剂用量、改性温度、改性时间等对高岭土改性活化指数的影响。研究发现,当分别用2% A-151、2% A-171 在不加乙醇情况下于 80℃改性30min,高岭土的活化指数可达 99.58%和99.43%。将改性高岭土填充到 EPDM 中,能够显著地增强 EPDM 复合材料的力学性能。

李娜等[35]以硬脂酸对煤系煅烧高岭土进行表面改性并通过红外光谱分析、活化指数、吸油量等研究煅烧高岭土表面改性的效果。结果表明,当硬脂酸用量为3%时,改性高岭土的活化指数达100%,吸油量降低 40%左右。将改性高岭土加入聚氨酯中,可明显改善高岭土和聚氨酯相容性。本书以高岭土为原料,选取水合肼为插层剂,成功制备出片层厚度小于 20nm 的高岭土。并通过硬脂酸对高岭土进行表面改性,制备了高岭土/丁苯橡胶纳米复合材料。研究了高岭土不同片层厚度、不同填充量对高岭土/丁苯橡胶复合材料力学性能的影响。对高岭土进行湿法改性,并熔融共混制备了 PP/高岭土/PP-g-MAH 复合材料。研究发现:改性高岭土具有异相成核作用,它的加入可以大大提高复合材料的结晶度,可使复合材料的拉伸强度提高 10.6%,并提高材料的热变形温度。

1.9 木纤维及其应用发展

1.9.1 木纤维化学成分

植物材料的三种主要成分是纤维素、半纤维素和木质素(统称木纤维)。纤维素、半纤维素是多糖。纤维素具有很规整的结构,是结晶聚合物,由成千上万的葡萄糖残基以 1,4-苷键头尾相接的方式连接。木纤维以纤维素为主,其分子结构图如图 1-5 所示。

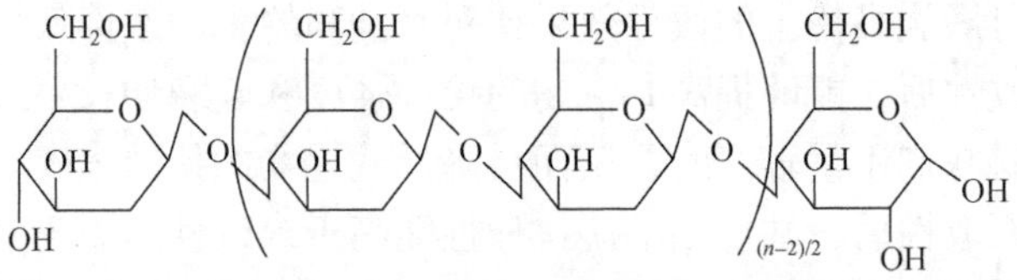

图 1-5 纤维素分子结构

半纤维素由五碳环糖和六碳环糖组成的多而短的支链构成。这些分子链起到了一种无定形的软填充物作用，缠绕着纤维素区域。半纤维素是植物中杂多糖多种结构的集合名词，没有固定分子结构。半纤维素和纤维素一起构成植物的细胞壁。木质素是一种苯丙烷基的无定形的凝固态树脂，填充在多糖纤维空隙之间，木质素具有高度工程化的化学结构，图 1-6 为木质素三种主体结构。根据植物种类不同，三种主要成分的含量也不同，一般植物材料的纤维素含量为 1/3～1/2，木质素和半纤维素占 1/3。

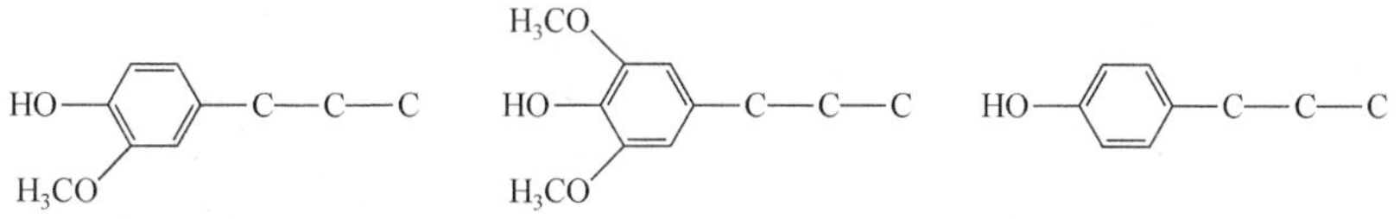

图 1-6　木质素主体结构
(a) 愈创木基结构；(b) 紫丁香基结构；(c) 对羟基结构

1.9.2　纤维素作为补强成分的应用

木塑复合材料(WPC)的研究和使用在国外始于 20 世纪 80 年代，随后北美和欧洲的使用率快速增加，主要用于户外地板、景观材料、栏杆扶手以及室内装饰材料。木塑复合材料中的木材是植物纤维原料的代称，这些植物纤维原料通常是各种工业加工过程中的副产物，可以是通过典型的如切割、研磨等加工方式制得的木粉(WF，即木纤维)、锯屑、农作物剩余物或者其他种类的天然纤维，如大麻、黄麻、洋麻等。

木粉、淀粉在塑料行业中的应用为高分子产业注入了环保的理念。改性淀粉具备较好的热塑性，广泛应用于发泡行业。而近年来，出于对更轻巧、更具经济效益的塑料产品的追求，木塑材料也逐渐进入发泡领域。例如，在材料成型阶段加入发泡剂，能够使材料内部出现微孔结构，一来降低了材料密度，节省成本，更经济；二来发泡内部压力使得材料表面更加清晰，轮廓感更强。木塑发泡材料使得木塑复合材料产品的应用领域更广阔。

近年来，木粉作为补强材料得到了广泛的关注，主要原因是木粉具有以下特点：具备各种性能、价格便宜、有利健康和可循环使用。天然纤维补强的塑料已经广泛使用于汽车和建筑行业。由于它们的硬度和强度较好，可以很好地替代玻璃纤维。木粉是一种传统的天然纤维，可以用于热塑性塑料补强，其主要目的是降低产品成本，以及提高某种力学性能。而且木粉能够很好地减少基体收缩，对塑料弯曲开裂有一定的改善。

木粉在塑料中的应用已经较为成熟，也已有大量的相关专利。

美国专利 No.3875088[36]公开了一种复合材料，由 50%～75%的热塑性树脂

(ABS 或橡胶改性的聚苯乙烯)及 20%～40%的木粉(40 目和 100 目)组成，塑料和木粉的比例在 1.5～3.0 之间。

美国专利 No.6743507[37]公开了一类纤维素纤维增强的复合材料，由聚合物基体和纤维素纸浆组成，其中聚合物基体可以是聚乙烯、聚丙烯、共聚物及其混合物，含量为 25%～99%。

美国专利 No.6833399[38]公开了亚麻韧皮纤维和亚麻屑作为热塑性树脂的增强体，亚麻占复合材料质量的 15%～70%，热塑性树脂包括如聚乙烯、聚丙烯、PVC、聚苯乙烯及其他的聚合物等。

美国专利 No.6929841[39]公开了一种塑料复合材料产品，由热塑性聚合物(如聚丙烯和聚乙烯)和木材或天然纤维颗粒组成，小颗粒长度为 0.2～2 mm，大颗粒比小颗粒稍大，长度为 2～6 mm。木质或非木质的纤维颗粒在塑性基体中占 50%～70%。

美国专利 No.6702969[40]公开了一种复合材料，该种复合材料是通过热固性树脂如分管树脂、脲醛树脂、三聚氰胺树脂、环氧树脂、聚氨酯树脂及其混合物与木屑和填料胶合制得的，这些填料包括如天然及合成石墨、金属、碳和其他类似的化合物及其混合物。

美国专利 No.6939496[41]公开了一种挤出的塑料-纤维素纤维复合材料的体系和方法，该种复合材料由 60%～95%的热塑性聚合物构成，这些热塑性聚合物可以是聚丙烯、聚乙烯和 PVC。其中与黏合剂进行共混的纤维素纤维占 20%～30%。

1.9.3 木塑发泡复合材料

根据形态和物理特点的不同，发泡材料可以主要分为两大类：开孔结构和闭孔结构。闭孔发泡材料相对于未发泡聚合物和传统发泡材料(泡孔直径大于 300 μm，泡孔密度小于 10^6 cell/cm³)有一些优点，如较高的冲击强度、韧性和硬度-质量比以及较好的热稳定性和较低的介电常数，这类发泡材料可以用于绝缘和包装材料。开孔结构是指内部泡孔彼此相连，这类发泡材料可以用作隔离、吸附、药物缓释、催化载体和内部装饰材料等。

尽管木塑复合材料发挥了木粉的优势，但也存在一定的缺陷。例如，木纤维和塑料基体相容性很差、产品冲击强度低、延展性不好以及密度较大。这在一定程度上限制了木塑复合材料的应用。但木塑发泡复合材料可以很好地解决这些问题，通过控制发泡倍率，使其适用于不同的领域。Wang 和 Ying[42]使用释压间歇式发泡技术制备了聚丙烯/木纤维复合发泡材料，并研究了螺杆构型、螺杆转速和硅含量对发泡材料的力学和其他相关性能的影响。结果发现，在 C 型结构和 150 r/min 转速条件下其力学性能较好，同时，木纤维分散性越好泡孔半径越小，力学性能也越好。Lee 等[43]使用 N_2 通过挤出成型制备了木纤维/PP/黏土复合发泡材料，并研究了相关性能，结果发现少量的木纤维有利于改善泡孔结构。

美国专利 No.6153293[44]公开了一种热塑性复合材料,其中含有 40%~60%的木纤维及 40%~60%的聚乙烯,此外还有粉末状的吸热型发泡剂,如碳酸氢钠。发泡剂会使复合材料的膨胀率变大,密度降低(0.8~1.2 g/cm³),且材料强度不会有明显损失。

美国专利 No.6342172[45]公开了一种制造木塑发泡复合材料的方法,这种复合材料由 PVC、木纤维和发泡剂组成,发泡剂是一种可产生氮气、二氧化碳或二者混合物的添加剂。

美国专利 No.6590004[46]公开了一种木塑发泡复合材料,其中含有 40%~80%的 PVC 或 PP,20%~60%的纤维素纤维,占聚合物树脂 1%~1.5%的稳定剂、1%~10%的润滑剂、0.25%~5%的加工助剂。

美国专利 No.6784216[47]公开了一种 ABS 基木塑复合材料,由大约 100 phr 的 ABS、10~80 phr 的纤维素材料、2~10 phr 的发泡改性剂如丙烯酸发泡改性剂和苯乙烯-丙烯腈共聚物、0.5~2 phr 发泡剂和 1~4 phr 的润滑剂组成。

美国专利 No.6863972[48]公开了一种建筑或结构材料的成分,由一种复合的 PVC 或聚丙烯-纤维素层与发泡的 PVC 层黏结在一起构成,该复合层有 20%~70%的 PVC 或聚丙烯和 20%~70%的纤维素填料组成。发泡层含 100 phr PVC、1.5~7 phr 稳定剂、3~10 phr 润滑剂、6~12 phr 加工助剂、0.3~1 phr 发泡剂,可采用化学药品、胶黏剂或靠自身的机械连接等方式连接。

美国专利 No.6936200[49]公开了一种加工发泡型木纤维-塑料复合材料的方法,其中发泡剂在混合阶段加入,发泡剂可以是化学发泡剂或物理发泡剂,物理发泡剂如二氧化碳、氮气、氩气、氩气、空气或它们的共混物。

1.9.4 木塑偶联剂

可用于木塑复合材料的偶联剂有几十种,包括硅酸酯类、钛酸酯类、有机酸类、酸酐类、异氰酸酯类、丙烯酸酯类、酰胺类、酰亚胺类、硅烷类等,而实际被引入木塑复合材料工业的仅有几种。这些偶联剂可以分为:①马来酸化聚烯烃(如聚乙烯和聚丙烯的马来酸酐衍生物)通过氢键、离子键或共价键与纤维素纤维结合;②其他双官能团的低聚物或高聚物通过离子键与填料相互作用;③硅烷,接枝到聚合物上,然后与纤维素纤维相互作用,形成 Si—O—C 连接;④丙烯酸改性的聚四氟乙烯;⑤氯化石蜡;⑥其他能使填料在聚合物基体中更好分散的相容剂。

1.9.5 增容机理简介

由于塑料基木塑复合材料通常由亲水性的木纤维和憎水性的塑料组成,它们的相容性很差,塑料和木纤维之间的界面通常都很弱,外力不能在两相间有效传递。解决方法通常通过偶联剂对木纤维进行表面处理，因此偶联剂应包括两种基团：一种基团可以和聚合物形成缠结或部分结晶，另一种基团可以与木纤维形成共价键、离子键或氢键等。从断裂能角度出发，即破坏基体与木纤维之间界面结合所需要的能量，靠范德瓦耳斯力结合时产生的断裂能约为 $0.1\ J/m^2$，这仅适用于低分子量未缠结的聚合物。对于黏附表面之间的共价化学键，断裂能约为 $1\ J/m^2$，对于高分子量缠结聚合物，断裂能的实验值是 $100\sim1000\ J/m^2$，比共价键高 $2\sim3$ 个数量级。利用偶联剂共价键改性纤维素纤维，然后将改性纤维与聚合基体混合的方法始于 20 世纪 60 年代。这主要是从学术的角度去讨论成键的本质。结果发现，当马来酸化聚丙烯通过共价键与木纤维结合时，接枝聚合物链很可能延伸而远离纤维素纤维表面，在聚丙烯熔体中形成刷状。这为纤维与聚合物基体提供了一个良好的相互作用，并且这种相互作用随接枝聚丙烯分子量的增加而增加，进而改善了经过处理的纤维和塑料基体之间的结合，改善了应力传递，并增加了两相界面厚度。

1.9.6　木纤维改性的发展与应用

美国专利 No.4820749[50]公开了一种硅烷化相容剂及一系列的如多亚甲基多苯基异氰酸酯和 1,6-亚己基二异氰酸酯等氰酸酯胶黏剂，同时还公开了一种增强复合材料，其中含有低密度聚乙烯、聚丙烯或苯乙烯等的热塑性或者热固性的聚合物；磨木浆(含量为 10%～40%)；黏土、碳酸钙、石棉、玻璃纤维(相对于磨木浆占 10%～30%)等无机填料；马来酸酐(0～5%)；γ-氨丙基三乙氧基硅烷或类似的硅烷偶联剂(含量为 0.1%～8%)或异氰酸酯(0.1%～20%)。专利所有人指出，硅烷或异氰酸酯的接枝和胶接过程使熔融聚乙烯的流动性更好，并提高了最终复合材料产品的性能。

美国专利 No.5981631[51]公开了通过将聚合物(聚乙烯、聚丙烯或 PVC)、木纤维和含有脂肪酸和松香酸酯(两种偶联剂都至少由 16 个碳原子组成)的偶联剂混合后挤出，从而使制备的热塑性复合材料中的各个组分相容。

美国专利 No.6942829[52]公开了一种制备聚合物-木材复合材料的方法。该种复合材料含有质量分数为 20%～80%的如阔叶材纤维、针叶材纤维、大麻、黄麻、稻壳等纤维素纤维、质量分数为 20%～80%的如聚丙烯、聚乙烯、聚酰胺、聚酯和其他的聚合物等热塑性聚合物及由非离子型的增容剂和润滑剂组成的混合物，含量为 0.1%～10%。

1.9.7　木塑复合材料

为了进一步改善木塑复合材料的性能，使其具有更广泛的应用，无机填料补强是一种新的方法。Ashori 和 Nourbakhsh[53]通过熔融共混和注塑模压制备了 PP/

木粉/纳米黏土复合材料，并对其进行表征。结果发现，纳米黏土含量为 3%时复合材料拉伸和弯曲强度达到最大值，过程中加入 7.5%马来酸酐接枝聚丙烯，最大拉伸强度和弯曲强度可提高 46%。纳米黏土和马来酸酐接枝聚丙烯会降低复合材料的吸水性。Kord 等[54]通过熔融共混和注塑模压制备了 PP/山毛榉木粉/有机改性膨润土纳米复合材料(木粉含量为 50%)。研究结果表明，当膨润土含量为 3%时，弯曲强度、弯曲模量、拉伸强度和拉伸模量最高，且有较好排列的插层结构。冲击强度、吸水性和厚度膨胀随着膨润土含量的增加而降低。

由于木塑复合材料广泛使用于建筑、装修、汽车等领域，于是对木塑复合材料的阻燃性也有了一定的要求。Stark 等[55]研究了聚乙烯/松木木粉复合材料的阻燃性。作者通过对比复合材料与聚乙烯和实木的相关实验结果(极限氧指数、锥形量热测试)，判断了木粉对阻燃性的影响，同时对比了五种阻燃剂对复合材料阻燃性能提高的程度。结果显示，PP/木粉复合材料的极限氧指数要高于纯聚乙烯，但低于木粉。氢氧化镁和多磷酸铵能够很好地提高复合材料的阻燃性。

1.10 石墨烯研究进展

1.10.1 石墨烯概述

石墨烯是一种由石墨剥离的、二维片层状碳材料，碳原子呈平面环形紧密堆积。2004 年英国研究者 Geim 等率先得到二维的 C 原子晶体，也就是石墨烯，其结构如图 1-7 所示。石墨烯特殊的纳米结构赋予了其诸多优异的性能，包括力学、电学、气体阻隔光学和热学性能，因此石墨烯材料的功能开发得到许多学者的关注和研究，在能源、电子、复合材料、医学等各个领域掀起新的革命[56]。

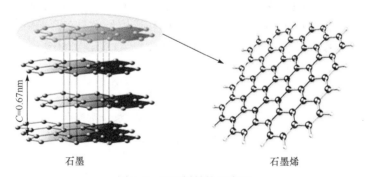

石墨   石墨烯

图 1-7 石墨烯结构示意图

C 为层间距

1. 石墨烯结构及性质

近年来石墨烯作为一种新兴的纳米碳材料，兼备较大的理论比表面积、良好的导电导热性能，因此在学界中获得了大量关注。接近完美的单层石墨烯的杨氏模量超过 1055 GPa，断裂强度超过 125 GPa，这比很多常用金属高出数十倍[57]。除此之外，石墨烯理想的杂化结构，为其本身提供了优异的电子传导性能。通过扫描电镜可以观察到石墨烯表面的褶皱存在，这是因为各种形态下的石墨烯纳米片都具有二维晶体固有的不稳定性，因此石墨片层之间容易堆积，同时，根据褶皱的横向和纵向尺寸差异，石墨烯具有不同热学和电学性质。

由于制备方法的不同，实际制备的石墨烯通常存在一些缺陷，如裂缝空洞、多余的含氧基团和裂纹等，这些缺陷虽然会降低石墨烯的固有性能，但一些研究者可以通过物理、化学手段将缺陷加以改性，以期获得满足特殊性能要求的石墨烯。

除了上述的电子传输性能和力学性能之外，石墨烯还具有优良的热传导性、铁磁性、高可见光透过率和高比表面积。

2. 氧化石墨烯结构及性质

氧化石墨烯(graphene oxide，GO)是最为重要的一种石墨衍生物[58]。关于 GO 的发现制备可以追溯到 160 年前，19 世纪 60 年代末，英国研究者 Brodiel 利用氯酸钾和酸液对鳞片石墨(NG)进行处理，发现处理过后的石墨包含碳、氢、氧三种元素，能稳定分散于 pH≥6 的水溶液中，其被称为石墨酸，这种石墨酸就是现在所探讨的 GO。后来经过广大学术工作者的不断探索与改进，更多的制备 GO 的方法被提出，引用最广泛的有 Staudenmaier 法[59]与 Hummers 法[60]。

与石墨烯相似，GO 同样具备二维层状结构，结构如图 1-8 所示。不过其表面含有大量的含氧基团[—COOH、—OH 和—CH(O)CH]，赋予了其不同于天然石墨和石墨烯的一些特殊性能以及应用范围[61]，这些官能团的插入使 GO 表现出较强的极性，能够很好地稳定分散在极性溶剂中，GO 的导电性能和基本力学性能也受到了很大的影响，基本丧失了导电能力，杨氏模量也只有石墨烯的五分之一。同时，GO 可以作为制备石墨烯的前驱体，因此，GO 受到了材料研究者的关注和大量研究[62]。

图 1-8　GO 结构示意图

1.10.2　石墨烯制备

1. 石墨烯的制备方法

自 21 世纪初面世以来,很多科研工作者源源不断地投入石墨烯制备方法的研究中,尽管目前距离规模化生产、低成本生产仍有一定的距离,但是已经开发出许多高效、稳定的制备方法。

1) 机械剥离法[63]

20 世纪,一些科学家就曾尝试过利用该方法获得石墨烯,虽然未能成功。它是以天然 NG 为原材料,未经处理直接外力剥离 NG 片层,得到层数≤10 的石墨烯。2004 年,英国科研工作者在此基础上进行改进并最终发现了石墨烯。不过机械剥离法也存在一些问题。超低的产率导致了它无法实现量产,而且通过其制备的石墨烯尺寸无法调控,单层率很低。后续有科研工作者使用超声进行石墨片层的剥离,但也解决不了低产率的问题,因此该法适用于对石墨烯的基础研究。

2) 化学气相沉积法[64]

化学气相沉积法是目前工业上最为可行的方法之一,在高温下裂解含碳物质(如含碳有机气体)通入反应室内,控制反应条件使其沉积在预制的金属衬底(镍、钌、铜等)表面上,就可以得到需要的产物。近年来已有多次报道研究者使用化学气相沉积法制备出高单层率的石墨烯产物。

该法得到的石墨烯品质较高,具有较高的电子转移率,且相对于机械剥离法、SiC 外延法来说产率也有所提高,但是在产物转移、基底腐蚀等后期处理和应用上尚需进一步探究。

3) SiC 外延法

在真空高温环境下,Si 由于和金属基底的亲和力低于 C,可以轻易地升华,剩下的 C 原子在基底表面析出并生长成石墨烯。SiC 外延法可以得到大面积、高质量的石墨烯,被普遍认为是实现工业化制备的有效方法。

Liu 等[65]通过 SiC 外延法制备出高质量的可膨胀石墨,并在可膨胀石墨上沉积 MoS_2 薄膜,具备优异的电子特性。

4) 氧化还原法[66]

上述方法均存在成本高、设备要求高等缺点,一定程度上制约了大规模工业生产的前景。目前在规模化上最有希望取得突破的是氧化还原法,其和机械剥离法一样都属于自上而下式。

氧化还原法将 NG 与强酸(如 H_2SO_4、H_3PO_4)进行插层反应,选用 $KMnO_4$ 为强氧化剂,在 NG 片层间插入—COOH、—OH 和—CH(O)CH 等基团,经过过滤、洗涤即可得到 GO。然后利用 GO 为前驱体,配合对苯二胺(PPD)等化学还原剂或者物理还原条件进行还原,消除掉插层上去的含氧官能团,即得到石墨烯。氧化还原法制备石墨烯虽然原料丰富、生产成本可控，备受研究者关注，但反应过程会释放大量热量，随之产生的酸性废液更需要及时处理，同时，制得的石墨烯存在较多的缺陷，质量不如气相沉积法等。

5) 纵向切割碳管法[68]

以碳纳米管(CNT)为原料，通过化学氧化切割制备石墨烯是一种新型的实验室制备石墨烯的方法，与上述方法相比，该方法的最终产物是解开的条形石墨烯。而且通过控制氧化条件，可以得到不同解开程度的石墨烯纳米带(GNR)[69]。

Hoover 等[70]通过使用简单的化学气相沉积方法从葡萄糖($C_6H_{12}O_6$)前体中解压缩 CNT 来一步合成 GNR。研究发现，一些 CNT 被部分切割，导致 GNR-CNT 杂化，而其他 CNT 被切割形成 GNR。通过该方法获得的 GNR 的平均长度通常在 $1\sim10$ nm 的范围内，为制备 GNR 提供了新的思路。

2. GO 的制备方法

目前最普遍的制备 GO 的方法都是将 NG 与强酸(如 H_2SO_4、H_3PO_4)进行插层反应，选用 $KMnO_4$ 为强氧化剂，在 NG 片层间插入—COOH、—OH 和—CH(O)CH 等基团，经过过滤、离心得到 GO。该类方法主要包括 Brodie 法[71]、Staudenmaier 法和 Hummers 法，其中 Hummers 法是最晚提出的一种氧化制备方法，其在 Staudenmaier 法基础上进行改进，选用 $KMnO_4$ 和 H_2SO_4(浓度>98%)，这使得反应过程中避免了有毒气体的排放，且相对安全省力。后来不断有科研工作者对它进行改进，如选用多种强酸组合、改变酸液和氧化剂 $KMnO_4$ 的添加比例、调整反应温度以获得不同化学组成的 GO[72]。

3. 石墨烯/聚合物复合材料

需要看到的是，石墨烯在高分子材料改性方面有着长远的未来，尽管理想的单层石墨烯相对于普通无机填料具有优异的电力学、热力学和机械性能等特点，添加到高分子材料中可以提高机械性能和多功能化，有明显的增强效果，但其生产成本高、本身易团聚，且呈惰性的表面性质导致了与聚合物(EVA、PS、PP 等)基体之间的作用力非常小。而 GO 表面大量的亲水基团(—COOH、—OH)导致了其与很多非极性的高分子材料相容性较差，这些都降低了它的实际价值。如何将石墨烯良好地分散到高分子基体之中是制备聚合物/石墨烯复合材料最有挑战性的工作。所以，对石墨烯、GO 采用表面处理的方法或者改进复合工艺是很有必要的。

由于含氧基团的存在，人们通常以此为活性点对 GO 进行共价和非共价修饰改性，当然，石墨烯晶格上的碳碳双键也可以作为活性点进行反应。Knutson 等[74]提出一种直接在 GO 表面生长聚合物的方法，通过重氮加成将含 Br 的引发基团共价连接到化学还原的 GO 表面上，接枝改性后的石墨烯片仍然保持分离的单层，并且分散性显著提高，为优化石墨烯/聚合物纳米复合材料的加工性能和界面结构提供了可能。Morrison 等[75]利用碳二亚胺进行化学表面改性，引入最多达 3.6%的碳二亚胺，与 GO 相比，改性 GO 具有更高的功能化程度，且作为催化剂进行测试，促进了活性反应点附近对试剂的吸附。

Biliaderis 等[76]对石墨烯进行马来酸酐改性得到 MAH-GO 纳米填料，并用于纳滤膜，改性后的石墨烯与薄膜基体具有良好的相容性，减小了复合膜的表面孔径，提高了其亲水性。

Goering 等[77]通过水热法制备了由低聚原花色素(OPC)诱导的新型表面改性和部分还原的氧化石墨烯(PRGO)，其组装形成的 OPC-PRGO 气凝胶呈现蜂窝状结构，而不是 GO 气凝胶的雪花状结构。由于其独特的结构，OPC-PRGO 气凝胶对有机染料表现出更优异的吸附性能，该研究为理解和制备 PRGO 开辟了新的思路。

Yusuph 等[78]通过超临界二氧化碳发泡法制备研究了添加不同类型纳米纤维素的 EVA 复合发泡材料，并探究了短纤维(NC)、长纤维(NCF)、温度和压力对 EVA 发泡材料物理机械性能、泡孔形貌的影响。结果表明，即使在低填料含量下，也可以获得不同的泡孔形态。纳米纤维的存在显著减小了泡孔的大小并增加了每单位面积的泡孔数量。但当纤维添加过量时，观察到纳米纤维素聚集，导致形成双峰泡孔结构。

Fannon 等[79]使用二乙醇胺、邻苯二甲酸酐和 RGO 纳米颗粒合成水性聚酯酰胺(WBPEA)及其纳米复合材料(WBPEA-RGO)。通过 FTIR 和 NMR(核磁共振)光谱分析研究了这些涂层的物理化学性能，结果表明，相对于已有报道的其他涂层，该纳米复合涂层具有非常好的物理机械性能和更优越的防腐性能。

1.11　光 催 化 剂

光催化剂又称光触媒，是在光子作用下能够起到催化作用的一类物质的统称，众人熟知的叶绿素(chlorophyll)其实就是一种天然的光催化剂。在 20 世纪 70 年代光催化技术应运而生，迅速吸引了学术界和工业界广泛的目光，已经广泛用于医学、能源、环保等多个前沿领域。

其中，半导体材料因其相对于其他材料在光作用下更加稳定而是光催化剂良好的选择，常见的有 TiO_2、ZnO、SnO_2、ZrO_2、CdS 等。其催化分解有机污染物的机制是，当半导体受到波长大于或等于其带隙能量的光激活时，其价带的电子促进传导，在价带上形成两个活性基：电子和空穴，称为光诱导电子-空穴对。电子-空穴对移动到表面，与附近的大分子有机物发生反应，转化为无机小分子，如 CO_2 和水。在半导体光触媒里，TiO_2 与 ZnO 因其氧化能力强，在 10～400 nm 的紫外光段具有匹配的带隙能，且化学性质稳定无毒，成为最热门、有效的光催化剂。

1.11.1 TiO₂ 光催化剂

近几十年来，TiO_2、石墨-碳氮化物(g-C_3N_4)和硫化镉(CdS)是三种广泛研究的水分解光催化剂。其中，TiO_2 更优越，其具有光稳定性、高效率、合适的带隙位置、生物相容性和无毒性[80]。TiO_2 分解水的光催化机理如图 1-9 所示[81]。同时研究发现，TiO_2 光催化反应过程中的界面氧化还原反应通常用于有机污染物的光降解。TiO_2 表面羟基的静电引力作用下将氧气吸附至表面，而形成的导带电子-空穴对会在电场作用下将其氧化为超氧阴离子自由基，H^+与水或羟基离子会与电子-空穴对反应形成羟基自由基，这些自由基具有超强活化作用，遇到有机污染物时能使其发生链式降解，被分解成水、CO_2。

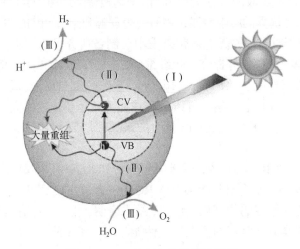

图 1-9 TiO_2 分解水的光催化机理

1.11.2 TiO₂ 掺杂

尽管 TiO_2 作为最热门、实用的光催化剂，但在日常使用中，仍存在两个缺点，阻碍了其进一步的推广[82]：①TiO_2 的宽带隙决定了其光响应区域只能是在紫外光区域，而紫外光在日光中的占比不到 5%，特别是在可见光照射下没有催化活性，极大限制了适用范围；②TiO_2 的光生电子-空穴对复合率较高，这导致了光催化效率的降低。

为增大 TiO_2 光催化范围、提高转化效率，科学家们需对 TiO_2 进行表面处理或者掺杂改性。

1. 金属离子掺杂

Abbasi 等[83]采用简单的固体燃烧、水热和湿润浸渍法合成了基于 g-C_3N_4/Fe_3O_4/TiO_2 纳米片的新型三元纳米复合光催化剂，将 Fe_3O_4 以纳米颗粒形式有效地分散在 g-C₃N₄ 和 TiO₂ 纳米片之间的表面上,通过 XRD、FTIR、TEM 等一系列技术对合成的复合催化剂材料进行了表征。结果表明,含 5%(质量分数)Fe₃O₄ 粒子的催化剂具有最佳的光催化性能,在紫外光照射下对甲基蓝(MB)和番红(SA)表现出优异的降解活性,照射 210 min 后,亚甲蓝(MB)降解效率达到了 96%,远高于纯 TiO₂ 和制备的二元催化剂。

Roselin 等[84]对 Cu、Fe 掺杂改性 TiO₂ 进行研究,制备了 Cu 掺杂 TiO₂、Fe 掺杂 TiO₂ 及共掺杂 TiO₂,并对其光催化性能进行了比较,得到了光催化性能 Cu-Fe-TiO₂>Fe-TiO₂>Cu-TiO₂>TiO₂ 的结果。说明 Cu、Fe 的掺杂对 TiO₂ 光催化性能起到了很好的修饰效果。

2. 非金属离子掺杂

通常选用 N、C、F 和 S 等非金属元素对 TiO₂ 进行掺杂改性,其中以 N 掺杂最为普遍。采用两步水热法合成了 N 掺杂 TiO₂ 纳米片和 N 掺杂 TiO₂/WS₂ 纳米棒,通过一系列技术手段对合成的 N-TiO₂/WS₂ 杂化物的组成结构、功能和光学性质进行了表征。结果表明,N-TiO₂/WS₂ 纳米复合材料具有优异的光催化活性,其在可见光照射下即可分解水溶液中的有害染料刚果红,这种不寻常的光催化活性归因于 WS₂ 和 N-TiO₂ 之间的协同效应。

3. 碳材料修饰

最初用来修饰 TiO₂ 的碳材料是炭黑,利用炭黑的高比表面积和丰富的极性基团来改善 TiO₂ 易团聚、光生电子-空穴对效率低下等问题,从而强化其光催化活性。随着石墨烯、碳纳米管等新兴碳材料的发展,对 TiO₂ 的研究也不断发展。Srivastava 等[85]以氧化石墨烯、TiCl₃ 和氨水溶液为原料,通过水热法原位合成了 TiO₂/还原石墨烯纳米复合材料。

Qi 等[86]采用光还原沉积法成功合成了纳米金属 Ag 颗粒改性的 GO-TiO₂ 介晶(Ag/GO-TMCs)。发现 Ag 纳米颗粒均匀分布在 TiO₂ 中间晶体(TMCs)和氧化石墨烯的表面上,Ag/GO-TMCs 催化剂结晶度高,介孔结构丰富,比表面积大,可见光响应明显。研究了催化剂在可见光照射下降解罗丹明 B(RhB)和二硝基丁基苯酚(DNBP)的光催化应用。结果表明,其具备高度增强的光催化活性,这可归因于 Ag 纳米颗粒和 GO 的较高可见光吸收能力和表面等离子体共振(SPR)效应。Ag/GO-TMCs 材料可被视为有希望的光催化剂,对在可见光照射下去除有机污染物有重大意义。

1.11.3 TiO₂/聚合物的制备

TiO₂ 作为应用最广泛的无机纳米材料之一[87],其与聚合物(EVA、PU 等)的共混制得的复合材料，不仅可以引入 TiO_2 的热稳定性、良好的机械强度，还可以通过掺杂使得复合材料具备一定的光催化性能，因此其在诸多领域具有广泛的应用前景。常用的复合制备工艺有溶液共混法、熔融共混法、原位聚合法和控制条件水热复合法[88]。

da Silva 等[89]制备了聚乳酸(PLA)/PE/TiO_2 纳米复合材料，发现 TiO_2 纳米球和 TiO_2 纳米管对 PLA 的结晶度有不同的影响，并且观察到其结构组织直接影响复合材料的光稳定性。测试表明，TiO_2 促进 PLA 和 PE 的降解，且改善了聚合物的机械性能。

1.12　本书的研究内容、目的及意义

1.12.1　研究内容

(1) 采用丙三醇对木薯淀粉进行增塑处理得到 TPS，TPS 作为成碳剂可降低阻燃剂的添加量以及改善阻燃效果。同时，淀粉具有完全降解性，还可一定程度促进聚烯烃聚合物的降解，所制备的 EG-APP-TPS/EVA 复合发泡材料具有环境友好性。

(2) 通过 MPOP 对 EG 进行二次插层制备的新型阻燃剂 MPOP-EG，具有热稳定性好、阻燃效果佳等优点，为其他氮系、磷系等阻燃剂对 EG 进行二次插层制备新型高效阻燃剂提供一定的思路。

(3) 以改性炭黑和 EG 为防静电剂，EG 一定程度上改善了炭黑的分散效果，应用于 EVA 复合发泡材料中，制备得到具有防静电效果的 CB-EG/EVA 复合发泡材料并具有一定的阻燃效果，为制备兼有阻燃性能和防静电性能的 EVA 复合发泡材料提供方向。

(4) 以硅烷偶联剂、铝酸酯偶联剂、钛酸酯偶联剂为表面活性剂，采用干法工艺分别对纳米银系抗菌粉进行表面处理，并且通过密炼共混、双辊开炼、模压交联发泡方法，制备出具有抗菌性能的 EVA/淀粉复合发泡材料。通过活化指数分析、红外光谱分析分别表征三种偶联剂对纳米银系抗菌粉的表面改性效果；通过熔体流动速率分析研究纳米银系抗菌粉对 EVA/淀粉共混物前驱体熔体流动性能的影响；通过热重分析研究纳米银系抗菌粉对 EVA/淀粉复合发泡材料热稳定性能的影响；通过环境扫描电镜观察改性前后纳米银系抗菌粉在 EVA/淀粉共混物基体中的分散情况以及复合发泡材料中泡孔形态的变化；通过物理力学性能测试分析纳米银系抗菌粉对 EVA/淀粉复合发泡材料物理力学性能的影响；通过对 EVA/淀粉复合发泡材料抗菌性能的测试分析比较纳米银系抗菌粉对复合发泡材料抗菌性能的影响。

(5) 用多巴胺对复合发泡材料的表面进行改性，并进一步通过原位还原法在复合发泡材料表面负载上纳米级的银颗粒。通过场发射扫描电子显微镜(FESEM)

和能量色散 X 射线光谱(EDS)仪观察负载前后材料表面的形貌以及元素分布图；通过 X 射线光电子能谱(XPS)分析复合发泡材料表面元素组成；通过 X 射线衍射(XRD)仪分析材料中 Ag 元素的晶体类型；采用电感耦合等离子体发射光谱(ICP-AES)分析盐酸多巴胺和硝酸银用量对复合发泡材料的负载银含量的影响；通过抗菌性能测试分析负载纳米银的 EVA/淀粉复合发泡材料的抗菌性能。

(6) 以炭黑和碳纤维(CF)作为抗静电组分，通过密炼共混、双辊开炼、模压交联发泡方法，制备出炭黑、碳纤维双组分抗静电 EVA/淀粉复合发泡材料。通过熔体流动速率分析研究炭黑和碳纤维对 EVA/淀粉共混物前驱体熔体流动性能的影响；通过热重分析研究炭黑和碳纤维的加入对 EVA/淀粉复合发泡材料热稳定性能的影响；通过扫描电镜观察添加炭黑和碳纤维前后 EVA/淀粉共混物基体中抗静电组分的分散情况以及复合发泡材料中泡孔的形态变化；通过物理力学性能测试分析炭黑和碳纤维对 EVA/淀粉复合发泡材料物理力学性能的影响。

(7) 以甘油为增塑剂，制备具有可加工性的甘油塑化木薯或热塑性玉米淀粉，并通过红外光谱分析淀粉羟基的变化。

(8) 通过正交实验确定木薯或玉米淀粉/EVA 复合发泡鞋底材料的最佳配方，并讨论了木薯淀粉、玉米淀粉、发泡剂 AC、交联剂 DCP 等对复合发泡鞋底材料物理力学性能的影响，并通过环境扫描电镜研究了复合发泡鞋底材料前驱体的断面形态和复合发泡鞋底材料内部的泡孔形貌。

(9) 以硅烷偶联剂 KH-570、硅烷偶联剂 KH-550 为表面活性剂对三种高岭土进行表面改性，并通过沉降法、活化指数、红外光谱分析高岭土表面改性效果。

(10) 将改性高岭土应用于淀粉/EVA 复合发泡鞋底材料中并讨论了硅烷偶联剂及高岭土含量对复合发泡鞋底材料各种物理力学性能的影响，并通过环境扫描电镜研究了复合发泡鞋底材料内部泡孔形貌以及复合发泡鞋底材料受力拉伸时的断面形貌。

(11) 对淀粉进行湿法和干法接枝改性，并应用于 EVA 复合发泡鞋底材料。通过红外光谱和接枝率、接枝效率讨论了湿法接枝改性的效果；通过观察复合发泡鞋底材料前驱体断面形貌评估接枝改性与在淀粉、EVA 中加入增容剂的增容效果。

(12) 首先利用硅烷偶联剂 KH-550 对自制的 GO 进行化学接枝处理，制备出石墨烯的衍生物 K-GO。并将 K-GO 功能纳米填料按一定比例进行添加，制得 K-GO/EVA 功能发泡材料。通过 FTIR、XRD、XPS 等手段分析表征化学接枝效果；通过 SEM 分析 GO 和 K-GO 的表面特征、发泡材料脆断截面泡孔的大小分布；利用邵氏硬度 C、回弹性和拉伸等测试讨论 K-GO 对 EVA 发泡材料机械性能的影响。

(13) 首先通过简单的溶液超声混合程序制备 GO-CB 悬浮液，然后用对苯二胺(PPD)对悬浮液进行原位化学还原，最终得到干燥的 RGO-CB 杂化物，作为复配抗静电剂将其运用于 EVA 基体中，同时改用转矩流变仪替代传统密炼机进行混炼工序,制得抗静电高强度 EVA 复合发泡材料。通过 XRD、SEM 等分析 RGO-CB 及其在 EVA 中的微观结构和物相分散;通过电阻率测试分析炭黑和 RGO-CB 杂化物对材料的导电能力的影响;利用邵氏硬度 C、回弹性和拉伸等测试 RGO-CB 对 EVA 发泡材料机械性能的影响。

(14) 以异丙醇钛为钛源,葡萄糖为还原剂,通过一步水热法制备 RGO-TiO$_2$,通过多巴胺对 EVA 进行表面处理,最终得到表面负载 RGO-TiO$_2$ 的 EVA 发泡材料。考查 GO、RGO-TiO$_2$ 和负载催化剂后的 EVA 表面形貌、晶型特征;通过对可见光照射下罗丹明 B(RhB)的光催化降解实验,探究复合催化剂对 EVA 发泡材料光催化性能的影响。

1.12.2　研究目的与意义

EVA 发泡材料由于质轻、高弹、无毒和易加工等优点,被广泛用于运动鞋材、绝缘光缆外皮、软质坐垫材料和阻尼材料等领域。伴随着时代的进步和高分子发泡塑料的广泛使用,单纯的 EVA 发泡材料已经无法满足各种特殊环境下的综合性能要求。因此开发新型多用途、功能化的 EVA 发泡材料具有重要的科学理论意义和实际应用价值。

目前,虽有部分研究了 EG、APP 复配应用于聚氨酯、聚乳酸、涂料等材料中,但是协同阻燃 EVA 的报道较少,而应用于 EVA 复合发泡材料的阻燃研究鲜见报道。同时,EG 和 APP 都具有来源广泛、价格低廉等特点。

淀粉为天然完全可降解高分子,它不但自己可以完全降解,还可以促进聚烯烃类合成高分子的降解,制得的鞋材为环境友好材料,有利于环保。在鞋材行业中,如果淀粉/木粉复合材料能够代替鞋材中以往部分 PE 和 EVA 塑料的组分,那么它将具有广阔的市场前景。

研制具有抗菌、抗静电功能的 EVA/淀粉复合发泡材料有利于拓宽材料的应用范围。由于材料具有良好的物理力学性能,并且能够在对抗菌和抗静电性能有特殊要求的环境中使用,因此增加了产品的附加值。

通过对抗菌粉的表面改性,改善了抗菌粉表面的亲油性,增强了抗菌粉与聚合物基体的相容性,制备出性能良好的抗菌 EVA/淀粉复合发泡材料。

通过原位聚合法,将具有抗菌性的银单质负载到 EVA/淀粉复合发泡材料表面,方法简单易行。并且由于得到的银单质具有纳米级尺寸,因此比表面积较大,与细菌的接触面更多,所得的材料具有良好的抗菌性能。

炭黑单组分和炭黑、碳纤维双组分导电填料填充 EVA/淀粉复合发泡材料,使得 EVA/淀粉复合发泡材料具有更加优异的抗静电性能,扩大了其应用范围。

第 2 章　EG-APP/EVA 复合发泡材料

2.1　引　言

EVA 因具有良好的柔软性、弹性、可塑性等特性且适合于挤出、注塑、热成型等多种加工方式，常应用于鞋材、包装、电缆等行业中。由于 EVA 树脂具有优异的发泡性能及耐龟裂性、耐老化性等特性，制备得到的复合发泡材料密度低、比强度高，因而其用途十分广泛。然而，同大多数有机聚合物一样，EVA 复合发泡材料因其泡孔的存在，极其容易燃烧且发烟量、发热量大，一定程度上限制了其应用范围。因此，EVA 复合发泡材料的阻燃研究具有重要的现实意义和应用价值。

EG 也称为石墨层间化合物，是一种采用化学方法(化学氧化法或电化学氧化法)或者物理方法将异类粒子(如分子、离子、原子甚至原子团)插入石墨晶体的片层间从而形成的层状化合物。EG 具有无毒、隔热性好、烟气少、资源丰富、价格低廉等特点，并且应用于聚合物材料中不影响材料本身的柔韧性及其物理性能，是一种应用前景极其广泛的无卤环境友好型阻燃剂。然而 EG 作为阻燃剂单独使用时其阻燃能力仍是有限的，故采用两种或者两种以上阻燃剂进行复配来提高 EG阻燃能力成为较好的选择，可更好地拓宽 EG 阻燃剂的使用范围。

因此，本章选用 EG 分别与 MH、ATH 以及 APP 组成复配阻燃剂，以 EVA为基体材料，POE(乙烯-辛烯共聚物)为弹性体，EAA(乙烯-丙烯共聚物)为增容剂，AC 为发泡剂、DCP 为交联剂，St、ZnO、ZnSt 为加工助剂，通过熔融共混、塑化开炼、硫化发泡实验工艺制备得到无卤阻燃 EVA 复合发泡材料，研究对比这三种阻燃剂组合对 EVA 复合发泡材料的阻燃效果并探讨最佳的复配比例。

2.2　无卤阻燃 EVA 复合发泡材料的配方设计及制备过程

制备无卤阻燃的聚烯烃材料是一件有相当难度的工作，而 EVA 复合发泡材料更是如此，其无卤阻燃处理过程中的第一个难题就是选择合适阻燃剂或者阻燃剂复配协同组合。因此，本章实验保持加工助剂、发泡剂以及交联剂等原料添加量不变，研究了三种复配阻燃剂组合(EG/MH、EG/ATH、EG/APP)对 EVA 复合发泡材料的阻燃效果并进行比较，采用极限氧指数、垂直燃烧以及发泡状态作为比较标准;筛选出 EVA 复合发泡材料良好的复配协同阻燃配方并讨论复配阻燃剂合适的添加比例。

使用上述实验原料、仪器设备以及制备方法,分别制备添加不同复配阻燃剂的 EVA 复合发泡材料。具体阻燃配方设计方案如表 2-1 所示,复配阻燃剂总添加量为 30%(质量分数),其余为 EVA 基体及少量的 EAA、POE 等原料共 70%(质量分数)。

表 2-1 无卤阻燃 EVA 复合发泡材料的阻燃配方组成

样品	EG/%	MH/%	ATH/%	APP/%
1#	10	20	—	—
2#	6	24	—	—
3#	10	—	20	—
4#	6	—	24	—
5#	10	—	—	20
6#	6	—	—	24
7#	—	—	—	—

无卤阻燃 EVA 复合发泡材料的制备工艺流程如图 2-1 所示。具体步骤如下。

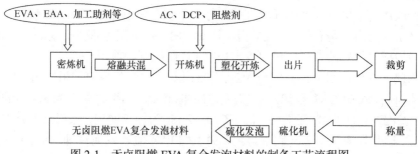

图 2-1 无卤阻燃 EVA 复合发泡材料的制备工艺流程图

(1) 将阻燃剂(EG、MH、ATH、APP)置于 80℃的鼓风干燥箱中干燥 6h,冷却至室温后按照实验设计的复配方案(表 2-1)高速混合阻燃剂 1 min,装于密封袋中,备用;

(2) 按照实验设计方案称量 EVA、POE、EAA、加工助剂等实验原料,先将树脂料加入密炼机中预热 3～5 min,之后倒入其他原料,熔融密炼 5 min 左右后于 120℃前后出料;

(3) 将取出的物料迅速移到开炼机上进行开炼,控制开炼温度在 90℃左右,并加入复配阻燃剂、发泡剂 AC、交联剂 DCP,开炼塑化混合均匀后拉片,裁剪;

(4) 称量适量的裁剪物料放入已预热的平板硫化机模具中,于 160～175℃、

10～13 MPa 条件下硫化发泡，即可制备得无卤阻燃 EVA 复合发泡材料。

2.3　无卤阻燃 EVA 复合发泡材料的结构与性能表征

2.3.1　阻燃性能测试

1. 阻燃配方的确定

1) 极限氧指数测试

测试依据：参照 GB/T 2406.2—2009[72]。

测试条件：环境温度为 10～35℃，相对湿度为 45%～75%。

样品制备：试样尺寸为 120 mm×6.5 mm×3 mm。

2) 垂直燃烧(UL-94)测试

测试依据：参照 GB/T 2408—2008[73]。

样品制备：试样尺寸为 125 mm×10 mm×3.2 mm。

表 2-2 为 EG 分别与 MH、ATH、APP 复配协同阻燃 EVA 复合发泡材料得到的阻燃性能(LOI、UL-94)测试结果。

表 2-2　极限氧指数及垂直燃烧测试结果

编号	LOI/%	燃烧时间 ᵃ/s	燃烧等级
1#	23.0	>30	NRᵇ
2#	23.2	>30	NR
3#	25.0	10～20	V-2*ᶜ
4#	24.5	>30	NR
5#	25.5	20～30	V-2*
6#	28.1	10～20	V-1
7#	19.2	>30	NR

a. 垂直燃烧时第一次有焰燃烧及第二次有焰燃烧时间之和；b. 无级别；c. 相比于 V-2 级别，无熔滴。

如表 2-2 所示，未添加复配阻燃剂的样品 7#发泡良好，但无阻燃效果，极限氧指数仅为 19.2%。样品 1#、2#为 EG 与 MH 复配阻燃 EVA 复合发泡材料，发泡良好，极限氧指数有所提高，分别为 23.0%、23.2%，但阻燃效果不理想且垂直燃烧无级别。样品 3#、4#为 EG 与 ATH 复配阻燃 EVA 复合发泡材料，极限氧指数分别为 25.0%、24.5%，垂直燃烧为 V-2*和 NR 级别，发泡不好。EG 与 APP 复配阻燃 EVA 复合发泡材料的样品 5#、6#发泡状态良好，泡孔相对比较均匀，极限氧指数较高，分别是 25.5%、28.1%，垂直燃烧级别为 V-2*和 V-1。对比样品 1#～样品 7#的阻燃效果以及发泡状态，可以看出 EG 和 APP 复配阻燃 EVA 复合发泡材料是一个比较有效的阻燃体系。

2. 复配阻燃剂的最佳配比

表2-3为不同添加比例的EG和APP复配阻燃EVA复合发泡材料的阻燃性能测试结果，保持复配阻燃剂的总添加量为30%。

表 2-3 不同 EG/APP 的极限氧指数和垂直燃烧测试结果

EG/APP	LOI/%	t_1^a/s	t_2^b/s	$(t_2+t_3)^c$/s	质量损失/g	是否滴落	燃烧等级
0/1	24.5	>30	—	>60	>1.000	是	NR
1/0	25.3	16	>14	>60	>1.000	否	NR
1/2	25.5	10.2	18.0	<60	0.550	否	V-2*
1/3	26.7	8.3	15.6	<60	0.432	否	V-2*
1/4	28.1	5.0	14.1	<60	0.122	否	V-1
1/5	27.4	6.8	16.7	<60	0.226	否	V-2*
1/6	26.0	23	>7	>60	>1.000	是	NR

a、b、c 分别是垂直燃烧时第一次有焰燃烧、第二次有焰燃烧、第二次无焰燃烧的时间。

如表2-3所示，单独加入阻燃剂 APP 或者 EG 时，虽然 EVA 复合发泡材料极限氧指数分别为 24.5%和 25.3%，但是都比二者复配时的小且垂直燃烧等级并无改善。EG 与 APP 复配阻燃 EVA 复合发泡材料，其极限氧指数明显提高，且随着复配比例的变化，呈现先增大后减小的趋势，在 EG/APP=1/4 时达到最大值 28.1%，相比于未添加阻燃剂的纯 EVA 复合发泡材料，极限氧指数提高 8.9%且垂直燃烧达到 V-1 级别，无熔滴，质量损失为 0.122 g。以上所列数据表明，EG 与 APP 复配阻燃 EVA 复合发泡材料具有明显良好的协同阻燃作用，最佳配比为 1∶4。

2.3.2 物理力学性能测试

图 2-2 为阻燃剂总添加量为 30%时，不同 EG/APP 比例对无卤阻燃 EG-APP/EVA 复合发泡材料的物理力学性能(拉伸强度、断裂伸长率、撕裂强度、回弹性、密度、邵氏硬度 C)的影响。如图 2-2 所示，从整体上来看，添加阻燃剂后 EVA 复合发泡材料的物理力学性能中的几个参数都有所下降，但是还是能够从图中发现某些规律，为下一步的研究实验提供一定的帮助。

随着 EG/APP 的变化，EG-APP/EVA 复合发泡材料的拉伸强度、断裂伸长率和撕裂强度呈现先下降后上升再稍微下降的趋势。未添加阻燃剂时，复合发泡材料的物理力学性能最好，其拉伸强度、断裂伸长率和撕裂强度分别为 4.66 MPa、456.55%、14.48 N/mm；加入复配阻燃剂之后，当 EG/APP=1/4 时，EG-APP/EVA

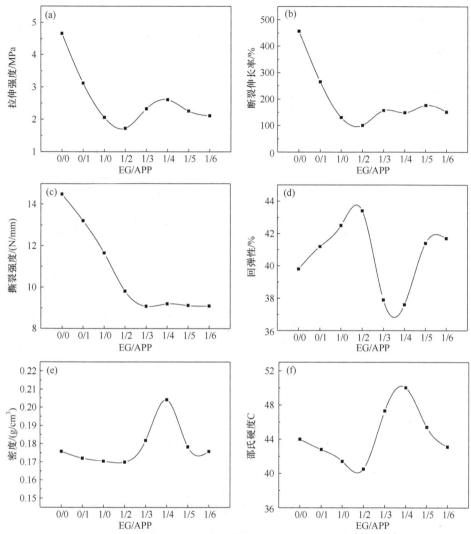

图 2-2　EG/APP 对 EG-APP/EVA 复合发泡材料物理力学性能的影响

(a) 拉伸强度；(b) 断裂伸长率；(c) 撕裂强度；(d) 回弹性；(e) 密度；(f) 邵氏硬度 C

复合发泡材料物理力学性能相对较好，其拉伸强度、断裂伸长率以及撕裂强度也可分别达到 2.61 MPa、148.39%、9.2 N/mm，回弹性、密度、邵氏硬度 C 分别为 37.6%、0.20408/(g/cm³)和 50。

2.3.3　热重分析

图 2-3 为未添加阻燃剂的纯 EVA 复合发泡材料(样品 7#)和添加复配阻燃剂(EG/APP=1/4)的 EG-APP/EVA 复合发泡材料(样品 6#)TG、微商热重(DTG)曲线，表 2-4 则是主要的热失重数据。

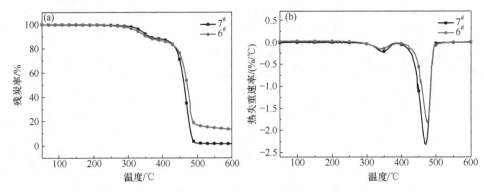

图 2-3　复合发泡材料 TG(a)、DTG(b)曲线

表 2-4　复合发泡材料的主要热失重数据

样品	$T_{5\%}{}^a$/℃	$T_{max}{}^b$/℃	最大热失重速率/(%/℃)	残炭率/%	
				500℃	600℃
6#	323.5	475.5	1.82	16.97	13.35
7#	335.5	469.5	2.32	2.06	1.61

a. 热失重 5%所对应的温度；b. 最大热失重速率所对应的温度。

　　由图 2-3 可明显看出，添加阻燃剂前后，复合发泡材料的热分解趋势没有改变，可分为两个分解阶段：第一阶段发生在 305~380℃，主要是 EVA 的乙酸乙烯分解；第二阶段发生在 430~495℃，最大热分解温度在 470℃左右，主要是 EVA 的多烯结构分解。

　　如表 2-4 及 TG、DTG 曲线所示，样品 7#出现最大热失重对应的温度则是469.5℃，且最大热失重速率达 2.32%/℃；而样品 6#出现最大热失重对应的温度可达 475.5℃(相比提高了 6℃)，最大热失重速率为 1.82%/℃(相比降低了 0.5 个百分点)，最大热失重对应温度的推迟和最大热失重速率的降低都表明复配阻燃剂(EG和 APP)起到减慢 EVA 复合发泡材料分解速率的良好作用。而且样品 6#在 500℃、600℃时残炭率可分别达到 16.97%和 13.35%，相比样品 7#在相应温度的残炭率都提高了 10 个百分点以上，残炭率的增加通常伴随着阻燃材料阻燃性能的提高。这与阻燃性能测试结果相符合。综上所述，复配阻燃剂(EG/APP=1/4)可显著提高EVA 复合发泡材料的热稳定性能。其中，样品 6#相比样品 7#在热失重 5%时的温度更低，其原因是阻燃剂 APP 的部分分解。

2.3.4　傅里叶变换红外光谱分析

　　未添加阻燃剂的纯 EVA 复合发泡材料(样品 7#)燃烧后无残留，而添加复配阻燃剂的 EG-APP/EVA 复合发泡材料燃烧后的残炭傅里叶红外光谱基本一样，因此

图 2-4 给出了样品 6#(EG/APP=1/4)在 350℃、450℃、600℃、700℃不同降解温度下残炭的傅里叶红外光谱图。

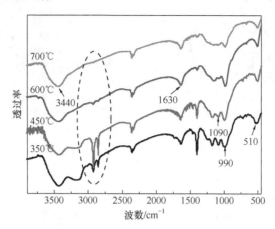

图 2-4　不同温度下 EG-APP/EVA 复合发泡材料残炭的傅里叶红外光谱图

由图 2-4 可明显看到，随着降解温度的升高，2920 cm^{-1}、2850 cm^{-1}处的特征吸收峰逐渐减弱直至消失，而 1630 cm^{-1}处 C ═C 双键的特征吸收峰依然存在并无减弱，这说明碳链在温度升高的过程中逐渐断裂以及残炭中存在着聚芳烃。3440 cm^{-1}处有个较强且宽的吸收峰，可能是磷酸及聚磷酸的—OH 或者铵盐的—NH 的特征吸收峰，1090 cm^{-1}处的特征振动吸收峰属于磷酸根离子，而 990 cm^{-1} 和 510 cm^{-1}处则出现了 P—O—C 键的特征吸收峰，这说明随着降解温度的升高残留物中产生的可能是多聚磷酸、磷酸或者焦磷酸和少量铵盐。其中，EG-APP/EVA 复合发泡材料燃烧时产生的磷酸根离子可以使材料发生无规则的快速降解，从而减少生成可燃性气体以及促进材料脱水炭化以提高成炭量[77]。

2.3.5　扫描电镜分析

图 2-5 为复配阻燃剂 EG/APP=1/6 和 EG/APP=1/4 两种 EG-APP/EVA 复合发泡材料发泡前驱体经液氮脆断后的断面形貌。如图 2-5(a)所示，具有"片层状"的 EG 与 EVA 基体之间有着很大的孔隙，说明两者之间的界面相容性较差；由图 2-5(b)可见，复配阻燃剂 EG/APP=1/4 的复合发泡材料中，"片层状"的 EG 能够较好地镶嵌在 EVA 基体中，两者之间的接触面较大且孔隙较小，表明该复合材料中 EG 与 EVA 基体有较好的界面相容性，在外力作用下，界面比较不容易受到破坏而降低了材料的物理力学性能。这与添加复配阻燃剂 EG/APP=1/4 的 EG-APP/EVA 复合发泡材料物理力学性能较好的测试结果相符合。

图 2-6 为分别添加复配阻燃剂 EG/APP=1/6 和 EG/APP=1/4 两种 EG-APP/EVA 复合发泡材料液氮脆断后的断面泡孔形貌扫描电镜照片。如图 2-6 所示，复配阻

图 2-5　EG-APP/EVA 复合发泡材料发泡前的扫描电镜照片

(a) EG/APP=1/6；(b) EG/APP=1/4

燃剂加入以后，复合发泡材料的泡孔稳定性变得较差，存在着较大尺寸的泡孔，出现了并孔或者穿孔的现象，这是因为尺寸较大的"片层状"结构 EG 穿插在泡孔中。但是对比图 2-6(a) 和 (b) 可以发现，复配阻燃剂为 EG/APP=1/4 的 EG-APP/EVA 复合发泡材料的断面泡孔形貌[图 2-6(b)]相对完整，比较均匀、致密，泡孔尺寸也比较大，这是因为 EG/APP=1/4 中 APP 含量相对较少，使得复合发泡材料体系的黏度增加较少，发泡剂 AC 分解产生的 N_2 气体较为容易扩散，从而形成的泡孔尺寸较大也相对均匀致密。

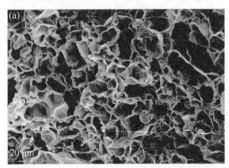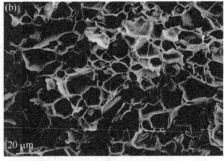

图 2-6　EG-APP/EVA 复合发泡材料断面扫描电镜照片

(a) EG/APP=1/6；(b) EG/APP=1/4

图 2-7 为添加复配阻燃剂 EG/APP=1/6 和 EG/APP=1/4 两种 EG-APP/EVA 复合发泡材料经 LOI 测试后的残炭扫描电镜照片。由图 2-7(a)～图 2-7(d)可见，EG-APP/EVA 复合发泡材料经 LOI 测试燃烧后，EG 受热由"片层状"结构膨胀成"蠕虫状"结构，而"蠕虫状"内部则是呈"片层状"分布的。这是因为 EG-APP/EVA 复合发泡材料在燃烧时，EG 受热后其层间的插层剂 H_2SO_4 与石墨片层迅速发生氧化还原反应从而释放出 SO_2、CO_2、H_2O 等非可燃性气体，使得石墨层快速地扩大，沿着石墨晶体结构的 c 轴方向快速地膨胀数十倍甚至数百倍，从而 EG 由"片层状"膨胀成"蠕虫状"。

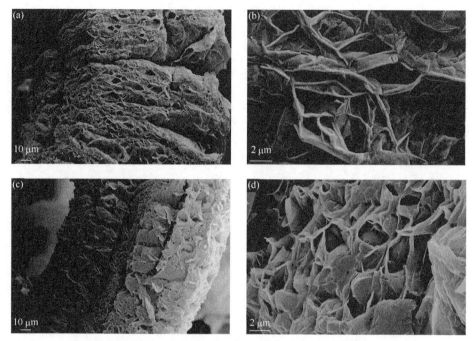

图 2-7 EG-APP/EVA 复合发泡材料经 LOI 测试后残炭扫描电镜照片

(a)、(b) EG/APP=1/6；(c)、(d) EG/APP=1/4

如图 2-7(a)、(b)所示，添加复配阻燃剂 EG/APP=1/6 的 EG-APP/EVA 复合发泡材料经 LOI 测试燃烧后所形成的"蠕虫状"膨胀残炭，内部的"片层状"结构较为混乱，孔壁较厚且孔径结构不清晰，说明其膨胀效果较差。而如图 2-7(c)、(d)所示，添加复配阻燃剂 EG/APP=1/4 的 EG-APP/EVA 复合发泡材料燃烧后所形成的"蠕虫状"膨胀残炭，内部的石墨片具有较为规则的网状交叉结构，孔壁较薄且孔径结构较为清晰，表明其膨胀效果较好。这与添加复配阻燃剂 EG/APP=1/4 的 EG-APP/EVA 复合发泡材料阻燃性能较好的测试结果相一致。

2.3.6 EG/APP 协同阻燃机制探讨

从燃烧的过程来看，要达到阻止聚合物材料燃烧的目的，根本方法是隔绝空气及热量的传导以及抑制可燃性气体的流动。由阻燃性能(LOI、UL-94)测试结果分析可得，EG 与 APP 复配可大幅度提高 EVA 复合发泡材料阻燃性，表明阻燃剂组分之间具有良好的阻燃协同作用。因此，本章通过结合前人的研究成果[78]以及热重-质谱(TG-Mass)、SEM 测试，对协同阻燃机制进行深入探讨，发现 EG、APP 在气相和固相中起到良好的协同阻燃作用。图 2-8 为样品 6#、样品 7#经 TG-Mass 测试后得到的不同质荷比(带电粒子的质量与所带电荷之比，即 m/z)粒子的离子流随温度变化曲线。

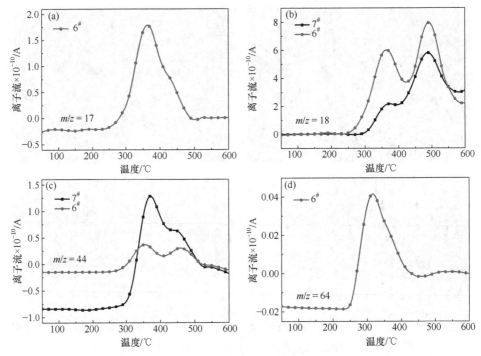

图 2-8　不同质荷比粒子的离子流随温度变化曲线

如图 2-8(a)所示，质荷比为 17 的粒子在样品 6#的热解过程中有逸出，而样品 7#则没有，说明该粒子为 NH_3。NH_3 在 300～500℃有峰值，表明在这个温度范围内，APP 分解产生大量的 NH_3。如图 2-8(b)所示，质荷比为 18 的粒子的离子流在 365℃左右的强峰主要是由 EVA 中乙酸乙烯和 APP 的分解以及 EG 受热与其层间的插层剂 H_2SO_4 发生的氧化还原反应所致，490℃左右的强峰则是因为 EVA 的多烯结构分解。样品 6#中由于复配阻燃剂 EG 和 APP 的添加可有效地提高 H_2O 的逸出量，有利于阻燃以及脱水过程中相应地促进聚合物基体的炭化。如图 2-8(c)所示，在 300～500℃范围内有较宽的峰，这是由于 EVA 的热解阶段与空气反应产生大量 CO_2。而样品 6#生成的 CO_2 也有 EG 受热释放的原因，且逸出量变化相对较小，这是因为复配阻燃剂抑制 EVA 基体的热氧化分解，减少了体系中 CO_2 的逸出而起到阻燃作用。如图 2-8(d)所示，样品 6#在 300℃左右的峰主要是 EG 受热与其层间的插层剂 H_2SO_4 迅速发生氧化还原反应释放出的 SO_2。

综上所述，气相中，EG 受热与其层间的插层剂 H_2SO_4 迅速发生氧化还原反应，释放出非可燃性气体 CO_2、H_2O、SO_2；而 APP 受热分解产生非可燃性气体 NH_3 和 H_2O，此类气体可以有效地稀释聚合物燃烧时的可燃性气体。固相中，EG 受热释放出由 CO_2、H_2O、SO_2 组成的非可燃性气体，使得 EG 层间距迅速扩大，沿着石墨晶体结构的 c 轴方向膨胀，由"片层状"变成了"蠕虫状"，并迁移到燃烧材料的表面形成膨胀炭层[79]；随后 APP 分解形成高黏度的无机酸(焦磷酸、聚磷酸、超磷酸等)，增大体系的黏度，一方面黏结加固 EG 膨胀炭层，另一方面与 EVA 树脂及其部分分解后形成的含多羟基物质发生酯化、芳基化、交联以及炭化反应[80]。由图 2-7(c)、(d)可以看到，炭层结构连接紧密，孔隙小且厚实，是阻断空气和热量由表及里传导的屏障，同时也可阻止聚合物降解产物向火焰扩散，从而达到隔热、隔氧的作用。

2.4　本 章 小 结

(1) EG 分别与 MH、ATH 以及 APP 组成复配阻燃剂，研究对比这三种阻燃剂组合对 EVA 复合发泡材料的阻燃效果并探讨最佳的复配比例。结果表明，EG 与 APP 复配时，复合发泡材料发泡状态良好，泡孔相对均匀且极限氧指数较高。当阻燃剂总添加量为 30%、EG/APP=1/4 时，EG-APP/EVA 复合发泡材料极限氧指数最高为 28.1%，垂直燃烧达到 V-1 级别，无熔滴，质量损失为 0.122 g。

(2) 随着 EG/APP 配比的变化，复合发泡材料的拉伸强度、断裂伸长率以及撕裂强度呈现先下降后上升再稍微下降的趋势。当 EG/APP=1/4 时，复合发泡材料的物理力学性能最好，其拉伸强度、断裂伸长率、撕裂强度、回弹性、密度和邵氏硬度 C 分别达到 2.61 MPa、148.39%、9.2 N/mm、37.6%、0.20408 g/cm^3 和 50。SEM 分析表明，添加复配阻燃剂 EG/APP=1/4 的 EVA 复合发泡材料中 EG 与 EVA 基体有较好的界面相容性，材料的断面泡孔形貌相对完整。

(3) 复合发泡材料不因是否添加阻燃剂而改变热分解趋势，但是添加复配阻燃剂(EG/ APP=1/4)，可使得复合发泡材料最大热失重对应的温度开高且最大热失重速率降低，在 500℃和 600℃时残炭率分别达到 16.97%和 13.35%，相比于未添加阻燃剂的复合发泡材料提高了 10%以上，表明复配阻燃剂起到减慢 EVA 复合发泡材料分解速率以及改善材料阻燃性能的良好作用。

(4) 红外光谱分析表明，EG-APP/EVA 复合发泡材料中碳链随着温度的升高而逐渐断裂且残炭中存在着聚芳烃，降解过程中产生了磷酸根离子，使得材料发生无规则降解从而减少了可燃性气体以及促进材料脱水炭化，提高了成炭量。

(5) TG-Mass 以及 SEM 测试结果表明，EG、APP 在气相和固相中可起到良好的协同阻燃作用。

(6) 综合阻燃性能、物理力学性能以及热稳定性能分析，当复配阻燃剂总添加量为 30%、EG/APP=1/4 时，EG-APP/EVA 复合发泡材料的综合性能最好。

第 3 章　EG-APP-TPS/EVA 复合发泡材料

3.1　引　　言

淀粉(starch)是一种植物中普遍存在的储存性葡萄糖,基本结构单位是 D-葡萄糖,它是 D-葡萄糖脱去水分子(H_2O)后经由糖苷键连接在一起而形成的共价化合物。淀粉属于多聚葡萄糖,每个葡萄糖单元中存在着三个羟基,淀粉的这种独特化学结构使得其具有很多重要的理化性质。淀粉为白色粉末状,在显微镜(扫描电镜等)下观察,是一些形状大小都不尽相同的透明颗粒。淀粉主要由两种类型的分子组成,呈直链和分支结构,分别称为直链淀粉和支链淀粉。天然淀粉的可利用性高低主要取决于淀粉颗粒的结构、支链淀粉以及直链淀粉所占的比例。淀粉的化学组成中有水分、脂肪、灰分、磷等。其中灰分组成主要为钠、钾、镁和钙的无机化合物,磷主要以磷酸酯的形式存在。

淀粉具有来源广泛、价格低廉、可完全生物降解等优点,广泛应用于造纸业、纺织业、食品加工业、胶黏剂生产以及其他领域。淀粉的每个葡萄糖结构单元中 2 位、3 位、6 位碳上都含有羟基并且结构单元内以及邻近结构单元间都存在醚键,形成了大量的分子内、分子间氢键,易于与酸发生酯化反应,其 C2—C3 键可以断裂形成自由基后与双键等发生自由基反应,因此可作为膨胀型阻燃剂中与酸源反应的成炭剂。淀粉因具有大量氢键、结晶度高,其熔融温度高于热分解温度。因此,常使用增塑剂(如丙三醇、尿素、乙二醇等)塑化改性淀粉以降低其分子间作用力从而得到 TPS。

目前,TPS 作为成炭剂应用于复合材料的报道很少,且与 EG、APP 复配协同阻燃 EVA 复合发泡材料的研究鲜见报道。在此背景下,本章通过增塑剂丙三醇塑化改性木薯淀粉得到 TPS,TPS 作为成炭剂与 EG、APP 组成复配阻燃剂,以 EVA 为基体材料、POE 为弹性体、EAA 为增容剂,以 AC 为发泡剂、DCP 为交联剂以及以 St、ZnO、ZnSt 为加工助剂,通过熔融共混、塑化开炼、硫化发泡实验工艺制备得到 EG-APP-TPS/EVA 复合发泡材料,并讨论 EG、APP、TPS 三者合适的添加比例。

3.2　EG-APP-TPS/EVA 复合发泡材料的制备过程

采用增塑剂丙三醇塑化改性木薯淀粉得到 TPS,TPS 作为成炭剂与 EG、APP

组成复配阻燃剂，然后同 EVA、POE、EAA、AC、DCP 等原料通过熔融共混、塑化开炼、硫化发泡实验工艺制备得到 EG-APP-TPS/EVA 复合发泡材料。其制备工艺流程的具体步骤如下：

(1) 将木薯淀粉在 80℃下干燥 2 h 后与丙三醇按照 10：1 质量比放入高速混合机进行搅拌，约 5 min 后倒出装于密封袋中，60℃烘箱中干燥 48 h，备用；

(2) 将阻燃剂(EG、APP)置于 80℃的鼓风干燥箱中干燥 6 h，冷却至室温后按照实验方案设计的配方高速混合阻燃剂 1 min，装于密封袋中，备用；

(3) 其余步骤详见 3.3 节。

实验方案配方设计如下：

为了制备得到具有较好阻燃性能、物理力学性能的 EG-APP-TPS/EVA 复合发泡材料，需要添加适当用量的阻燃剂(EG、APP、TPS)，因此采用三因素三水平 $L_9(3^3)$ 正交实验法(表 3-1)设计阻燃剂添加配方，选取 A 表示聚磷酸铵 APP、B 表示可膨胀石墨 EG、C 表示热塑性淀粉 TPS。

表 3-1 三个因素的不同水平

因素水平	A 含量/%	B 含量/%	C 含量/%
1	20	4	5
2	24	6	8
3	28	8	11

3.3 EG-APP-TPS/EVA 复合发泡材料的结构与性能表征

3.3.1 红外光谱分析

在木薯淀粉及经丙三醇增塑处理后的热塑性淀粉的红外光谱分析中，应该重点研究 3650～3300 cm^{-1} 处的 O—H 伸缩振动吸收峰以及 3000～2850 cm^{-1} 处甲基中的 C—H 伸缩振动吸收峰，这是因为增塑剂丙三醇增塑木薯淀粉会使得这两个位置的振动吸收峰发生比较明显的变化。图 3-1 为木薯淀粉及热塑性淀粉的红外光谱图。

对比图 3-1 中 a、b 曲线，可以明显看出经丙三醇增塑后的热塑性淀粉没有新的特征吸收峰出现，但是 3650～3300 cm^{-1} 处的 O—H 缔合伸缩振动峰转变得宽且强，说明木薯淀粉中的羟基基团与增塑剂丙三醇分子中某些基团形成了氢键缔合 H—O···H，该氢键效应使得 O—H 振动频率发生明显的变化，并且氢键越强可使得 O—H 振动频带变得越宽、峰度变得越强，谱带也会由高频向低频移动得越多。同时，2930 cm^{-1} 和 2870 cm^{-1} 处甲基中的 C—H 不对称和对称伸缩振动峰略

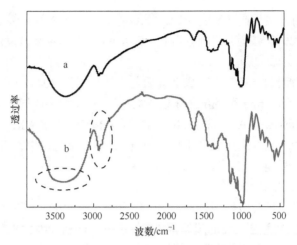

图 3-1　木薯淀粉及热塑性淀粉的红外光谱图

a. 木薯淀粉；b. 热塑性淀粉

有变强。以上所述伸缩振动吸收峰的变化表明增塑剂的增塑处理起到较好的塑化作用，丙三醇与木薯淀粉形成更强的氢键而削弱了木薯淀粉分子间的氢键作用，降低其结晶度，从而解决了木薯淀粉由于分子中含有大量的羟基其熔融温度远高于热分解温度，无法进一步加工的问题。

其中，1650 cm⁻¹ 处的吸收峰是 C—O 键的伸缩振动峰；在 1340 cm⁻¹、1160 cm⁻¹、1020 cm⁻¹ 处出现了木薯淀粉的葡萄糖单元 C—O—C 键的伸缩振动及葡萄糖骨架的特征吸收峰。

3.3.2　X 射线衍射分析

木薯淀粉颗粒一部分因分子间杂乱排列而具有无定形结构，而另一部分因分子间排列规律而具有晶体结构，可通过对比 XRD 图谱中弥散衍射及尖峰衍射特征的比例和强度确定木薯淀粉颗粒的结晶性质。木薯淀粉及经丙三醇增塑的热塑性淀粉的 XRD 表征结果见图 3-2，曲线中的尖峰衍射、弥散衍射分别对应木薯淀粉颗粒的结晶区以及无定形区。

由图 3-2 可知，木薯淀粉 XRD 图谱中 $2\theta=15°$、$17°$、$18°$、$23°$附近有较为明显的尖锐衍射峰，表明其具有较为完善的结晶结构；而热塑性淀粉 XRD 图谱中，同样在 $2\theta=15°$、$17°$、$18°$、$23°$附近出现了衍射峰，与木薯淀粉一致，表明热塑性淀粉还仍然保持木薯淀粉的晶型。但是丙三醇增塑处理后，热塑性淀粉的衍射峰强度相比木薯淀粉减弱，特别是 $2\theta=17°$处的尖锐衍射峰变得相对弥散，弥散的衍射区域增大，这都表明木薯淀粉晶体的晶格有序化程度得到一定的降低。可见增塑加工过程中，木薯淀粉在增塑剂丙三醇的作用下，淀粉颗粒的晶体结构受到一定程度的破坏，降低了其结晶度，体系中的无序化程度增大，增加了无定形区域，

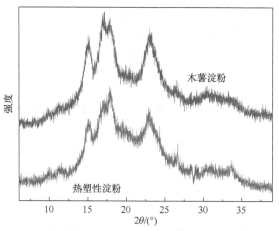

图 3-2　木薯淀粉及热塑性淀粉的 XRD 图谱

这有利于热塑性淀粉进一步加工成型。这与傅里叶变换红外光谱分析结果相一致。

3.3.3　物理力学性能测试

　　为了获得较好物理力学性能的 EG-APP-TPS/EVA 复合发泡材料的配方，通过设计三因素三水平 $L_9(3^3)$ 正交实验法进行实验，制备得到的 EG-APP-TPS/EVA 复合发泡材料物理力学性能测试结果如表 3-2 所示。

表 3-2　EG-APP-TPS/EVA 复合发泡材料物理力学性能测试结果

编号	配方	拉伸强度/MPa	撕裂强度/(N/mm)	回弹性/%	密度/(g/cm³)	邵氏硬度 C	断裂伸长率/%
1#	$A_1B_1C_1$	3.34	15.30	42	0.18278	53	235.60
2#	$A_1B_2C_3$	3.29	14.67	39	0.25701	67	150.45
3#	$A_1B_3C_2$	3.02	15.24	36	0.29346	72	144.54
4#	$A_2B_1C_3$	3.15	16.08	39	0.29126	74	160.88
5#	$A_2B_2C_2$	3.35	15.87	47	0.18022	61	211.35
6#	$A_2B_3C_1$	2.94	14.28	36	0.28675	72	175.46
7#	$A_3B_1C_2$	2.73	15.41	38	0.30354	75	118.57
8#	$A_3B_2C_1$	3.11	16.39	37	0.29551	68	161.07
9#	$A_3B_3C_3$	2.81	15.02	39	0.31021	75	120.24

　　由表 3-2 可见，EG、APP、TPS 三者不同的添加量对 EG-APP-TPS/EVA 复合发泡材料物理力学性能的影响较为明显。综合比较表 3-2 中的六个性能参数可知，配方 5# 的物理力学性能最好，其拉伸强度达到最大值 3.35 MPa，而密度则是取得最小值 0.18022 g/cm³。因此，当 EG、APP、TPS 添加量分别为 6%、24%、8%时，EG-APP-TPS/EVA 复合发泡材料的综合物理力学性能最好。

通过参数极差 R，对上述正交实验的物理力学性能测试结果进一步分析，先分别求出 A、B、C 三个因素的三个水平的每个性能之和，再将每个性能之和的最大值减去最小值求得差值，该差值就是极差 R。A(APP)、B(EG)、C(TPS)三个因素的极差如表3-3所示。

表3-3　A、B、C 三个因素的极差

因素/水平	拉伸强度/MPa	撕裂强度/(N/mm)	回弹性/%	密度/(g/cm³)	邵氏硬度 C	断裂伸长率/%
A1	9.65	45.21	117	0.73325	192	530.59
A2	9.44	46.23	122	0.75823	207	547.69
A3	8.65	46.82	114	0.90926	218	399.88
B1	9.22	46.79	119	0.77758	202	515.05
B2	9.75	46.93	123	0.73274	196	522.87
B3	8.77	44.54	111	0.89042	219	440.24
C1	9.39	45.97	115	0.76504	193	572.13
C2	9.10	46.52	121	0.77722	208	474.46
C3	9.25	45.77	117	0.85848	216	431.57
R_A	1.00	1.61	8	0.17601	26	147.81
R_B	0.98	2.39	12	0.15768	23	82.63
R_C	0.29	0.75	6	0.09344	23	140.56

综合分析物理力学性能中六个性能参数的极差，可知 A(APP)、B(EG)、C(TPS)三个因素对 EVA 复合发泡材料性能都有一定程度的影响，同时 A(APP)和 B(EG)两个因素影响较大，而 C(TPS)因素影响较小。

这主要是因为：APP 在三者中添加量是最大的并且属于无机填料粒子，是具有较强极性的物质，当其与 EVA 基体熔融共混时，难免出现相容性较差的问题，不易形成均一的复合体系，因此 APP 的加入在一定程度上会使得 EVA 复合发泡材料的物理力学性能下降；EG 具有较为不规则的片层结构并且粒径较大(约106 μm)，同样当其添加量较大时，可能导致与 EVA 基体相容性变差；木薯淀粉分子内和分子间都存在着大量的氢键，结晶度高且极性大，而 EVA 为聚烯烃类衍生物，二者共混时相容性会比较差，但是 TPS 是经过增塑剂丙三醇塑化处理得到的，增塑处理降低了淀粉的结晶度和极性，可在一定程度上提高相容性从而改善 EVA 复合发泡材料的加工性能，因此 TPS 对复合材料的物理力学性能影响较小。

3.3.4　阻燃性能测试

表 3-4 为通过三因素三水平 $L_9(3^3)$正交实验法设计的实验方案所制备的 EG-

APP-TPS/EVA 复合发泡材料垂直燃烧(UL-94)测试结果，图 3-3 则是其极限氧指数测试结果。

表 3-4　EG-APP-TPS/EVA 复合发泡材料垂直燃烧测试结果

编号	t_1/s	t_2/s	(t_2+t_3)/s	质量损失/g	是否滴落	燃烧等级
1#	11.1	>20	>60	>1.0000	是	NR
2#	0.9	1.3	<60	0.0695	否	V-0
3#	7.1	19.8	<60	0.2812	否	V-1
4#	1.0	3.2	<60	0.0650	否	V-0
5#	1.0	1.9	<60	0.0797	否	V-0
6#	8.6	20.1	<60	0.5428	是	V-2
7#	0.8	2.4	<60	0.0414	否	V-0
8#	0.8	18.4	<60	0.3102	否	V-1
9#	6.5	22.3	<60	0.7521	是	V-2

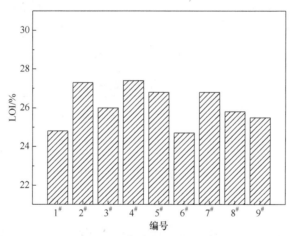

图 3-3　EG-APP-TPS/EVA 复合发泡材料极限氧指数测试结果

如表 3-4 及图 3-3 所示，编号 2#、4#、5#、7#复合发泡材料的垂直燃烧等级可达到阻燃要求的 V-0 级别，其极限氧指数分别是 27.3%、27.4%、26.8%、26.8%。EG、APP、TPS 三者不同的添加量对 EVA 复合发泡材料阻燃性能的影响不同，只有当三者的添加量合适时才能很好地提高 EVA 复合发泡材料的阻燃性能。这是因为 EG、APP、TPS 三者的阻燃机制包括化学膨胀和物理膨胀，其中 EG 受热后可发生物理膨胀形成"蠕虫状"膨胀炭层而起到阻燃作用，而 APP 可作为酸源和气源，与炭源(TPS、EVA 树脂及其部分分解后形成的含多羟基物质)作用发生化学膨胀形成"发泡状"膨胀炭层而达到阻燃目的。

考虑到 EG-APP-TPS/EVA 复合发泡材料需要具有较好的阻燃性能以及物理力学性能，所以选择配方 5#的 EG、APP、TPS 三者添加量为最佳配比。

3.3.5　热重分析

对 TPS 及 EG-APP/EVA、EG-APP-TPS/EVA 复合发泡材料进行了热失重测试，结果如图 3-4 所示，表 3-5 则是典型的热失重数据。EG-APP-TPS/EVA 复合发泡材料中 EG、APP、TPS 添加量分别为 6%、24%、8%，EG-APP/EVA 复合发泡材料中 EG、APP 添加量分别为 6%、24%。

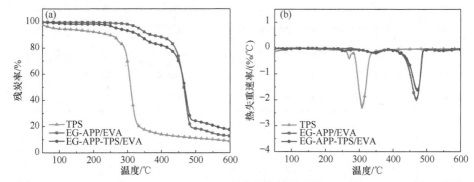

图3-4　EG-APP/EVA、EG-APP-TPS/EVA 复合发泡材料以及 TPS 的 TG(a)、DTG(b)曲线

表 3-5　典型的热失重数据

样品	$T_{5\%}$/℃	T_{max}/℃	最大热失重速率/(%/℃)	残炭率/% 500℃	600℃
TPS	91.6	308.1	2.27	11.3	8.98
EG-APP/EVA	334.0	469.3	2.03	18.5	12.9
EG-APP-TPS/EVA	270.8	473.0	1.64	24.4	17.6

如图 3-4 所示，未添加成炭剂 TPS 的 EG-APP/EVA 复合发泡材料和添加 8% TPS 的 EG-APP-TPS/EVA 复合发泡材料热分解趋势基本相同，出现了两个分解阶段：第一阶段发生在 300~380℃，主要是 EVA 的乙酸乙烯分解；第二阶段发生在 430~490℃，最大热失重速率时的温度在 470℃左右，主要是 EVA 的多烯结构分解。而在 TPS 的热重曲线中，由于未完全干燥而在 100℃之前有约 5%的质量损失，308.1℃时热分解最快，600℃时残炭率为 8.98%。

由表 3-5 及 TG、DTG 曲线可以明显看出，EG-APP/EVA 复合发泡材料最大热失重速率为 2.03%/℃，所对应的温度是 469.3℃，在 500℃和 600℃时残炭率分别仅为 18.5%和 12.9%。而 EG-APP-TPS/EVA 复合发泡材料最大热失重速率仅为

1.64%/℃，所对应的温度是 473.0℃，相比 EG-APP/EVA 复合发泡材料分别降低 0.39 个百分点和升高 3.7℃，最大热失重速率的降低以及所对应温度的推迟都表明成炭剂 TPS 的加入可以减慢 EVA 复合发泡材料热分解速率。而且 EG-APP-TPS/EVA 复合发泡材料在 500℃和 600℃时残炭率分别达到 24.4%和 17.6%，相比 EG-APP/EVA 复合发泡材料都提高了 5 个百分点左右，同时残炭率的增加通常伴随着阻燃性能的提高，这与 3.3.4 节阻燃性能测试结果相符合。

其中，EG-APP-TPS/EVA 复合发泡材料失重 5%时的温度（$T_{5\%}$）相比 EG-APP/EVA 复合发泡材料降低以及在 255℃时有约 2.5%的质量损失，其原因是：①由于 TPS 的参与，具有长链的 APP 分子链断裂在较低的温度下进行；②TPS 受热脱水以及分子内的苷键和 C—C 键发生断裂[90-95]。

3.3.6　扫描电镜分析

图 3-5 为木薯淀粉及经增塑剂丙三醇塑化处理的热塑性淀粉在分别放大 2000 倍和 5000 倍下的扫描电镜照片。

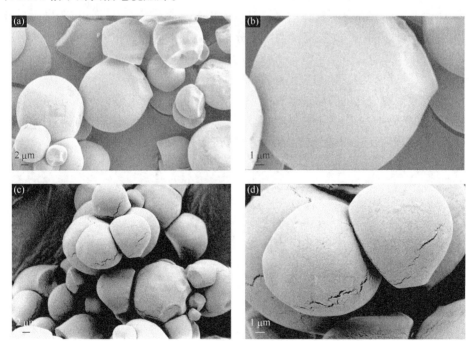

图 3-5　木薯淀粉[(a)、(b)]及热塑性淀粉[(c)、(d)]的扫描电镜照片

如图 3-5(a)、(b)所示，木薯淀粉颗粒多为近圆球形、椭圆球形，表面光滑，无裂缝、小孔或者破面，看起来非常结实、饱满，其粒径在 5～15 μm 之间。在高速混合机中，经过增塑剂丙三醇塑化处理得到的热塑性淀粉，体系虽未呈现均

一的连续相，但是在高速混合塑化过程中，淀粉颗粒遭到一定程度的破坏。由图 3-5(c)、(d)可见，热塑性淀粉虽然保持一定的颗粒形貌，粒径没有发生很大的改变，但是颗粒呈疏松状，其表面变得粗糙且布满裂纹，而内部则是受到侵蚀出现了凹陷。热塑性淀粉颗粒结构的变化表明高速混合下增塑剂丙三醇对木薯淀粉具有良好的增塑效果。结合 FTIR、XRD 分析，进一步说明丙三醇的增塑处理一定程度上破坏了木薯淀粉颗粒的晶体结构，与淀粉的结晶区和无定形区都发生了作用[96]。

高速混合下增塑剂丙三醇对木薯淀粉进行塑化处理具有良好的增塑效果，其原因有以下两个：一个是机械活化作用，将丙三醇和木薯淀粉一起置于高速混合机中进行高速混合的过程其实就是一种机械活化的过程。在高速混合时，木薯淀粉颗粒与高速混合机的桨叶、器壁之间的飞速碰撞以及颗粒与颗粒之间的碰撞，破坏了木薯淀粉颗粒的完整性，导致木薯淀粉颗粒表面变粗糙、出现裂纹以及破裂，从而使得增塑剂丙三醇小分子能够很好地渗透到木薯淀粉颗粒内部而发生增塑作用。另一个是氢键作用，高速混合过程中，丙三醇小分子有效地渗入木薯淀粉颗粒内部，同淀粉分子链上的多羟基发生氢键缔合作用，从而一定程度上破坏了木薯淀粉分子内(间)的氢键而增大了分子链之间的间距，也就减弱了分子链之间的范德瓦耳斯力，减小了分子链活动的限制，有效地破坏了木薯淀粉颗粒的晶体结构以及颗粒结构，达到塑化木薯淀粉的目的。

为了考查增塑处理前后的木薯淀粉与 EVA 基体的相容性，对木薯淀粉/EVA 共混物、热塑性淀粉/EVA 共混物(只含淀粉和 EVA)发泡前驱体液氮脆断后的断面在放大 1000 倍下进行形貌分析，其扫描电镜照片如图 3-6 所示。

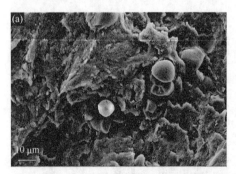

图 3-6　木薯淀粉/EVA(a)、热塑性淀粉/EVA(b)共混物发泡前的扫描电镜照片

如图 3-6(a)所示，木薯淀粉/EVA 共混物发泡前驱体液氮脆断后的断面比较不平整，断面中的木薯淀粉颗粒表面光滑，与 EVA 基体之间有着较大的间隙，表明未增塑处理的木薯淀粉与 EVA 基体的相容性较差，且二者的界面黏结力较小。这是因为 EVA 为聚乙烯类衍生物，是非极性聚合物，而未增塑处理的木薯淀粉结

晶度高、极性大(由 X 射线衍射分析可知)，因此二者存在着较大程度的相分离现象。

由图 3-6(b)可见，热塑性淀粉/EVA 共混物发泡前驱体液氮脆断后的断面较为平整，并且断面中的热塑性淀粉颗粒表面粗糙、有裂纹，较好地镶嵌在 EVA 基体中，说明经丙三醇增塑处理后的热塑性淀粉与 EVA 基体有着较好的相容性，且二者的界面黏结力较大，在外力的作用下较难脱落，从而有助于提高复合发泡材料的物理力学性能。这是因为丙三醇的增塑处理在一定程度上破坏了木薯淀粉的晶体结构从而降低了结晶度，减小了极性(由 X 射线衍射分析可知)，从而改善了热塑性淀粉与 EVA 基体的相容性并且提高了二者的界面黏结力。

图 3-7 为 EG-APP-TPS/EVA 复合发泡材料正交实验中配方 9#和配方 5#共混物发泡前驱体液氮脆断后的断面在放大 500 倍下的形貌照片。

图 3-7　不同配方的复合发泡材料发泡前的扫描电镜照片
(a) 配方 9#; (b) 配方 5#

如图 3-7(a)所示，配方 9#的断面较为不平整，断面上有较多的颗粒和凹坑，其中颗粒为淀粉，凹坑则是淀粉颗粒以及"片层状"可膨胀石墨脱落后留下的，说明所添加的阻燃剂(8% EG、28% APP、11% TPS)与 EVA 基体的相容性较差，从而导致配方 9#的复合发泡材料物理力学性能较差，这是因为阻燃剂的添加量较大，容易发生团聚现象，而 EVA 基体量也就相对较小，从而二者的界面黏结力较差。如图 3-7(b)所示，配方 5#的断面较平整，断面上同样有颗粒和凹坑，但是颗粒能够较好地镶嵌在 EVA 基体中且凹坑较少，表明所添加的阻燃剂(6% EG、24% APP、8% TPS)与 EVA 基体有着较好的相容性，二者的界面黏结力较好，因此配方 5#的复合发泡材料物理力学性能较好，这是因为阻燃剂的添加量适当，EG、APP、TPS 三者能够较好地分散在 EVA 基体中，而淀粉颗粒可能还起到刚性粒子增强增韧的作用。这与 3.3.3 节的物理力学性能测试结果相一致。

图 3-8 为配方 5#的 EG-APP-TPS/EVA 复合发泡材料经 LOI 测试燃烧后的残炭扫描电镜照片。

图 3-8　EG-APP-TPS/EVA 复合发泡材料(配方 5#)经 LOI 测试后残炭的扫描电镜照片

如图 3-8 所示，EG-APP-TPS/EVA 复合发泡材料燃烧后的残炭由"蠕虫状"以及"发泡状"膨胀炭层组成。其中，"蠕虫状"膨胀炭层是 EG 在受热高温的作用下由"片层状"结构膨胀所形成的,之所以膨胀是因为 EG 层间的插层剂 H_2SO_4 受热后与石墨发生了氧化还原反应并释放出大量非可燃性气体(H_2O、CO_2、SO_2 等)，使得石墨层迅速扩大，从而膨胀成"蠕虫状"结构。而"发泡状"膨胀炭层的形成是由于 APP 受热分解成高黏度无机酸(焦磷酸、聚磷酸、超磷酸等)，一方面作为强脱水剂与成炭剂 TPS 中的羟基发生酯化、芳基化、交联、炭化等反应[97-99]，从而脱水成炭，另一方面可对"蠕虫状"膨胀炭层起到黏结、覆盖的作用。

由"蠕虫状"以及"发泡状"膨胀炭层组成的残炭致密且厚实，孔隙少且连接紧密，可很好地阻止复合发泡材料燃烧时与火焰间的氧扩散以及热传导，降低材料的分解温度。同时，膨胀炭层形成时所释放出的大量非可燃性气体(H_2O、CO_2、SO_2 等)可以稀释燃烧时形成的具有挥发性的可燃性组分。因此，配方 5# 的 EG-APP-TPS/EVA 复合发泡材料燃烧后的残炭有效地起到了隔热、隔氧、阻断火焰与材料之间的能量和物质传递的作用，从而达到阻燃目的。这与 3.3.4 节阻燃性能测试结果中配方 5# 能够很好地达到阻燃要求的结论相符合。

3.3.7　热分析-质谱联用分析

为了更好地阐述 EG、APP、TPS 三者之间的协同阻燃过程，对 EVA、EG-APP/EVA、EG-APP-TPS/EVA 复合发泡材料进行热分析-质谱联用测试，其结果如图 3-9 所示，其中 m/z 为质荷比(带电粒子的质量与所带电荷之比)。

如图 3-9(a)所示，EG-APP/EVA、EG-APP-TPS/EVA 复合发泡材料在热解过程中逸出 m/z=17 的粒子，而 EVA 复合发泡材料没有，说明该粒子是 NH_3，在 300～500℃范围内有较强的峰值，是由于 APP 受热分解产生了 NH_3。同时，EG-APP-TPS/EVA 复合发泡材料中 NH_3 在 285℃左右有个较小的峰值，可能是由于 TPS 的参与，部分 APP 在较低的温度下开始分解。

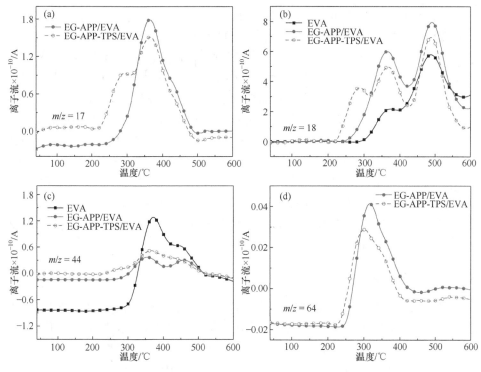

图 3-9　不同质荷比粒子的离子流随温度变化曲线

如图 3-9(b)所示，$m/z=18$ 的粒子为 H_2O，其离子流在 365℃左右出现了峰值，是由 EVA 中乙酸乙烯和 APP 的分解以及 EG 层间的插层剂 H_2SO_4 受热后发生的氧化还原反应引起的，而 490℃的峰值则是由 EVA 中多烯结构的分解引起的。EG-APP-TPS/EVA 复合发泡材料在 285℃左右出现较小且宽的峰，是由 TPS 和部分的 APP 受热分解脱水形成的。EG-APP/EVA、EG-APP-TPS/EVA 复合发泡材料因阻燃剂的作用而有效地提高了 H_2O 逸出量，在脱水的过程中也相应地促进了材料的炭化从而达到阻燃目的。

如图 3-9(c)所示，由于 EVA 热解与空气反应生成大量的 CO_2($m/z=44$)，而在 300～500℃范围内出现较宽的峰，同时 EG-APP/EVA、EG-APP-TPS/EVA 复合发泡材料在该温度范围内产生的 CO_2，还有一部分 CO_2 是 EG 受热所释放出来的，相比于 EVA 复合发泡材料，其逸出量变化相对较小，这是因为所添加的阻燃剂较好地抑制了 EVA 基体的热氧化分解从而减少了 CO_2 的逸出量。

如图 3-9(d)所示，$m/z=64$ 的粒子为 SO_2，EG-APP/EVA、EG-APP-TPS/EVA 复合发泡材料所添加阻燃剂 EG 中的层间插层剂 H_2SO_4 受热与石墨发生氧化还原反应释放出 SO_2，而在 300℃左右出现了峰值。

综上所述，相比于 EVA 复合发泡材料，EG-APP/EVA、EG-APP-TPS/EVA 复

合发泡材料因阻燃剂的作用而释放出 NH_3、SO_2、H_2O、CO_2 等非可燃性气体,可以有效地稀释材料燃烧时形成的具有挥发性的可燃性组分,并使得 EG 由"片层状"结构迅速膨胀成"蠕虫状"结构而形成膨胀炭层,也使得 APP 分解后的无机酸(焦磷酸、聚磷酸、超磷酸等)作为强脱水剂与 EVA 树脂及其部分分解后形成的含多羟基物质发生脱水炭化反应而形成"发泡状"膨胀炭层,"蠕虫状"及"发泡状"膨胀炭层组成的残炭能够较好地起到隔热、隔氧的作用,从而达到阻燃目的。同时相比于 EG-APP/EVA 复合发泡材料,EG-APP-TPS/EVA 复合发泡材料因成炭剂 TPS 的作用,APP 在较低的温度下进行分解而更早地发生炭化反应,而且 TPS 受热发生脱水反应可提高体系中 H_2O 逸出量,并且 TPS 中的多羟基可与 APP 分解后的无机酸更好地产生脱水炭化作用而形成更加致密、厚实的膨胀炭层。因此,EG、APP、TPS 三者组成的复配阻燃剂分别在气相和固相中起到的协同阻燃效果优于 EG 和 APP。

3.3.8　耐水性能测试

将 EG-APP-TPS/EVA 复合发泡材料制成 100 mm 长、10 mm 宽和 1.6 mm 厚的薄条试样,每组五个样条,最终结果取平均值。将样条擦拭干净并烘干后冷却至室温进行称量,记录为 W_0;然后将样条放入 70℃恒温水浴中持续 168 h,其间每 24 h 置换一次水;最后取出的样条在 70℃恒温干燥箱中烘干 72 h,冷却至室温进行称量,记录为 W_1。按式(3-1)计算析出率 W。

$$W = \frac{W_0 - W_1}{W_0} \times 100\% \tag{3-1}$$

式中,W_0 为样条的原始质量(g);W_1 为样条耐水测试后的质量(g)。

添加淀粉的复合材料的不足是容易吸水,并且吸水后会一定程度上影响材料的性能,如阻燃性能、力学性能。因此,本章对分别添加 TS 和 TPS 的 EVA 复合发泡材料进行耐水性能测试,记为 EG-APP-TS/EVA 复合发泡材料和 EG-APP-TPS/EVA 复合发泡材料,其中 EG、APP、TS、TPS 添加量分别为 6%、24%、8%、8%。热水处理前后 EG-APP-TS/EVA、EG-APP-TPS/EVA 复合发泡材料的阻燃性能、力学性能变化如表 3-6 所示。

表 3-6　热水处理前后材料性能的变化

性能	EG-APP-TS/EVA			EG-APP-TPS/EVA		
	水煮前	水煮后	变化值	水煮前	水煮后	变化值
析出率	0	1.4%	1.4 个百分点	0	0.9%	0.9 个百分点
LOI	27.0%	25.5%	−1.5 个百分点	26.8%	26.0%	−0.8 个百分点
UL-94 等级	V-0	V-1	—	V-0	V-0	—

续表

性能	EG-APP-TS/EVA			EG-APP-TPS/EVA		
	水煮前	水煮后	变化值	水煮前	水煮后	变化值
拉伸强度/MPa	3.04	2.6	−0.44	3.35	3.12	−0.23
撕裂强度/(N/mm)	15.22	14.54	−0.68	15.87	15.35	−0.52
断裂伸长率	180.45%	169.65%	−10.80 个百分点	211.35%	204.28%	−7.07 个百分点

由表 3-6 可知，EG-APP-TS/EVA 复合发泡材料和 EG-APP-TPS/EVA 复合发泡材料经 70℃热水连续浸泡处理 168 h 后，都有一定的析出率并且阻燃性能、力学性能也都有一定程度的下降，这是因为材料中添加的淀粉为亲水性聚合物，它们分子内含有羟基，使得其容易与水分子发生氢键作用而吸水，吸水之后导致材料中阻燃剂的分解析出以及阻燃性能、力学性能的降低。

对比 EG-APP-TS/EVA 复合发泡材料和 EG-APP-TPS/EVA 复合发泡材料热水处理前后性能的变化，明显看出后者的变化值小于前者。添加 TS 的 EG-APP-TS/EVA 复合发泡材料热水处理后析出率达 1.4%，阻燃性能中的 LOI 降低 1.5 个百分点且 UL-94 等级由 V-0 级下降为 V-1 级别，力学性能中拉伸强度、撕裂强度、断裂伸长率分别下降 0.44 MPa、0.68 N/mm、10.80 个百分点。而添加 TPS 的 EG-APP-TPS/EVA 复合发泡材料热水处理后析出率只有 0.9%，阻燃性能中虽然 LOI 下降了 0.8 个百分点但 UL-94 等级仍然保持 V-0 级别，力学性能中拉伸强度、撕裂强度、断裂伸长率也仅分别下降 0.23 MPa、0.52 N/mm、7.07 个百分点。EG-APP-TPS/EVA 复合发泡材料性能下降的幅度都比 EG-APP-TS/EVA 复合发泡材料小，表明丙三醇的增塑处理可降低材料的吸水率从而提高材料的耐水性能。这是因为丙三醇为多羟基的小分子物质，增塑处理使得丙三醇与淀粉的羟基发生氢键作用并且丙三醇还会渗入淀粉分子链之间而大大减小分子链的空间，这有利于降低淀粉的吸水率。同时，热塑性淀粉表面残留的丙三醇还可能与复合发泡材料中部分含有羟基的物质形成氢键从而降低材料的吸水率。总之，丙三醇的增塑处理能够一定程度上降低复合发泡材料的吸水率，使得 EG-APP-TPS/EVA 复合发泡材料具有较好的耐水性能。

3.3.9　降解性能测试

土壤掩埋法[100]：将测试样条擦拭干净并烘干至恒量(W_a)，做上标记后掩埋于野外土壤下 20～25 cm 处，隔一段时间后挖出洗净并烘干至恒量(W_b)，按式(3-2)计算失重率(W_c)并比较各样条挖出后的形状、色泽等降解情况。

$$W_c = \frac{W_a - W_b}{W_a} \times 100\%　　　　　(3-2)$$

式中，W_a 为样条降解前的质量(g)；W_b 为样条降解后的质量(g)。

许多发达国家较早地对材料的降解性能进行了研究，美国、德国、日本等国相继制订了许多相关的测试技术及标准，如 ISO 14851-99(美国)、DIN V54900(德国)、JIS K6950-94(日本)、ASTM D5338-92(美国)等。而测试技术涉及质量变化、羧基指数、分子量、熔点、物理性能以及土壤掩埋法、材料表面电镜扫描、生物菌种侵蚀、^{14}C 放射线跟踪法等。但是进行材料的生物降解实验所需时间很长且过程繁杂，本章实验因时间和仪器设备受限，仅采用土壤掩埋法对 EG-APP-TPS/EVA 复合发泡材料进行初步的生物降解实验。

淀粉具有完全的生物降解性能，填充到塑料中的淀粉降解或挥发后可形成二氧化碳和水，不会对土壤和空气造成危害。因此，为了考查 TPS 对 EG-APP-TPS/EVA 复合发泡材料生物降解的影响，采用土壤掩埋法分别对含 0% TPS 和 8% TPS 的 EG-APP-TPS/EVA 复合发泡材料进行实验，掩埋 1～3 个月后失重率如图 3-10 所示，并对掩埋 3 个月前后的 EG-APP-TPS/EVA 复合发泡材料表面进行光学显微镜观察，其结果如图 3-11 所示。

由图 3-10 可知，掩埋 1～3 个月后含 0% TPS 和 8% TPS 的复合发泡材料的失重率都有所增加，但是后者增大的幅度远大于前者。掩埋 1 个月后，含 0% TPS

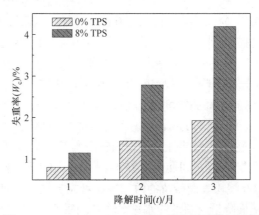

图 3-10   EG-APP-TPS/EVA 复合发泡材料降解结果

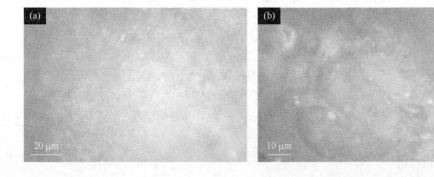

图 3-11　EG-APP-TPS/EVA 复合发泡材料土壤掩埋前后光学显微镜图片
(a)、(c) 掩埋前；(b)、(d) 掩埋 3 个月后；(a)、(b) 0% TPS；(c)、(d) 8% TPS

的复合发泡材料失重率为 0.802%，含 8% TPS 的复合发泡材料则是 1.146%，相差 0.344 个百分点。但是掩埋 3 个月后，含 8% TPS 的复合发泡材料失重率上升到 4.186%，含 0% TPS 的复合发泡材料只上升到 1.927%，两者相差达到 2.259 个百分点，表明含 8% TPS 的复合发泡材料比含 0% TPS 的复合发泡材料更加容易降解，且随着掩埋时间的推移，其失重率进一步提高。

如图 3-11(a)、(c)所示，掩埋前的复合发泡材料表面较平整、光滑，而从图 3-11(b)、(d)可以明显看到掩埋 3 个月的复合发泡材料表面变得不平整，有凹坑以及霉菌繁殖(白色斑点)。对比图 3-11(b)和(d)可以看出，含 0% TPS 的复合发泡材料表面白色斑点较少，而含 8% TPS 的复合发泡材料表面白色斑点多且较为密集，同时观察从土壤中挖出的试片，含 8% TPS 的复合发泡材料试片形状和色泽变化较大，表明含 8% TPS 的复合发泡材料降解程度比含 0% TPS 的复合发泡材料更深。

添加热塑性淀粉的复合发泡材料能够较好地被生物降解，且随着时间的推移，降解程度增大，其原因是淀粉与微生物(如细菌、真菌或放线菌等)发生同化作用被分解形成水和二氧化碳；淀粉分解后，复合发泡材料就会形成更多的孔洞结构，与淀粉接触的部分裸露表面积大大增加，而微生物分泌出的分解酶可进一步降解材料。

3.4　本 章 小 结

(1) 增塑剂丙三醇对木薯淀粉进行高速混合表面处理，能够部分破坏或削弱木薯淀粉分子间的氢键作用，降低其结晶度从而减弱极性，达到增塑的效果。

(2) 通过设计 $L_9(3^3)$ 正交实验，研究了 EG、APP、TPS 不同的添加量对 EVA 复合发泡材料物理力学性能的影响，并确定三者合适的添加比例。研究发现：EG 和 APP 对复合发泡材料物理力学性能影响较大，而 TPS 则相对较小。配方 5#(即

6% EG、24% APP、8% TPS)的物理力学性能最好，其拉伸强度达到最大值 3.35 MPa，密度取得最小值 0.18022 g/cm³，撕裂强度、回弹性和邵氏硬度 C 分别为 15.87 N/mm、47%、61。SEM 分析表明，配方 5#样品发泡前驱体断面较为平整，TPS 及 EG 与 EVA 基体相容性较好，而添加较大量的 APP 或者 EG 时断面都会不平整，出现大量的颗粒和凹坑，与 EVA 基体相容性差。

(3) 阻燃性能结果显示，$L_9(3^3)$正交实验中配方 2#、4#、5#、7#的复合发泡材料垂直燃烧都可达 V-0 级别，其极限氧指数分别为 27.3%、27.4%、26.8%、26.8%。EG、APP、TPS 三者需要合适的添加比例才能较好地起到阻燃作用，因此综合 EG-APP-TPS/EVA 复合发泡材料能够具有较好的阻燃性能以及物理力学性能，配方 5#(即 6% EG、24% APP、8% TPS)为最佳配比。SEM 分析表明，配方 5#的 EG-APP-TPS/EVA 复合发泡材料燃烧后形成"蠕虫状"以及"发泡状"膨胀炭层，其组成的残炭致密且厚实，孔隙少且连接紧密。

(4) 相比于 EG-APP/EVA 复合发泡材料，EG-APP-TPS/EVA 复合发泡材料最大热失重速率降低 0.39 个百分点，所对应的温度升高 3.7℃，表明成炭剂 TPS 的加入了减慢 EVA 复合发泡材料的热分解速率，在 500℃和 600℃时残炭率提高了 5 个百分点左右，分别为 24.4%、17.6%，而残炭率的提高一般伴有阻燃性能的改善。

(5) 热分析-质谱联用分析结果表明，成炭剂 TPS 的加入促进了复合发泡材料燃烧时脱水成炭反应，形成了"蠕虫状"及"发泡状"炭层所组成的并具有更加致密且厚实的残炭，能够更好地起到隔热、隔氧作用，EG、APP、TPS 三者分别在气相和固相中起到的协同阻燃效果优于 EG 和 APP。

(6) 添加淀粉的复合发泡材料经 70℃热水处理 168 h 后，材料都有一定的析出率并且阻燃性能、力学性能都会有一定程度的下降。然而添加热塑性淀粉的 EG-APP-TPS/EVA 复合发泡材料析出率只有 0.9%，虽然 LOI 下降了 0.8 个百分点但 UL-94 等级仍保持 V-0 级别，拉伸强度、撕裂强度以及断裂伸长率仅分别下降 0.23 MPa、0.52 N/mm、7.07 个百分点，表明丙三醇的增塑处理可降低复合发泡材料的吸水率从而提高耐水性能。

(7) 含 0% TPS 和 8% TPS 的 EG-APP-TPS/EVA 复合发泡材料经土壤掩埋 1～3 个月后的失重率都有所上升，后者的上升幅度远大于前者。含 8% TPS 的复合发泡材料掩埋 3 个月后失重率可达 4.186%，光学显微镜下材料的表面变得不平整，有凹坑以及霉菌繁殖，从土壤中挖出的试片形状和色泽变化较大，表明 TPS 的加入能够促进复合发泡材料较好地被生物降解且随着掩埋时间的延长，降解程度增大。

第4章 MPOP-EG/EVA 复合发泡材料

4.1 引　言

三聚氰胺多聚磷酸盐(MPOP)阻燃剂属于含磷含氮型阻燃剂,具有低烟、低毒、无卤、热稳定性好等优点,同时与被阻燃基体材料的相容性好且对阻燃材料的性能影响较小。MPOP 受热后释放出聚磷酸和三聚氰胺,可起到阻燃作用并发生磷-氮协同阻燃效应,从而生成了均匀且致密的膨胀炭层,起到良好的隔热、隔氧以及阻燃、抑烟等作用,被广泛应用于树脂及聚氨酯等材料领域中。作为磷-氮型阻燃剂,MPOP 具有广阔的应用前景。

EG 在高温条件下受热后可快速膨胀,由"片层状"结构膨胀成"蠕虫状"结构,其膨胀倍数可达数十倍甚至是数百倍,它是一种典型的物理膨胀型阻燃剂,其研究及应用已成为阻燃材料领域的热点之一,但是作为阻燃剂单一使用时,其阻燃效果不是很理想,一般需同其他阻燃剂进行复配使用,相关研究表明,可膨胀石墨与许多含磷含氮型阻燃剂之间都存在着明显的协同阻燃效果。

EG 可呈现独特的物理化学等特性的重要原因之一是插入的物质与石墨炭层之间相互作用。可通过控制插层剂的性质从而使得 EG 具有某些方面的性能,若将具有阻燃作用的物质插入石墨炭层间,可能会获得更好的阻燃效果。因此,本章采用实验室自制的 MPOP 对普通物理膨胀型阻燃剂 EG 进行二次插层,制备得到新型阻燃剂 MPOP-EG,将其应用于 EVA 复合发泡材料中,并对复合发泡材料的阻燃性能、物理力学性能、热稳定性能等进行相关研究,对比了阻燃剂 MPOP-EG、EG、APP、APM(APP/PER/MEL=1/1/1)的阻燃效果。

4.2 MPOP-EG/EVA 复合发泡材料的制备过程

4.2.1 新型阻燃剂 MPOP-EG 制备

以 MPOP(实验室自制)、EG、高锰酸钾($KMnO_4$)以及磷酸(H_3PO_4)等为原料,通过二次插层制备得到新型阻燃剂 MPOP-EG。其制备的具体步骤如下:

(1) 在装有温度计、机械搅拌棒的 500 mL 的三口烧瓶中,分别将 100 g、200 g、300 g、400 g MPOP 和 90 g $KMnO_4$ 按照一定的比例溶于 2000 mL H_3PO_4 中;

(2) 在 35℃恒温条件下边搅拌边加入 1000 g EG,搅拌均匀并持续反应 5 h;

(3) 反应结束后用蒸馏水多次洗涤样品至 pH=7 左右；

(4) 将样品减压抽滤后进行 50℃真空干燥 12 h，得到新型阻燃剂 MPOP-EG。

4.2.2　MPOP-EG/EVA 制备

采用 MPOP 对 EG 进行二次插层得到新型阻燃剂 MPOP-EG，然后同 EVA、POE、EAA、AC、DCP 等原料通过熔融共混、塑化开炼、硫化发泡制备得到 MPOP-EG/EVA 复合发泡材料，其中阻燃剂的添加量为 30%(质量分数)。同时制备添加量同为 30%(质量分数)不同阻燃剂(EG、APP、APM)的复合发泡材料进行对比，分别是 EG/EVA 复合发泡材料、APP/EVA 复合发泡材料、APM/EVA 复合发泡材料。

4.3　MPOP-EG/EVA 复合发泡材料的结构与性能表征

4.3.1　红外光谱分析

图 4-1 是 EG 及 MPOP 对可膨胀石墨二次插层得到的 MPOP-EG 的红外光谱图。由图 4-1 可知，相比于 EG 的红外曲线，MPOP-EG 出现了几个新的特征吸收峰：3120 cm^{-1}、1680 cm^{-1}、1390 cm^{-1}、1060 cm^{-1}。其中，MPOP-EG 中的 P 是以焦磷酸以及焦磷酸胺盐的组成形式存在的，3120 cm^{-1} 处的特征峰为 NH$_4^+$中的 N—H 键伸缩振动所形成的特征吸收峰(ν_{N-H})；1680 cm^{-1} 出现了 P—OH 键中—OH 面内弯曲振动特征吸收峰(β_{OH})；1390 cm^{-1} 处的特征吸收峰对应于 NH$_4^+$中的 N—H 键变形振动(δ_{N-H})；而 1060 cm^{-1} 处的特征吸收峰则为有—OH 的 P=O 键的伸缩振动吸收峰($\nu_{P=O}$)。表明了已成功制备得到 MPOP-EG。

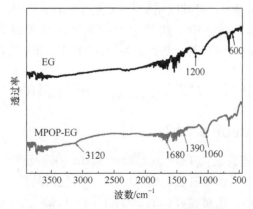

图 4-1　EG、MPOP-EG 的红外光谱图

4.3.2 X 射线衍射分析

XRD 图谱中的衍射峰位置可以反映物质结构的变化,而 MOPO 是否成功地对 EG 进行了二次插层可通过 EG 及其插层产物的晶体结构及层间距的变化体现出来。EG 及 MPOP-EG 的 XRD 图谱如图 4-2 所示。

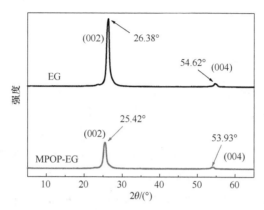

图 4-2 EG、MPOP-EG 的 XRD 图谱

由图 4-2 可知,EG 在(002)、(004)晶面的特征峰分别为 $2\theta=26.38°$、$54.62°$,对应的层间距为 0.33756 nm、0.16791 nm(由布拉格衍射公式 $2d\sin\theta=n\lambda$ 计算可得)。而对于 MPOP-EG,其在(002)、(004)晶面的特征峰为 $2\theta=25.42°$、$53.93°$,对应的层间距为 0.34999 nm、0.16987 nm。相比于 EG,MPOP-EG 的主衍射峰晶面层间距增大且衍射角向左偏移,证明了 MPOP 已插层到 EG 炭层间从而增大了石墨晶体间距。

同时由图 4-2 可知,EG 的特征衍射峰强度大、峰形尖锐且较窄,主要是由于其具有较大的晶体粒径、较高的结晶完整度、较少的缺陷以及较规则的内部质点排列等特点。而 MPOP-EG 因插层剂 MPOP 进入 EG 炭层间,破坏了范德瓦耳斯力进而引起了 EG 层间距的增大,同时使得 EG 炭层沿着 c 轴方向进行膨胀,从而破坏质点周期性排列、减小晶体粒径、增多晶体中的缺陷以及降低结晶完整度,故相比于 EG,其衍射峰强度变小,峰形变宽。但是该插层反应并未使得石墨层间平面内的 C—C 键被破坏,故 MPOP-EG 衍射峰出现的位置($2\theta=25.42°$)与 EG($2\theta=26.38°$)接近。综上所述,插层物质 MPOP 已经进入 EG 炭层间,从而成功制备得到 MPOP-EG。

4.3.3 阻燃性能测试

1. 不同插层剂量的阻燃效果影响

表 4-1 为阻燃剂 MPOP-EG 中插层剂 MPOP 的不同含量对 MPOP-EG/EVA 复合发泡材料阻燃效果的影响。其中,复合材料中阻燃剂 MPOP-EG 的添加量为

30%，其余为 EVA 基体及少量的 EAA、POE、HDPE 等原料共 70%。

表 4-1　MPOP-EG 中 MPOP 含量对 MPOP-EG/EVA 复合发泡材料阻燃效果的影响

编号	EG/MPOP	MPOP-EG/%	LOI/%	燃烧等级
1#	1/0.1	30	25.6	NR
2#	1/0.2	30	25.5	V-1
3#	1/0.3	30	26.0	V-1
4#	1/0.4	30	26.3	V-0

由表 4-1 可知，阻燃剂 MPOP-EG 添加量一定时，随着插层剂 MPOP 含量的增加，MPOP-EG/EVA 复合发泡材料阻燃效果得到显著改善。当 EG/MPOP=1/0.1 时，MPOP-EG/EVA 复合发泡材料 LOI 为 25.6%，UL-94 垂直燃烧无级别；而提高 MPOP 含量至 EG/MPOP=1/0.4 时，MPOP-EG/EVA 复合发泡材料 LOI 提高为 26.3%，UL-94 垂直燃烧可达到 V-0 级别。

以上数据表明，在阻燃剂 MPOP-EG 添加量一定时，提高插层剂 MPOP 含量可显著提高 MPOP-EG/EVA 复合发泡材料的阻燃性能，其原因主要是：MPOP 是兼有酸源和气源的"二源一体"阻燃剂，其中酸源可在较低的温度下释放出多元醇或者无机酸(焦磷酸、聚磷酸或超磷酸)并在稍高的温度下发生酯化反应，促进有机物进行脱水炭化，从而形成了不容易燃烧的具有三维空间结构的炭层，而气源可释放出非可燃性气体稀释燃烧物中的可燃性组分并使炭化层膨胀起来。因此"二源一体"MPOP 含量的增加，可提高炭层量以及其致密程度从而显著改善 MPOP-EG/EVA 复合发泡材料的阻燃效果。

2. 不同阻燃剂的阻燃效果对比

表 4-2 为添加不同阻燃剂(MPOP-EG、EG、APP、APM)所制备得的 EVA 复合发泡材料 LOI 及垂直燃烧测试结果，其中 APM 由 APP、PER(季戊四醇)、MEL 按 1∶1∶1 比例组成。

表 4-2　添加不同阻燃剂的 EVA 复合发泡材料阻燃测试结果

编号	阻燃剂	添加量/%	LOI/%	燃烧时间/s	燃烧等级
4#	MPOP-EG	30	26.3	<10	V-0
5#	EG	30	25.0	20～30	V-2
6#	APP	30	24.5	>30	NR
7#	APM	30	26.8	<10	V-0
8#	无	0	19.2	>30	NR

如表 4-2 所示，未添加阻燃剂的纯 EVA 复合发泡材料(8#)LOI 只有 19.2%并且无燃烧等级，而在 30%相同阻燃剂添加量时，添加不同的阻燃剂所制备得的 EVA 复合发泡材料阻燃测试结果明显不同。单独添加 APP 阻燃剂时，APP/EVA 复合发泡材料(6#)LOI 仅为 24.5%且垂直燃烧无级别；只添加 EG 阻燃剂时，EG/EVA 复合发泡材料(5#)LOI 为 25.0%且垂直燃烧为 V-2 级别；分别添加 APM 和 MPOP-EG 时，APM/EVA(7#)和 MPOP-EG/EVA(4#)复合发泡材料 LOI 可分别达到 26.8%、26.3%，且垂直燃烧都可达 V-0 级别，达到阻燃要求。

上述数据表明，阻燃剂 MPOP-EG 对 EVA 复合发泡材料的阻燃效果优于 EG 和 APP，同时可达到采用 APP、PER、MEL(酸源、炭源、气源)三者复配的膨胀型阻燃剂 APM 的阻燃效果。其原因是：阻燃剂 MPOP-EG 中的插层剂 MPOP 是兼有酸源、气源的"二源一体"阻燃剂，复合发泡材料燃烧时，MPOP 可与有机物基体反应发生化学膨胀阻燃效应；而阻燃剂 MPOP-EG 中 EG 可受热膨胀发生物理膨胀阻燃效应，故阻燃剂 MPOP-EG 具有良好的阻燃效果。

4.3.4　起始膨胀温度及膨胀体积分析

起始膨胀温度：首先分别准确称量 0.3 g 待测的 EG、MPOP-EG 样品并铺平在 50 mL 的蒸发皿内。然后将蒸发皿放置在设定为一定温度的箱式电阻炉中，反应 30 min 后取出蒸发皿。最后观察样品表面形貌是否发生了变化，接着用量筒准确测量其体积。取经箱式电阻炉受热后的测量体积约为 0.3 g 未处理样品体积的 1.5 倍时的处理温度为样品的起始膨胀温度。

膨胀体积(EV)：测定方法如下，将一定质量待测的 EG、MPOP-EG 样品分别放入设置为 400℃的箱式电阻炉中受热处理 30 s 取出，用量筒准确测量其膨胀体积(mL/g)，测量 3 次取平均值即为膨胀体积。

图 4-3 为 EG 及 MPOP-EG 的起始膨胀温度、膨胀体积的对比情况。

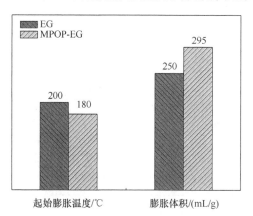

图 4-3　EG 和 MPOP-EG 的起始膨胀温度及膨胀体积

　　如图 4-3 所示，EG 的起始膨胀温度为 200℃，而 MPOP-EG 的起始膨胀温度为 180℃，MPOP-EG 在比 EG 低 20℃时开始膨胀分解，可能的原因是在 MPOP 的插层作用下 EG 中的插层剂硫酸或者硫酸盐在较低的温度下开始分解或者与石墨发生反应从而产生膨胀效应。

　　由图 4-3 可明显看出，EG 的膨胀体积较小，只有 250 mL/g，而 MPOP-EG 的膨胀体积可达 295 mL/g，增大了 45 mL/g，表明 MPOP 作为插层剂对 EG 进行二次插层可增大 EG 的膨胀体积，其主要原因是：在 400℃条件下，MPOP 受热部分分解产生气体，生成的气体产生一定的压力并且远大于外界的大气压，使得石墨的片层进一步被撑大，发生更大程度的膨胀，从而增大了膨胀体积。

4.3.5　物理力学性能测试

　　图 4-4 为添加不同阻燃剂制备的 EVA 复合发泡材料(4#～8#)物理力学性能(拉伸强度、断裂伸长率、撕裂强度、回弹性、密度以及硬度)测试结果。如图 4-4 所示，相比之下，未添加阻燃剂的纯 EVA 复合发泡材料(8#)的物理力学性能最好，其拉伸强度、断裂伸长率、撕裂强度、回弹性、密度和邵氏硬度 C 分别为 4.66 MPa、456.55%、17.92 N/mm、43.5%、0.17577 g/cm³ 和 63；而添加了 30%阻燃剂的 MPOP-EG/EVA(4#)、EG/EVA(5#)、APP/EVA(6#)、APM/EVA(7#)复合发泡材料的物理力学性能都有一定程度的下降。

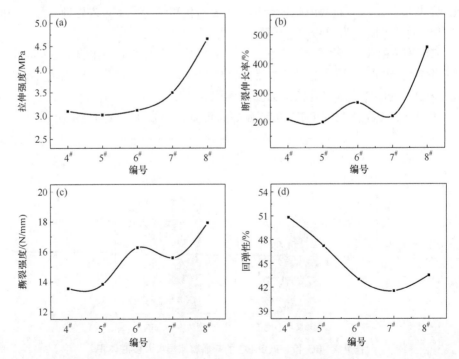

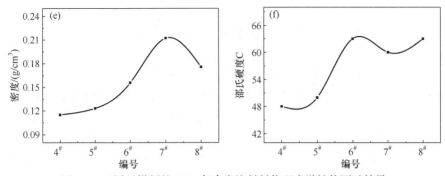

图 4-4　不同阻燃剂的 EVA 复合发泡材料物理力学性能测试结果

(a) 拉伸强度；(b) 断裂伸长率；(c) 撕裂强度；(d) 回弹性；(e) 密度；(f) 邵氏硬度 C

　　APP/EVA 复合发泡材料物理力学性能降低，其原因是：APP 阻燃剂属于无机粒子，当其同 EVA 基体熔融共混时由于添加量较大容易产生团聚，APP 难以在 EVA 基体中分散均匀，即相容性不好，从而降低了 APP/EVA 复合发泡材料的物理力学性能。APM/EVA 复合发泡材料物理力学性能降低主要是由于 APM 阻燃剂的加入增大了体系的熔融黏度从而降低了加工过程中的熔体流动速率，导致 APM 阻燃剂在与 EVA 基体熔融共混时因受到的剪切力作用较小而容易聚集在相界面处，从而界面相容性变差，因此 APM/EVA 复合发泡材料在外力的作用下，相界面更加容易受到破坏而降低复合发泡材料的物理力学性能。

　　同时，MPOP-EG/EVA 复合发泡材料的物理力学性能与 EG/EVA 复合发泡材料相似。EG/EVA 复合发泡材料的拉伸强度、断裂伸长率、撕裂强度、回弹性、密度和邵氏硬度 C 分别为 3.02 MPa、198.42%、13.82 N/mm、47.2%、0.12327 g/cm³ 和 50，而 MPOP-EG/EVA 复合发泡材料则分别为 3.10 MPa、208.35%、13.54 N/mm、50.8%、0.11510 g/cm³ 和 48，每个性能参数都相差不多，因为两种阻燃剂的添加量都是 30%，而且它们都属于片层状碳材料，对 EVA 复合材料的物理力学性能影响类似。EG/EVA、MPOP-EG/EVA 复合发泡材料的物理力学性能相比未添加阻燃剂的纯 EVA 复合发泡材料的较差，其主要原因有：①MPOP-EG、EG 阻燃剂的添加量较大，与 EVA 基体共混时较容易发生聚集使得相容性不好；②MPOP-EG、EG 的粒径较大且具有不规则的片层结构，添加到共混体系中时，阻燃剂与 EVA 基体之间的相界面相容性较差。由于 MPOP-EG、EG 阻燃剂与 EVA 基体的相容性较差，复合发泡材料在受到外力的作用时容易发生应力集中，从而使得材料的物理力学性能下降。尽管 MPOP-EG/EVA 复合发泡材料的物理力学性能相比于纯 EVA 复合发泡材料有一定程度下降，但其还是可以满足某些应用领域的要求，如包装行业。

4.3.6　热重分析

　　图 4-5 为 MPOP-EG、EG 以及 MPOP 的 TG 及 DTG 曲线图。对比图 4-5(a)、

(b)、(c)三个图可明显发现,MPOP-EG 的热分解趋势同 EG、MPOP 一致。MPOP-EG 热失重大概可分为四个阶段。第一阶段是 MPOP-EG 中 EG 的插层剂 H_2SO_4 发生分解以及 H_2SO_4 同石墨发生氧化还原反应造成的质量损失,其温度范围是 $180\sim330℃$,在 $250℃$ 左右发生了整个热分解过程中最大程度的热分解,其最大热失重速率达 $0.34\%/℃$,该阶段的热失重率约为 23.13%,同时表明 MPOP-EG 的起始膨胀温度在 $180℃$ 左右(与 4.3.4 节起始膨胀温度及膨胀体积分析一致)。第二阶段温度范围为 $330\sim400℃$,该阶段最大的热分解出现在 $380℃$ 左右,其热失重速率为 $0.15\%/℃$,热失重率约为 6.25%,主要是因为 MPOP-EG 中 MPOP 受热分解成聚磷酸和三聚氰胺,在分解的过程中伴有 H_2O、NH_3 等非可燃性气体的释放而产生失重。

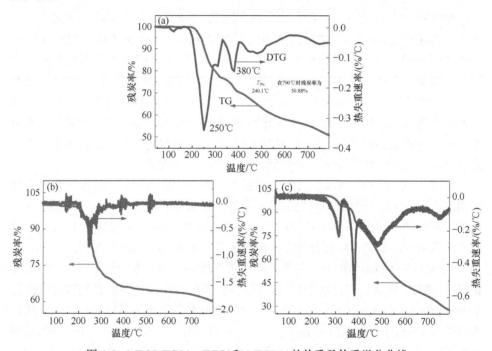

图 4-5　MPOP-EG(a)、EG(b)和 MPOP(c)的热重及热重微分曲线

$400\sim520℃$ 发生了第三阶段的热失重,其热失重率约为 8.70%,这是因为 MPOP 分解形成了聚磷酸和三聚氰胺,而聚磷酸会同三聚氰胺分子中的三嗪环相互作用,经过脱水、脱氨等过程生成具有很高分子量和热稳定性的含(P—N—O)交联型无机浓缩聚合物,三聚氰胺进一步分解释放出非可燃性气体。生成的含(P—N—O)聚合物直至 $790℃$ 仍有缓慢程度的分解,主要是因为含(P—N—O)聚合物中含有具有 H_3PO_4 化试剂特性的 P—N 或者 P—O—P 键,可以促进多种聚合物特别是具有含氧官能团聚合物脱水炭化,并有 NH_3、NO_2、CO_2、H_2O 等非可燃性气体释

放, 其所表现出的化学反应与 H_3PO_4 化的形成以及分解反应相似, 同广泛应用的 APP、PER 体系中的热反应过程相同。所形成的含(P—N—O)聚合物可起到隔热、隔氧以及不易燃烧的作用, 可以减轻或者避免 EVA 复合发泡材料在燃烧时受到热量和氧气的作用, 同时可降低复合发泡材料的热失重速率, 减少可燃性小分子组分的挥发, 对燃烧材料起到良好的阻燃作用。

第四阶段的热失重发生在 680~790℃, 主要是 MPOP-EG 中 EG 发生氧化分解, 热失重率约为 5.06%, 该阶段热失重率较小说明 EG 在二次插层后, 其有序结构并没有被完全地破坏(可参见 FTIR 及 XRD 分析)。MPOP-EG 在升温至 790℃时, 其残炭率可达 50.88%, 残余的产物应该是热稳定性比较高的物质, 表明 MPOP-EG 具有良好的耐热氧性。

图 4-6 是未添加阻燃剂的纯 EVA 复合发泡材料(样品 8#)和添加 30%阻燃剂的 EG/EVA 复合发泡材料(样品 5#)、MPOP-EG/EVA 复合发泡材料(样品 4#)的热重曲线图, 表 4-3 则是主要的热失重数据。

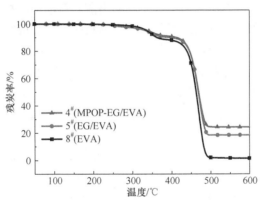

图 4-6 EVA 复合发泡材料(4#、5#、8#)的热重曲线

表 4-3 EVA 复合发泡材料(4#、5#、8#)的主要热失重数据

编号	$T_{5\%}$/℃	T_{max}/℃	最大热失重速率/(%/℃)	600℃残炭率/%
4#	341.0	470.8	1.74	24.37
5#	334.5	468.2	1.94	18.58
8#	335.5	469.5	2.32	1.61

如图 4-6 所示, 由样品 8# (EVA)热重曲线可知, EVA 出现了两个分解阶段, 其中一个阶段发生在 305~380℃范围内, 主要是因为 EVA 的乙酸乙烯分解；另外一个阶段则是发生在 430~495℃范围内, 主要由 EVA 的多烯结构分解造成。纯 EVA 复合发泡材料在热失重 5%时的温度为 335.5℃, 而最大热失重时的温度为 469.5℃, 最大热失重速率达到 2.32%/℃, 当温度继续升高到 600℃时, 纯 EVA

复合发泡材料已绝大部分发生分解，残炭率仅有 1.61%。对比样品 8# (EVA)、5# (EG/ EVA)、4# (MPOP-EG/EVA)这三条热重曲线可明显看出，添加阻燃剂 EG、MPOP-EG 阻燃 EVA 时并没有明显改变复合发泡材料的热分解趋势。

EG/EVA 复合发泡材料在温度 334.5℃时出现了 5%热失重；继续升高温度到 468.2℃出现最大热失重，其最大热失重速率为 1.94%/℃，相比纯 EVA 复合发泡材料降低了 0.38 个百分点；当温度上升到 495℃时，残炭率为 18.61%；温度继续升高，EG/EVA 复合发泡材料残余物热重很小，600℃时残炭率为 18.58%，相比纯 EVA 复合发泡材料增加了 16.97 个百分点，残余物具有较高的热稳定性，最终的残余物应为可膨胀石墨残余的膨胀炭层。最大热失重速率的降低以及残炭率的增加都表明阻燃剂 EG 在 EVA 复合发泡材料热失重过程中起到了良好的减慢分解速率作用，改善了复合材料的阻燃性能。其主要原因是：EG 作为典型的物理膨胀阻燃剂，EG/EVA 复合发泡材料在燃烧时，EG 层间的插层剂 H_2SO_4 受热后可与石墨的片层快速发生氧化还原反应，释放出 H_2O、CO_2、SO_2 等非可燃性气体，使得石墨层与层之间间距迅速地扩大，然后沿着石墨晶体结构的 c 轴方向快速地膨胀数十倍甚至数百倍，从而在燃烧的复合材料表面形成隔热、隔氧膨胀炭层，达到阻燃的效果，此膨胀炭层即为复合材料热分解后的残炭。

MPOP-EG/EVA 复合发泡材料热失重 5%时的温度为 341.0℃；接着出现最大热失重时的温度为 470.8℃，且最大热失重速率仅为 1.74%/℃，比纯 EVA 复合发泡材料和 EG/EVA 复合发泡材料分别降低了 0.58 个和 0.20 个百分点；当温度同样上升到 495℃时，残炭率为 24.60%；温度继续升高，MPOP-EG/EVA 复合发泡材料残余物的热失重很小，600℃时残炭率可达到 24.37%，比纯 EVA 复合发泡材料和 EG/EVA 复合发泡材料分别提高了 22.76 个和 5.79 个百分点，残余物具有很高的热稳定性，最终的残余物应为 MPOP-EG 分解残余的膨胀炭层。相比于纯 EVA 复合发泡材料和 EG/EVA 复合发泡材料，MPOP-EG/EVA 复合发泡材料热分解时最大热失重速率的降低以及残炭率的增加都表明，阻燃剂 MPOP-EG 能够很好地减慢 EVA 复合发泡材料热分解速率，从而显著地改善其阻燃性能，阻燃效果优于 EG。主要是由于：阻燃剂 MPOP-EG 的阻燃机制一方面类似于 EG，释放出非可燃性气体 H_2O、CO_2、SO_2 等，并在复合材料的表面形成膨胀炭层；另一方面 MPOP-EG 在受热条件下分解可以释放出聚磷酸和三聚氰胺分别作为酸源和气源，而 EVA 树脂及其部分分解后形成的含多羟基物质可作为炭源，酸源聚磷酸是一种强脱水剂，可以与炭源中的多羟基发生酯化、芳基化、炭化等反应[80]，在此反应过程中产生的熔融态物质，在气源三聚氰胺释放出的非可燃气体(NH_3、H_2O)的作用下发泡并膨胀形成致密的"发泡状"膨胀炭层，该膨胀炭层黏结附着在 EG 形成的"蠕虫状"的膨胀炭层上[由后文中的图 4-9(c)和(d)可看出]。正是形成的这些膨胀炭层起到了良好的隔氧、隔热、阻止 EVA 基体降解后的产物进入燃烧区域的作用，使得阻燃剂 MPOP-EG 显现了优异的阻燃性能。

4.3.7　扫描电镜分析

采用扫描电镜对 EG 及 MPOP-EG 的形貌进行研究，其 SEM 照片如图 4-7 所示。

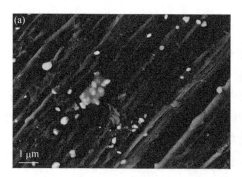

图 4-7　EG(a)及 MPOP-EG(b)的 SEM 照片

由图 4-7(a)可见，即使在比较大的放大倍数下(Mag=10.00kx)观察 EG 形貌，也只能看到分辨程度不高、较为规则排列的石墨片层结构，且片层之间堆积较为紧密；而经过 MPOP 二次插层 EG 得到的 MPOP-EG[图 4-7(b)]，可清楚观察到片层结构以及插入片层之间的 MPOP，其片层结构能够清晰可见，在一定程度上可证实 MPOP-EG 具有更大的片层间距。结构上，MPOP-EG 与 EG 的区别在于 MPOP-EG 的石墨层在高锰酸钾氧化剂的作用下，其层间的某些键(层与层之间的范德瓦耳斯作用力)部分被氧化断裂，从而增大了层间的距离、部分破坏了片层的有序结构[图 4-7(b)中所标示的位置]，并且本来较为紧密堆积的石墨片层被分为更薄厚度的石墨片，有利于 MPOP 的二次插层。这与 4.3.2 节 X 射线衍射分析结果相一致。

对在 800℃高温条件下膨胀后 EG 与 MPOP-EG 的残炭孔径结构进行分析，其 SEM 照片如图 4-8 所示。

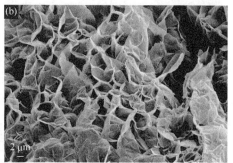

图 4-8　800℃膨胀后 EG(a)与 MPOP-EG(b)的 SEM 照片

　　由图 4-8(a)可见，EG 在 800℃高温的作用下，原来的"片层状"结构受到严重的破坏，插层物质 H_2SO_4 在高温作用下分解产生气体将石墨片层撑开使得其间距变大，大幅度增大体积，使得"片层状"膨胀成"蠕虫状"，而"蠕虫状"残炭内部则是呈"片层状"分布。但是，从图 4-7(a)中可清楚观察到，EG 高温膨胀所形成的"蠕虫状"残炭内部的"片层状"结构是杂乱的，孔径结构不清晰且孔壁较厚，说明了 EG 的膨胀效果相对较差。

　　如图 4-8(b)所示，MPOP-EG 在 800℃高温的作用下，由原来"片层状"结构的石墨片层进一步剥离形成具有网状交叉结构的石墨小片层，并最终膨胀成"蠕虫状"，与高温膨胀前相比，体积明显增大数百倍。同时，从图 4-8(b)可清晰看到，MPOP-EG 高温膨胀所形成"蠕虫状"残炭内部的石墨小片层是较为规则的网状交叉结构，且孔径结构清晰、孔壁相对较薄，表明 MPOP-EG 的膨胀效果较好，MPOP 对 EG 二次插层较为充分和均匀。

　　图 4-9 是 EG/EVA、MPOP-EG/EVA 复合发泡材料经 LOI 测试后的残炭扫描电镜照片。

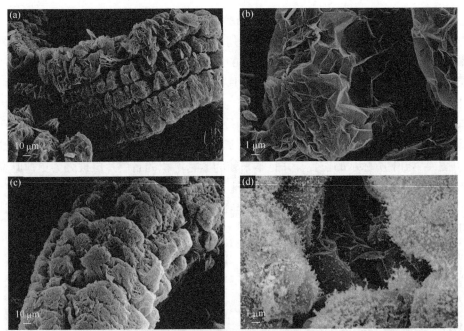

图 4-9　EG/EVA、MPOP-EG/EVA 复合发泡材料经 LOI 测试后残炭扫描电镜照片
(a)、(b) EG/EVA；(c)、(d) MPOP-EG/EVA

　　图 4-9(a)显示 EG 由"片层状"受热膨胀成"蠕虫状"，并且大量的"蠕虫状"残炭堆叠在一起，这是 EG 燃烧后产物典型的结构。可从图 4-9(b)进一步看到，EG 燃烧产物"蠕虫状"残炭内部结构呈"片层状"结构分布，当 EG 在一定

温度下受热后，内部的插层剂 H_2SO_4 与石墨片层发生氧化还原反应，释放出非可燃性气体将石墨片层撑开使得其片层间距变大，从而导致体积膨胀，形成具有隔热、隔氧作用的膨胀炭层。但是该炭层疏松多孔，断面上都是孔隙，炭层表面密布着细小的孔洞和裂缝，而且由于 EG 残炭本身结合力和附着力较差出现了裂纹。

由图 4-9(c)、(d)可明显看出，相比于 EG 受热所形成的"蠕虫状"残炭，MPOP-EG 形成了更加致密的膨胀炭层，该膨胀炭层内部的"片层状"结构更加紧密地黏结在一起，炭层孔洞较少、较为均匀、无裂纹，炭层表面具有良好的连续性并且附着另外一层薄"发泡状"膨胀炭层。"蠕虫状"炭层表面附着的白色炭层，其形成原因是：MPOP-EG 中的插层剂 MPOP 是兼有酸源和气源的"二源一体"阻燃剂，受热后可释放出分别可作酸源的聚磷酸和作气源的三聚氰胺，再以 EVA 树脂及其部分分解后形成的含多羟基物质为碳源，可反应生成致密的发泡状膨胀炭层。该发泡状膨胀炭层附着在"蠕虫状"炭层上，可有效地弥补 MPOP-EG 中的 EG 膨胀炭层之间的孔隙，这将有利于同"蠕虫状"炭层形成多层、稳定、致密的膨胀炭层。MPOP-EG/EVA 复合发泡材料经 LOI 测试燃烧后的残炭扫描电镜照片很好地说明了阻燃剂 MPOP-EG 可以显著改善 EVA 复合发泡材料的阻燃性能，其阻燃效果优于 EG，这与阻燃性能及热失重测试结果相符合。

4.3.8　MPOP-EG 膨胀阻燃机制探讨

图 4-10 为 MPOP-EG 的膨胀阻燃机理示意图，其中插层物质包括 H_2SO_4 和 MPOP，而残余物则是 H_2SO_4 和 MPOP 受热后的产物。MPOP-EG 在受热条件下发生膨胀，包括 MPOP-EG 中 EG 的物理膨胀和 MPOP 的化学膨胀。

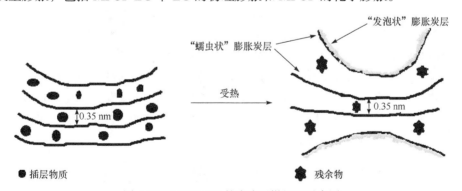

图 4-10　MPOP-EG 的膨胀阻燃机理示意图

如图 4-10 所示，EG 在高温作用下由较为平整的"片层状"结构膨胀成弯曲的"蠕虫状"结构，形成了具有物理阻隔性的膨胀炭层，不与 EVA 基体发生化学作用，这属于物理膨胀类型。EG 产生物理膨胀的原因主要有两个：一个是在天然鳞片石墨制备可膨胀石墨的过程中插层到石墨片层间的插层剂 H_2SO_4，虽然经过多次的洗涤但还是有部分残留，因此在材料燃烧快速升温的作用下，H_2SO_4 发生沸腾可释放出 H_2SO_4 蒸气，导致石墨片层发生膨胀和剥离；另一个是在受热的条件下 H_2SO_4 与石墨迅速发生氧化还原反应，释放出大量气体而起到发泡作用。因此，在高温的作用下，H_2SO_4 的沸腾反应以及发泡效应使得石墨体积得到数十上百倍的膨胀，形成较为致密的"蠕虫状"结构炭层，覆盖了燃烧材料的表面，从而达到阻燃目的。

产生物理膨胀的 EG，虽然不与 EVA 基体发生化学作用形成炭，但是 EG 阻燃 EVA 复合发泡材料确实提高了残炭率[由 5#(EG/EVA)热重曲线可知]，其可能的原因是：①EG 产生物理膨胀后卷曲成"蠕虫状"，其内部是由纳米石墨"片层状"所构成的规则多孔网格结构[由图 4-9(b)可看出]，可改变 EVA 的热氧化降解反应，该规则多孔网格结构具有高的比表面积而且具有纳米材料的负载作用及尺寸效应，可促进 EVA 在热氧化降解过程中交联成炭产生残余物，从而提高残炭率；②规则的多孔网格结构可起到良好的阻隔燃烧时过氧化物自由基和降解后生成气体逸出的作用，从而延长了自由基的寿命以及燃烧时间，有利于 EVA 本身交联成炭的过程；③EG 物理膨胀后生成的"蠕虫状"炭层起到隔热作用，使得 EVA 的成炭残余物达不到其热氧化降解所需的温度，从而可在膨胀炭层的覆盖下得以保留。

EG 物理膨胀后形成的"蠕虫状"结构的炭层表面还附着着一层薄"发泡状"膨胀炭层[由图 4-9(c)、(d)可看出]，这是阻燃剂 MPOP-EG 中的插层剂 MPOP 的作用结果。MPOP 是一种兼有酸源和气源的"二源一体"阻燃剂，受热时释放出酸源聚磷酸和气源三聚氰胺，而聚磷酸使得炭源(EVA 树脂及其部分分解后含有多羟基的物质)酯化进而脱水炭化，此时黏稠的炭化产物在气源三聚氰胺的作用下膨胀，形成微孔的"发泡状"结构炭层，这属于化学膨胀类型。该炭层的形成过程大概如下(图 4-11)：首先插层剂 MPOP 受热释放出酸源聚磷酸和气源三聚氰胺，其次酸源聚磷酸作为强脱水剂，而 EVA 树脂及其部分分解后形成的多羟基物质作为炭源，强脱水剂与炭源发生酯化反应从而脱水成炭形成炭化产物，最后气源三聚氰胺分解生成非可燃性气体 H_2O、NH_3 并使得黏稠状的炭化产物膨胀形成发泡炭层，该炭层具有隔热、隔氧、抑烟等作用，并且能够防止产生熔滴，可长时间且重复地置于火焰中，从而起到了良好的阻燃作用。

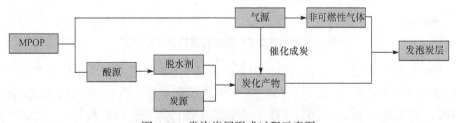

图 4-11　发泡炭层形成过程示意图

　　MPOP 在高温条件作用下通过两个方面达到阻燃的目的，分别是凝聚相阻燃和气相阻燃。凝聚相阻燃就是上述的形成具有隔热、隔氧作用的膨松膨胀发泡炭层，覆盖在燃烧材料的表面，从而取得阻燃效果；该炭层具有无定性的炭结构，实质是炭微品，本身是不可燃的，可阻止 EVA 复合发泡材料与火焰间的氧扩散及热传导，降低了材料的分解温度，还可阻止具有挥发性的可燃性组分扩散，从而达到阻燃目的。而气相阻燃就是 MPOP-EG/EVA 复合发泡材料在燃烧的过程中会产生 PO·游离基等，可通过链终止反应捕获 HO·游离基，或者气相中的游离基也有可能与发泡体上的组成部分炭质层微粒碰撞，相互化合成较为稳定的分子，中断链反应；另外，燃烧过程中所产生的 H_2O、NH_3 等非可燃性气体也能起到良好的气相稀释作用，降低了可燃性气体浓度，从而有效地阻止了火焰进一步的传导，达到阻燃目的。

　　综上所述，MPOP-EG/EVA 复合发泡材料在燃烧的过程中，阻燃剂 MPOP-EG 发生了物理膨胀和化学膨胀，其中化学膨胀包括凝聚相阻燃和气相阻燃，从而形成表面附着着具有微孔封闭结构的"发泡状"炭层和"蠕虫状"结构的膨胀炭层，覆盖在燃烧的 MPOP-EG/EVA 复合发泡材料表面，达到阻燃目的。

4.4　本 章 小 结

　　(1) 相比于 EG 红外曲线，MPOP-EG 出现了几个 MPOP 红外曲线上特有的特征吸收峰：$3120\ cm^{-1}$、$1680\ cm^{-1}$、$1390\ cm^{-1}$、$1060\ cm^{-1}$；相比于 EG 的 XRD 图谱，MPOP-EG 衍射峰强度变小，峰形变宽以及衍射角向左偏移至 $2\theta=25.42°$、$53.93°$，同时结合 MPOP-EG 的 SEM 照片可以说明 MPOP 已成功插层至 EG 炭层间得到新型阻燃剂 MPOP-EG，其起始膨胀温度约为 180℃，膨胀体积可达 295 mL/g，分别比 EG 低了 20℃和增大了 45 mL/g。

　　(2) 阻燃剂 MPOP-EG 添加量一定时，增大插层剂 MPOP 的量可显著改善 MPOP-EG/EVA 复合发泡材料的阻燃性能。当 EG/MPOP=1/0.4 时，添加 30%阻燃剂 MPOP-EG 的 MPOP-EG/EVA 复合发泡材料 LOI 可达到 26.3%，垂直燃烧为 V-0 级别，其阻燃效果分别优于相同添加量的 EG、APP 阻燃剂。

　　(3) MPOP-EG/EVA 复合发泡材料的物理力学性能同 EG/EVA 复合发泡材料类似，因为添加量相同又都是属于"片层状"碳材料，其拉伸强度、断裂伸长率、撕裂强度、回弹性、密度和邵氏硬度 C 分别为 3.10 MPa、208.35%、13.54 N/mm、50.8%、$0.11510\ g/cm^3$ 和 48，虽然比未添加阻燃剂的纯 EVA 复合发泡材料有一定程度的降低，但还是可以满足某些应用领域的要求，如包装行业。

　　(4) 阻燃剂 MPOP-EG 的热分解趋势同 EG、MPOP 一致，升温至 790℃时残炭率可达 50.88%，且残余产物应该是热稳定性较高的物质，表明 MPOP-EG 具有良好的耐热氧性。相比于纯 EVA、EG/EVA 复合发泡材料，MPOP-EG/EVA 复合发泡材料起始热分解温度($T_{5\%}$)升高至 341.0℃，最大热失重时温度提高至 470.8℃且最大热失重速率降低为 1.74%/℃，在 600℃时的残炭率可达 24.37%，这都表明了 MPOP-EG 能够很好地减慢 EVA 复合发泡材料热分解速率从而显著地改善其阻燃性能。SEM 分析表明，MPOP-EG 在 800℃高温下形成的"蠕虫状"炭层具有较为规则的网状交叉结构，孔径结构清晰且孔壁较薄；而 MPOP-EG/EVA 复合发泡材料燃烧后形成了"蠕虫状"及"发泡状"稳定、致密的残炭炭层，"蠕虫状"炭层内部的"片层状"结构紧密黏结，孔洞较少且为均匀、无裂纹，表面则附着着"发泡状"炭层，可有效地弥补炭层之间的孔隙。

(5) 阻燃剂 MPOP-EG 在受热条件发生膨胀，包括 EG 的物理膨胀和 MPOP 的化学膨胀。其中物理膨胀是 EG 受热后由"片层状"结构膨胀成"蠕虫状"结构，形成具有物理阻隔性的膨胀炭层，不与 EVA 基体发生化学反应；而化学膨胀是 MPOP 受热分解形成酸源聚磷酸和气源三聚氰胺，酸源与炭源(EVA 树脂及其部分分解后形成的含多羟基物质)酯化进而脱水炭化，形成的炭化产物在气源的作用下膨胀成"发泡状"炭层。

第5章　CB-EG/EVA 复合发泡材料

5.1 引　言

　　EVA 复合发泡材料因具有比强度高、密度小、保温隔热、隔音防震、缓冲好等特性，广泛应用于鞋材、玩具、建筑等领域，特别是电子元器件、仪器仪表等包装材料。EVA 复合发泡材料同大多数高分子塑料一样都具有优良的电绝缘性，其体积电阻可达 $10^{14}\,\Omega\cdot cm$ 甚至更高。然而，良好的电绝缘性使得 EVA 复合发泡材料在某些环境中使用时容易因摩擦或者撞击而产生和累积静电荷，大量的静电荷积累会对包装品(如电子元器件、仪器仪表等)造成破坏，严重时还可能引起爆炸等事故，限制了 EVA 复合发泡材料在更多领域的进一步应用。因此，EVA 复合发泡材料防静电性能的研究具有重要的现实意义和使用价值。

　　炭黑是含碳原料(主要为石油)经过不完全燃烧后产生的微细粉末，是目前使用最广泛的防静电剂。炭黑添加到高分子基体中能够连接成链，形成连续的导电网络或者通路，电子通过炭黑粒子链发生转移而实现导电，从而提高材料的防静电性能。然而炭黑存在一大缺点是，其添加量较小时，复合材料达不到防静电要求，添加量大时，炭黑在基体中的分散性变得不好，明显降低复合材料的物理力学性能。如何实现制备具有防静电要求且较好的物理力学性能的复合材料是研究的重要方面。炭黑表面的化学性质，即其表面活性基团的数量，对炭黑导电性能起到了关键性作用，而由于其表面活性基团会阻碍载流子的移动，降低了导电性，因此需要对炭黑进行表面处理，去掉其表面的活性基团，削弱炭黑与基体之间的能垒，从而提高炭黑的导电性能。

　　可膨胀石墨也称石墨层间化合物，是用物理或化学的方法将其他粒子(分子、原子、离子甚至原子团)插入晶体石墨层间，生成一种新的层状化合物，同时可与炭素六角网络进行平面结合且保持石墨晶体的层状结构。由于石墨具有良好的传导性能，因此将可膨胀石墨加入 EVA 复合发泡材料中可能会降低材料的体积电阻而改善防静电性能，又由于可膨胀石墨是典型的物理膨胀阻燃剂，同时可提高 EVA 复合发泡材料的阻燃性能。

　　因此，本章采用酞酸酯偶联剂 NDZ-101 对炭黑进行表面处理制备得到改性炭黑，以改性炭黑和可膨胀石墨为防静电剂，以 EVA 为基体材料、POE 为弹性体、EAA 为增容剂，以 AC 为发泡剂、DCP 为交联剂以及以 St、ZnO、ZnSt 为加工助剂，通过熔融共混、塑化开炼、硫化发泡实验工艺制备得到防静电 CB-EG/EVA 复合发泡材料，对其防静电、物理力学等性能进行研究。

5.2　CB-EG/EVA 复合发泡材料的制备过程

5.2.1　改性炭黑的制备

将一定量的炭黑、酞酸酯偶联剂 NDZ-101、异丙醇溶剂置于 500 mL 带有搅拌棒的三口烧瓶中，在 80℃温度下持续搅拌约 1 h，搅拌结束后进行减压抽滤，将所得产物放入真空干燥箱中 100℃下烘干 24 h，制备得到改性炭黑，备用。

5.2.2　CB-EG/EVA 的制备

采用酞酸酯偶联剂 NDZ-101 对炭黑进行表面处理得到改性炭黑，以改性炭黑和可膨胀石墨为防静电剂，同 EVA、POE、EAA、AC、DCP 等原料通过熔融共混、塑化开炼、硫化发泡制备得到 CB-EG/EVA 复合发泡材料，其中防静电剂改性炭黑和可膨胀石墨的添加量如表 5-1 所示。

表 5-1　防静电剂的配方组成

编号	防静电剂/%		编号	防静电剂/%	
	EG[a]	CB[b]		EG	CB
1#	0	0	5#	15	15
2#	30	0	6#	10	20
3#	25	5	7#	5	25
4#	20	10	8#	0	30

a. 可膨胀石墨；b. 改性炭黑。

5.3　CB-EG/EVA 复合发泡材料的结构与性能表征

5.3.1　DBP 吸油值分析

炭黑粒子的聚集程度影响着炭黑的使用性能，炭黑聚集体的空隙容积与炭黑粒子的聚集程度有关，而空隙容积可从炭黑吸收邻苯二甲酸二丁酯(DBP, di-*n*-butyl phthalate)的体积得到，因此炭黑的邻苯二甲酸二丁酯吸收值(DBP 吸油值)可作为炭黑聚集程度的量度。

DBP 吸油值的测定依据 ASTM D—2014[135]，即在规定的实验条件下，100 g

炭黑吸收邻苯二甲酸二丁酯的体积数(cm^3)，用来表征炭黑的聚集程度，而聚集程度可反映出炭黑的表面处理效果。

图 5-1 为酞酸酯偶联剂 NDZ-101 用量(0%～1.5%)对炭黑 DBP 吸油值的影响。

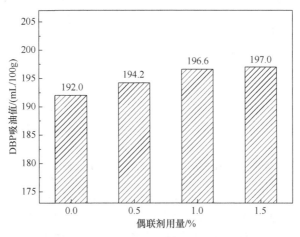

图 5-1　偶联剂用量对 DBP 吸油值的影响

如图 5-1 所示，随着酞酸酯偶联剂 NDZ-101 用量的增加，炭黑 DBP 吸油值先快速地提高，然后提高变得较为缓慢。未使用酞酸酯偶联剂处理时炭黑 DBP 吸油值仅有 192.0 mL/100g；用 0.5%和 1.0%酞酸酯偶联剂 NDZ-101 处理炭黑时，其 DBP 吸油值可分别提高到 194.2 mL/100g、196.6 mL/100g，上升的幅度较大；继续增加偶联剂用量至 1.5%时，炭黑 DBP 吸油值上升为 197.0 mL/100g，相比 1.0%用量时仅提高了 0.4 mL/100g，提高幅度较小。酞酸酯偶联剂 NDZ-101 使得炭黑 DBP 吸油值有了一定程度的提高，表明酞酸酯偶联剂 NDZ-101 对炭黑的表面处理有效，当偶联剂用量为 1.5%时，炭黑 DBP 吸油值较高，此时炭黑与其他有机基体的界面相互作用可能会较好。

这是因为酞酸酯偶联剂 NDZ-101 键合了炭黑表面的活性有机官能团，可降低炭黑颗粒之间的团聚程度，增加疏水性，从而一定程度上改善了炭黑在有机基体中的分散程度。

5.3.2　防静电性能分析

图 5-2 为不同添加量的改性炭黑和可膨胀石墨作为防静电剂所填充的 EVA 复合发泡材料体积电阻率(取对数值 $lg\rho_V$)，其中防静电剂添加总量为 30%(质量分数)。

如图 5-2 所示，随着 EG/CB 的变化，CB-EG/EVA 复合发泡材料体积电阻率呈现逐渐变小的趋势。未添加防静电剂的复合发泡材料(样品 1#)的体积电阻率($lg\rho_V$)高达 16.81，为绝缘材料；添加 30%可膨胀石墨时，复合发泡材料(样品 2#)的体积

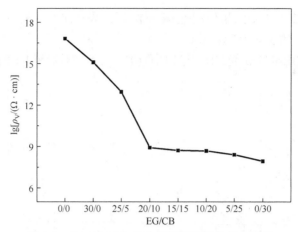

图 5-2　CB-EG/EVA 复合发泡材料的体积电阻率

电阻率($\lg\rho_V$)降低为 15.09，即体积电阻在 $10^{15}\sim10^{16}\,\Omega\cdot cm$，体积电阻率的降低是因为可膨胀石墨的石墨炭层是一种导电性材料，将其加入 EVA 复合发泡材料中一定程度上可改善复合发泡材料的导电性能，然而体积电阻率下降的幅度较小说明可膨胀石墨改善 EVA 复合发泡材料导电性能的能力有限。

　　随着改性炭黑的加入，CB-EG/EVA 复合发泡材料(样品 3#至样品 8#)体积电阻率急剧下降，其中样品 3#(EG/CB=25/5)在添加 5%改性炭黑的情况下复合发泡材料的体积电阻率(以 $\lg\rho_V$ 表示)为 12.96，虽然体积电阻率下降的幅度较大，但体积电阻率数值还是比较大；而当 EG/CB=20/10(样品 4#)时复合发泡材料的体积电阻率降低为 8.92，其体积电阻为 $10^8\,\Omega\cdot cm$ 级别，可达到材料的防静电效果。这可能是因为当改性炭黑用量较低时，炭黑粒子在复合发泡材料中分散相对比较孤立，仅能起到掺杂的作用并没有能够很好地形成导通电路，因此表现为体积电阻率较高；而继续增加改性炭黑用量至一定值时，其中一些炭黑粒子可分散在复合材料内部，另一些则会附着在可膨胀石墨表面[由后文中图 5-5(d)可知]，这就增强了改性炭黑在 EVA 基体中的分散性，使得炭黑粒子之间的相互距离变小而可能形成部分的连续相结构，在炭黑粒子相互之间十分接近或者全面接近的情况下就会形成大量的导电网络，表现为微观上的链状导电网络通路和宏观上的体积电阻率迅速下降[90]。当改性炭黑用量添加至一定值时，如果再继续增大改性炭黑的用量，由于炭黑粒子所构成的连续导电网络结构基本完善，对复合发泡材料导电性能的影响就不再明显，故体积电阻率就不会继续明显地降低，而是基本上保持一定水平。改性炭黑和可膨胀石墨作为防静电剂，可膨胀石墨的加入使得改性炭黑不仅可以一部分分散在复合发泡材料的内部，也可以一部分附着在可膨胀石墨表面上，这就增加了改性炭黑分散的均匀性，可以更好地使炭黑粒子形成微观上的导电网状通路。

5.3.3 物理力学性能测试

对不同添加量的改性炭黑和可膨胀石墨作为防静电剂所填充的 EVA 复合发泡材料进行物理力学性能(拉伸强度、断裂伸长率、撕裂强度、回弹性、密度以及邵氏硬度 C)测试,其结果如图 5-3 所示。

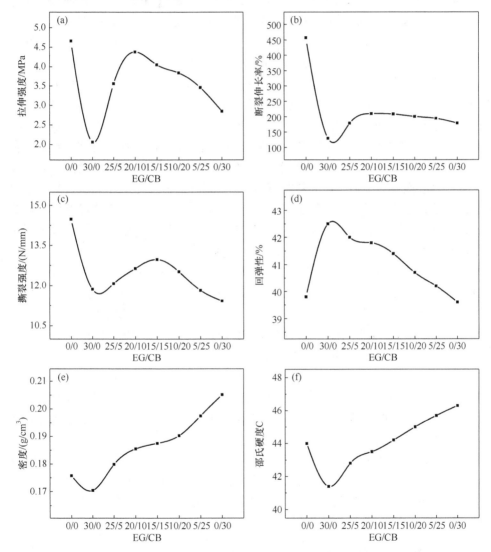

图 5-3 CB-EG/EVA 复合发泡材料物理力学性能
(a) 拉伸强度;(b) 断裂伸长率;(c) 撕裂强度;(d) 回弹性;(e) 密度;(f) 邵氏硬度 C

由图 5-3(a)~(c)可见,未添加防静电剂的复合发泡材料(样品 1#)的拉伸强度、断裂伸长率以及撕裂强度都是最好的,分别为 4.66 MPa、456.55%、14.48 N/mm,

而单独加入可膨胀石墨(样品 2#)，复合发泡材料的力学性能下降幅度较大，其拉伸强度、断裂伸长率以及撕裂强度分别只有 2.06 MPa、130.22%、11.86 N/mm，这是由于可膨胀石墨具有"片层状"结构，当其分散在 EVA 复合发泡材料中，片层结构使得其与 EVA 基体相容性较差，从而复合发泡材料在外力作用下就显示出很多相对的薄弱点。对比样品 2#～样品 8#可知，CB-EG/EVA 复合发泡材料的力学性能(拉伸强度、断裂伸长率以及撕裂强度)随着改性炭黑用量的增加而呈现先增大后减小的趋势，其中样品 4#(EG/CB=20/10)复合发泡材料的力学性能较好，其拉伸强度、断裂伸长率以及撕裂强度分别为 4.38 MPa、210.04%、12.64 N/mm，这是因为改性炭黑具有较好的分散性，一部分可分散在复合发泡材料的内部，另一部分可附着在可膨胀石墨的表面，从而提高了改性炭黑在复合发泡材料中的结合、分散能力；同时改性炭黑作为一种纳米填料，同 EVA 相比是种刚性粒子，将其加入 EVA 复合发泡材料中可对复合发泡材料起到良好的增强作用[101]，宏观上表现为复合发泡材料较好的力学性能。然而随着改性炭黑用量的不断增加，炭黑粒子在复合发泡材料中相互之间的距离会不断地减小，粒子之间不断接近甚至达到全面接近，导致大量的炭黑粒子产生团聚，造成了复合发泡材料内部结构出现缺陷，在外力作用下出现越来越明显的应力集中效应，因此改性炭黑用量超过某一数值时，复合发泡材料的力学性能反而会下降。

如图 5-3(d)～(f)所示，未添加防静电剂的复合发泡材料(样品 1#)的回弹性、密度以及邵氏硬度 C 分别为 39.8%、0.17577 g/cm³ 和 44，单独加入可膨胀石墨(样品 2#)时，复合发泡材料的回弹性、密度以及邵氏硬度 C 则分别为 42.5%、0.17041 g/cm³ 和41.4。随着改性炭黑用量的不断增加，CB-EG/EVA 复合发泡材料的回弹性呈现不断下降的趋势，而密度和邵氏硬度 C 则是呈现不断上升的趋势，其中样品 4#(EG/CB=20/10)复合发泡材料的回弹性、密度以及邵氏硬度 C 分别为 41.8%、0.18546 g/cm³ 和43.5。CB-EG/EVA 复合发泡材料的回弹性、密度以及邵氏硬度 C 呈现如此的变化趋势，这是由于改性炭黑作为一种刚性且无法熔融的纳米填料，在复合发泡材料的整个制备过程中一直都是以颗粒状态存在，硫化发泡中这些刚性炭黑粒子相互碰撞使得体系的熔体流动性变差且黏度增加，从而阻碍了发泡剂 AC 分解产生的 N_2 气体在材料中的扩散，复合发泡材料内部的气孔成长速率变得不同，导致形成的泡孔大小不均一、分布不均匀，因而增大了复合发泡材料的密度和邵氏硬度 C、降低了其回弹性。

5.3.4　阻燃性能测试

表5-2为不同添加量的改性炭黑和可膨胀石墨作为防静电剂所填充的 CB-EG/EVA 复合发泡材料极限氧指数以及垂直燃烧测试结果。

表 5-2　CB-EG/EVA 复合发泡材料极限氧指数及垂直燃烧测试结果

编号	EG/CB	LOI/%	燃烧时间			燃烧等级
			t_1/s	t_2/s	(t_2+t_3)/s	
1#	0/0	19.2	>30	—	>60	NR
2#	30/0	25.3	16	>14	>60	NR
3#	25/5	25.5	10	18	<60	V-2
4#	20/10	25.8	8	15	<60	V-1
5#	15/15	25	12	17	<60	V-2
6#	10/20	24.4	17	>13	>60	NR
7#	5/25	23.6	24	>6	>60	NR
8#	0/30	22.1	>30	—	>60	NR

从表 5-2 可以清楚看出，未添加防静电剂的复合发泡材料(样品 1#)极限氧指数仅为 19.2%，也没有通过垂直燃烧 UL-94 测试，说明样品 1#极其容易在空气中燃烧。单独加入 30%可膨胀石墨时，复合发泡材料(样品 2#)极限氧指数上升为 25.3%，有了很大程度的提高，但是其垂直燃烧测试仍是无级别，表明可膨胀石墨对 EVA 复合发泡材料有一定的阻燃效果。由样品 3#至样品 8#可见，随着改性炭黑用量的不断增加，CB-EG/EVA 复合发泡材料阻燃性能(极限氧指数及垂直燃烧等级)先得到提高后逐渐下降，其中样品 4#复合发泡材料的极限氧指数可达 25.8%且能够通过垂直燃烧测试达到 V-1 级别，说明样品 4#中的改性炭黑和可膨胀石墨的配比(EG/CB=20/10)对 EVA 复合发泡材料具有较好的阻燃效果，改性炭黑和可膨胀石墨协同阻燃作用较为明显。

这是因为可膨胀石墨是一类典型的物理膨胀阻燃剂，但是单独使用时其阻燃能力仍是有限的。同时，CB-EG/EVA 复合发泡材料中改性炭黑的熔点较高使得复合发泡材料较难被点燃，并且由于炭黑具有吸附作用，当其与 EVA 基体熔融共混后可能会形成"网络状"结构从而产生一定的骨架支撑作用，使得 CB-EG/EVA 复合发泡材料燃烧时火焰向上而不向下蔓延，减缓了复合发泡材料燃烧的趋势。炭黑具有一定的阻燃效果和隔热作用，可从样品 8#与样品 1#结果对比看出，样品 8#复合发泡材料的极限氧指数比样品 1#复合发泡材料提高了 2.9 个百分点。

5.3.5　热重分析

CB-EG/EVA 复合发泡材料的热失重行为(TG、DTG)如图 5-4 所示，其主要的热失重数据见表 5-3。

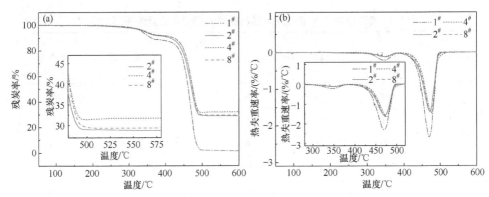

图 5-4　CB-EG/EVA 复合发泡材料的 TG(a)、DTG(b)曲线

表 5-3　CB-EG/EVA 复合发泡材料的主要热失重数据

样品	$T_{5\%}$/℃	$T_1{}^a$/℃	T_1 时热失重速率/(%/℃)	$T_2{}^b$/℃	T_2 时热失重速率/(%/℃)	600℃残炭率/%
1#	335.5	348.5	0.22	469.5	2.32	1.61
2#	342.5	348.5	0.13	471.0	1.61	28.73
4#	370.5	348.4	0.11	477.2	1.67	34.19
8#	345.9	349.4	0.12	473.8	1.68	29.36

a、b 分别为第一、第二个热失重峰对应的温度。

　　从图 5-4(a)可明显看出，CB-EG/EVA 复合发泡材料燃烧时热分解可分为两个阶段：首先是复合发泡材料中 EVA 的乙酸乙烯分解，发生在 300~380℃，即第一个热失重峰；其次是发生在 400~500℃，主要是复合发泡材料中 EVA 的多烯结构分解，即第二个热失重峰。

　　由表 5-3 及 TG、DTG 曲线可知，样品 4# 与样品 1# 对比，热失重 5%时对应的温度($T_{5\%}$)从 335.5℃提高到 370.5℃，上升了 35℃，起始分解温度升高；尽管第一个热失重峰的温度(T_1)没有变化，但是 T_1 时对应的热失重速率下降了 0.11 个百分点(样品 4# 为 0.11%/℃而样品 1# 为 0.22%/℃)；第二个热失重峰的温度(T_2)从较低温度 469.5℃向较高温度移动了 7.7℃(样品 4# 为 477.2℃)，T_2 时对应的热失重速率则由 2.32%/℃降低至 1.67%/℃，下降了 0.65 个百分点；样品 4# 在 600℃时的残炭率为 34.19%，而样品 1# 只有 1.61%，相比提高了 32.58 个百分点。同时，样品 4# 与样品 2#、样品 8# 相比，起始分解温度($T_{5\%}$)升高，T_1 时的热失重速率降低，第二个热失重峰的温度(T_2)向较高温度移动并且提高了 600℃时的残炭率，表明可膨胀石墨和改性炭黑的添加显著改善了 EVA 复合发泡材料的热稳定性，从而提高了阻燃性能，同时也说明样品 4# 中改性炭黑和可膨胀石墨的添加量(EG/CB=20/10)对于 CB-EG/EVA 复合发泡材料的热稳定性及阻燃性能是最佳的，这与 5.3.4 节阻燃性能分析结果一致。

这是因为可膨胀石墨在高温作用下，其层间的插层剂 H_2SO_4 与石墨快速发生氧化还原反应并释放出 H_2O、CO_2、SO_2 等非可燃性气体，使得石墨迅速地扩大膨胀数百倍，从而由"片层状"膨胀成"蠕虫状"，并在燃烧的复合发泡材料表面形成具有隔热、隔氧等作用的膨胀炭层，在此过程中吸收了大量的热量；同时大量的炭黑粒子分散在复合发泡材料的内部，阻碍了许多的热量传递到材料的内部，作为隔热层起到了良好的隔热作用。因此，可膨胀石墨和改性炭黑起到了隔热、隔氧等协同阻燃作用，阻止了 CB-EG/EVA 复合发泡材料燃烧的蔓延并使得材料可承受较高的温度且两个热分解失重峰温度延后。

5.3.6　扫描电镜分析

图 5-5 为改性炭黑及 CB-EG/EVA 复合发泡材料发泡前驱体液氮脆断后断面的扫描电镜照片，由于可膨胀石墨及改性炭黑尺寸相差较大，为了更好地观察材料的形貌，选择了不同的放大倍数。

从图 5-5(a)可看出，改性炭黑呈圆球颗粒状，直径大约在 50 nm，因其是纳米级颗粒，故极其容易团聚在一起。如图 5-5(b)所示，未添加防静电剂的纯 EVA 复合发泡材料(样品 1#)发泡前驱体的断面为连续的海-海结构，断面光滑，整个材料的相容性都非常好，因此样品 1#的物理力学性能最好。图 5-5(c)是单独添加 30% 可膨胀石墨的 EVA 复合发泡材料(样品 2#)发泡前驱体的断面形貌，可以明显看出断面上有很多可膨胀石墨聚集在一起并且有很多的凹坑，凹坑是可膨胀石墨在液

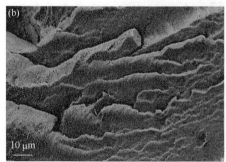

图 5-5　CB-EG/EVA 复合发泡材料发泡前的扫描电镜照片
(a) CB；(b) 样品 1#；(c) 样品 2#；(d) 样品 4#；(e) 样品 8#

氮脆断时脱落留下的，而断面上可见的"片层状"可膨胀石墨与 EVA 基体之间有很大的间隙，表明添加较大量的可膨胀石墨与 EVA 基体相容性不好，其宏观体现在样品 2#的物理力学性能较差。

由图 5-5(d)可见，添加 20%可膨胀石墨和 10%改性炭黑的 CB-EG/EVA 复合发泡材料(样品 4#)前驱体断面上，一部分的改性炭黑附着在可膨胀石墨的表面，另一部分则是分散在 EVA 基体中，这就增强了改性炭黑在复合发泡材料中的分散性以及增加了改性炭黑粒子相互接近形成导电网络结构的可能性，同时可膨胀石墨的添加量相比样品 2#的少，能够较好地分布在 EVA 基体中，因此样品 4#的物理力学性能较好且其体积电阻率较低，可达到防静电的效果，这与 5.3.2 节防静电性能分析和 5.3.3 节物理力学性能分析结果相符合。图 5-5(e)则是单独添加 30%改性炭黑的 EVA 复合发泡材料(样品 8#)前驱体的断面形貌，由于改性炭黑用量大，大量的炭黑粒子在 EVA 基体中发生团聚现象，从而使得样品 8#的物理力学性能较差。

图 5-6 为 CB-EG/EVA 复合发泡材料断面的扫描电镜照片。由图 5-6(a)可见，未添加防静电剂的纯 EVA 复合发泡材料(样品 1#)断面的泡孔均为闭孔孔洞且尺寸大小较为均一，泡孔与泡孔能够很好地交织在一起，形成了"蜂巢状"结构，孔洞比较大但壁厚较为均匀且致密。单独添加 30%可膨胀石墨的复合发泡材料(样品

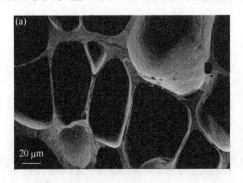
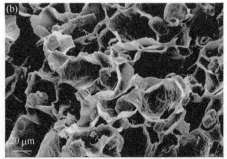

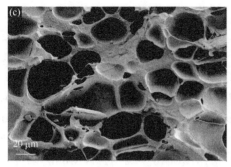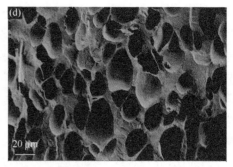

图 5-6　CB-EG/EVA 复合发泡材料的断面扫描电镜照片

(a) 样品 1#；(b) 样品 2#；(c) 样品 4#；(d) 样品 8#

2#)断面的泡孔结构如图 5-6(b)所示，由于可膨胀石墨用量较大，大量可膨胀石墨的出现导致复合发泡材料泡孔的塌陷，而且大量可膨胀石墨聚集在一起严重地破坏了复合发泡材料的整体性。

图 5-6(c)是添加 20%可膨胀石墨和 10%改性炭黑时 CB-EG/EVA 复合发泡材料(样品 4#)断面形貌扫描电镜照片，虽有可膨胀石墨陷于孔洞中造成少量的穿孔或者并孔的现象，但是大部分的泡孔相对比较均匀、致密，孔洞尺寸大小较为均一，适量的改性炭黑可作为成核点，使得发泡剂 AC 分解产生 N_2 气体附着在炭黑粒子上而较难扩散，从而形成较小尺寸的孔洞(相比于样品 1#)。而单独添加 30%改性炭黑的复合发泡材料(样品 8#)断面的泡孔形貌如图 5-6(d)所示，孔洞多且小，尺寸不均一且孔洞壁较厚，这是因为大量改性炭黑的加入使得复合发泡材料体系黏度变大，发泡剂 AC 分解产生的 N_2 气体难以扩散并且部分的炭黑出现团聚现象，从而导致复合发泡材料形成大小不均、多且小、壁厚的泡孔。

5.4　本 章 小 结

(1) 采用酞酸酯偶联剂 NDZ-101 对炭黑进行表面处理，随着偶联剂用量的增加，炭黑 DBP 吸油值呈现先快速上升后较为缓慢的趋势。当酞酸酯偶联剂 NDZ-101 用量为 1.5%时，炭黑 DBP 吸油值为 197.0 mL/100g，相比未偶联处理时提高了 5.0 mL/100g。

(2) 通过体积电阻率来表征 EVA 复合发泡材料的防静电性能。单独添加 30%可膨胀石墨时，体积电阻率($lg\rho_V$)由 16.81 降低为 15.09，但下降幅度较小；随着改性炭黑的加入，体积电阻率急剧下降，当添加 20%可膨胀石墨和 10%改性炭黑时，体积电阻率($lg\rho_V$)下降为 8.92，其体积电阻为 $10^8\ \Omega\cdot cm$ 级别，达到材料的防静电效果。SEM 分析表明，加入的改性炭黑中一部分可附着在可膨胀石墨表面上，另一部分则分散在 EVA 基体中，这就增强了改性炭黑在复合发泡材料中的分散性并增加了炭黑粒子相互接近形成导电网络的可能性，从而降低了体积电阻率。

(3) 单独添加 30%可膨胀石墨的 EVA 复合发泡材料的物理力学性能较差，这是因为大量的"片层状"结构可膨胀石墨与 EVA 基体相容性差并且使得复合发泡材料泡孔的塌陷，严重破坏了材料的整体性。随着改性炭黑用量的增加，CB-EG/EVA 复合发泡材料的拉伸强度、断裂伸长率以及撕裂强度先增大后较小，回弹性不断下降，而密度和邵氏硬度 C 则不断上升。其中样品 4#(EG/CB=20/10) 复合发泡材料能够取得较好的物理力学性能，其拉伸强度、断裂伸长率、撕裂强度、回弹性、密度以及邵氏硬度 C 分别为 4.38 MPa、210.04%、12.64 N/mm、41.8%、0.18546 g/cm^3 和 43.5。SEM 分析表明，样品 4#的泡孔相对均匀、致密且孔洞大小较为均一。

(4) 纯 EVA 复合发泡材料极限氧指数仅为 19.2%，垂直燃烧无级别。添加防静电剂后，复合发泡材料的阻燃性能得到了改善。随着改性炭黑的不断加入，CB-EG/EVA 复合发泡材料阻燃性能先升高后下降，其中，添加 20%可膨胀石墨和 10%改性炭黑复合发泡材料的极限氧指数可达 25.8%且垂直燃烧达到 V-1 级别，表明可膨胀石墨和改性炭黑存在着较好的协同阻燃作用。这是因为可膨胀石墨本身就是典型的物理膨胀型阻燃剂，而炭黑熔点高且具有吸附作用，熔融共混后可形成"网络状"结构从而起到骨架支撑的作用，使得材料燃烧时火焰向上而不向下蔓延，减缓了材料燃烧的趋势。

(5) 热重分析表明，CB-EG/EVA 复合发泡材料热分解分为两个阶段，分别是 300~380℃时 EVA 的乙酸乙烯分解以及 400~500℃时 EVA 的多烯结构分解。添加 20%可膨胀石墨和 10%改性炭黑的复合发泡材料热分解时，起始分解温度高至 370.5℃，第二个热失重峰的温度向较高温度移动至 477.2℃，并且两个热失重峰对应的最大热失重速率分别下降为 0.11%/℃和 1.67%/℃，而 600℃时残炭率为 34.19%，相比样品 1#则提高了 32.58 个百分点，表明可膨胀石墨和改性炭黑的添加提高了 EVA 复合发泡材料的热稳定性。这是因为"片层状"可膨胀石墨吸收大量的热量膨胀成"蠕虫状"，形成具有隔热、隔氧作用的膨胀炭层，而炭黑粒子分散在复合发泡材料内部，阻碍了热量传递到材料内部，起到隔热作用。

(6) 综合防静电性能、阻燃性能、物理力学性能以及热稳定性分析，样品 4# CB-EG/EVA 复合发泡材料综合性能最好，20%可膨胀石墨和 10%改性炭黑组成防静电剂为最佳配方。

第6章 炭黑、碳纤维双组分抗静电
EVA/淀粉复合发泡材料

6.1 引　言

　　碳导电填料由于性能稳定，导电能力强，被广泛运用于抗静电高分子复合材料中。本实验以 EVA、淀粉、PE 等为基本原料，以炭黑和碳纤维作为抗静电组分，通过密炼共混、双辊开炼、模压交联发泡方法，制备出炭黑、碳纤维双组分抗静电 EVA/淀粉复合发泡材料。通过熔体流动速率分析研究炭黑和碳纤维对EVA/淀粉共混物前驱体熔体流动性能的影响；通过热重分析研究炭黑和碳纤维的加入对 EVA/淀粉复合发泡材料热稳定性能的影响；通过扫描电镜观察添加炭黑和碳纤维前后 EVA/淀粉共混物基体中抗静电组分的分散情况以及复合发泡材料中泡孔形态的变化；通过电阻率测试分析炭黑和碳纤维对材料的导电能力影响；通过物理力学性能测试分析炭黑和碳纤维对 EVA/淀粉复合发泡材料物理力学性能的影响。

6.2 炭黑、碳纤维双组分抗静电 EVA/淀粉
复合发泡材料的制备过程

6.2.1 工艺流程

　　炭黑、碳纤维双组分抗静电 EVA/淀粉复合发泡材料制备工艺流程图如图 6-1 所示。

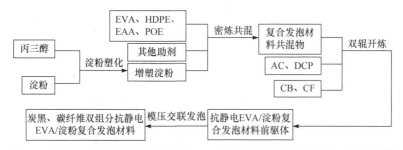

图 6-1　炭黑、碳纤维双组分抗静电 EVA/淀粉复合发泡材料制备工艺流程图

6.2.2　制备方法

1. 木薯淀粉的增塑改性

将木薯淀粉在 70℃下烘干 24 h，冷至室温后将木薯淀粉与增塑剂丙三醇按 10∶1 的质量比加入高速混合机中，常温搅拌 10 min，在室温下充分放置 48 h，使丙三醇在木薯淀粉中进一步渗透，削弱木薯淀粉的分子间相互作用力，最终得到丙三醇增塑的木薯淀粉。

2. 复合材料的共混与发泡

将 EVA、HDPE、EAA、POE、增塑淀粉及其他助剂按一定的比例加入密炼机中塑炼 5～8 min，温度达到 110～120℃时取出；在双辊开炼机中加入交联剂 DCP、发泡剂 AC、CB 和 CF 开炼拉片，175～180℃下进行发泡 8～10 min，制得炭黑、碳纤维双组分抗静电 EVA/淀粉复合发泡材料。

6.3　炭黑、碳纤维双组分抗静电 EVA/淀粉复合发泡材料的结构与性能表征

6.3.1　熔体流动速率测试

图 6-2 为炭黑含量对复合材料熔体流动速率的影响。从图中可以看出，当炭黑含量从 0 phr 增加到 30 phr 时，熔体流动速率从 1.95 g/10 min 降低到 0.68 g/10 min，

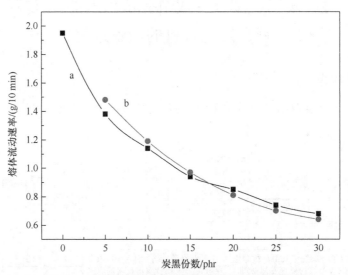

图 6-2　炭黑含量对复合材料熔体流动速率的影响

a. CB；b. CB/5 phr CF

复合材料的熔体流动性越来越差。这可能是由于炭黑的表面存在羟基和羧基等极性基团，当炭黑含量不断增加后，整个体系在流动过程中，刚性粒子相互碰撞，并由于强的极性产生更大的作用力，熔体流动性变差，熔体流动速率降低。当炭黑含量过高时，熔体流动性能严重降低，进而影响复合材料的可加工性。当体系中加入 5 phr 碳纤维时，炭黑含量很低的情况下，含碳纤维复合材料的熔体流动速率比不加时高，随着炭黑含量的增加，含碳纤维的复合材料熔体流动速率降低。这可能是因为少量碳纤维的加入能够增强熔体的润滑性，使得熔体流动速率上升。但是当炭黑含量增大后，碳纤维与炭黑之间的摩擦增强，而碳纤维和炭黑同为高熔点材料，在加工过程中始终不会融化，这使得复合材料的熔体流动速率下降。

6.3.2　热重分析

图 6-3 为复合材料的热重曲线。从图中可以看出复合发泡材料的分解依然有两个过程，280～400℃之间的质量损失为 EVA 分子中乙酸乙烯酯链段中酯键的分解；400～500℃之间的质量损失为复合材料中高分子链段的断裂和分解，这与第 2 章的热重曲线相似。随着炭黑以及碳纤维含量的增加，在相同温度下复合发泡材料的失重减少，其中含有 25 phr 炭黑和 5 phr 碳纤维的复合发泡材料失重率最低，500℃以上的剩余质量最多。因此，炭黑和碳纤维的加入能在一定程度上提高复合发泡材料的热稳定性。

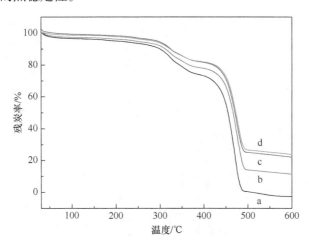

图 6-3　复合材料的热重曲线

a. 0 phr CB；b. 15 phr CB；c. 25 phr CB；d. 25 phr CB/5 phr CF

6.3.3　环境扫描电镜分析

图 6-4 为 EVA/淀粉复合材料和炭黑的环境扫描电镜照片。从图 6-4(e)可以看出，炭黑呈圆球状，其直径在 55 nm 左右。由于炭黑和碳纤维的尺寸差距较大，

选取 500 倍和 20000 倍的放大倍数来观察复合材料的形貌。对比图 6-4(a2)与(b2)，能够明显观察到当炭黑含量在 15 phr 时，炭黑在基体中分散比较孤立，相邻的炭黑颗粒之间距离较大，没有形成团聚或者连续相情况，因此当电子在复合材料中移动时，受到了绝缘性较好的聚合物基体的阻碍，难以在聚合物中形成良好的导电网络，导电性较差。当炭黑含量增加到 25 phr，断面的炭黑数量增加，在表面部分团聚，并且形成了部分连续相，这种连续相的结构有利于电子在表面的迁移。从图 6-4(c)和(d)中可以看出，当复合材料中加入了碳纤维后，碳纤维直径在 10 μm 左右，碳纤维由于具有较大尺寸和长径比，因此在基体中能够贯通这些部分连续相炭黑，起到一定的桥接作用，增强了材料的导电性。这种炭黑、碳纤维双组分添加更有利于导电网络的形成，降低复合材料的渗滤阈值，使得复合材料的导电性迅速增加。

图 6-5 为 EVA/淀粉复合发泡材料的环境扫描电镜照片。对比图 6-5(a)，发

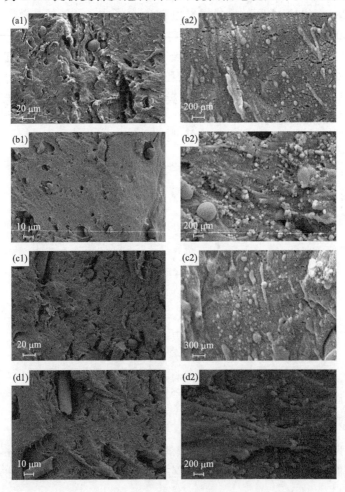

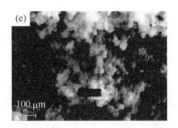

图 6-4　EVA/淀粉复合材料[(a)～(d)]和(e)炭黑的环境扫描电镜照片

(a1)、(a2) 15 phr CB；(b1)、(b2) 25 phr CB；(c1)、(c2) 15 CB/5 phr CF；(d1)、(d2) 25 phr CB/5 phr CF

现图 6-5(b)、(c)中的泡孔尺寸稳定性变差，存在一些较大尺寸的泡孔，出现了部分泡孔并孔和穿孔的现象。这可能是由于随着炭黑的加入，一方面，在发泡过程中体系的黏度变大，熔体的流动性能变差，发泡剂分解产生的气泡更加难以在熔体中扩散均匀，这导致了复合发泡材料的泡孔尺寸不够均匀；另一方面，炭黑和碳纤维表面存在羧基和羟基等极性基团，因此与聚合物基体的界面黏结力较差，在发泡过程中导致界面分离，产生了泡孔并孔和穿孔现象。当炭黑含量进一步增加后，基体与炭黑的黏结作用变得更小，发泡过程产生的气泡发生大量合并，反应后得到的复合发泡材料出现大量尺寸较大且不均一的气泡，严重影响了材料的性能，导致发泡失败。

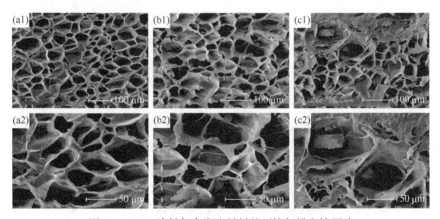

图 6-5　EVA/淀粉复合发泡材料的环境扫描电镜照片

(a1)、(a2) 0 phr CB；(b1)、(b2) 25 phr CB；(c1)、(c2) 25 phr CB/5 phr CF

6.3.4　导电性能测试

图 6-6 中曲线 a 为炭黑填充时 EVA/淀粉复合发泡材料的表面电阻率(以 $\lg\rho_s$ 表示)。从图中可以看出，当炭黑含量较低时，随着炭黑含量的增加，复合发泡材料的表面电阻率降低并不明显，炭黑从 0 phr 增加到 10 phr，$\lg\rho_s$ 仅从 16.8 下降到 15.47。但是当炭黑含量继续增加后，复合发泡材料表面电阻率出现明显的下降；

当炭黑含量达到 30 phr 时，$\lg\rho_s$ 仅为 5.95。这可能是由于当炭黑含量很低时，炭黑在复合发泡材料内分散比较孤立，增加炭黑含量仅起到掺杂的作用，并没有形成导通电路，因而表面电阻率比较高，炭黑的加入对表面电阻率的影响不明显。当炭黑含量达到一定值后，炭黑之间的距离较小，继续增加炭黑的含量，可能引起大量炭黑之间接触，形成部分连续相结构，这种连续相增加了复合发泡材料形成导电网络的可能，因此表面电阻率明显下降。这种表面电阻率在一个很窄的范围内突变的现象，称为"渗滤"现象，表面电阻率开始突变时的导电填充物含量称为"渗滤阈值"。由图中可以知道，复合发泡材料的渗滤阈值在 10 phr 炭黑左右。

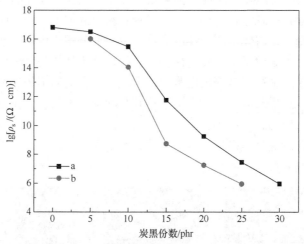

图 6-6　EVA/淀粉复合发泡材料的表面电阻率
a. CB；b. CB/5 phr CF

图 6-6 中曲线 b 为炭黑、碳纤维双组分填充时复合发泡材料的表面电阻率。可以看出，相同的炭黑填料含量下，炭黑、碳纤维双组分填充的复合发泡材料表面电阻率始终小于炭黑单组分。当炭黑含量很低时，碳纤维的加入对表面电阻率的降低影响较小；当炭黑含量达到一定值后，碳纤维的加入使得复合发泡材料的表面电阻率显著下降；当炭黑含量为 25 phr、碳纤维为 5 phr 时，复合发泡材料的表面电阻率已经达到 5.97，能够满足材料的抗静电要求。这是由于炭黑含量较低时，碳纤维对炭黑的桥接作用并不明显，当炭黑含量较高时，碳纤维的加入对导电网络的形成起到明显效果，降低了材料的表面电阻率。因此炭黑、碳纤维双组分填充复合发泡材料具有更加优异的抗静电性能。

6.3.5　物理力学性能测试

图 6-7 为 EVA/淀粉复合发泡材料的物理力学性能，从邵氏硬度 C 曲线、密度曲线和回弹性曲线可以看出，复合发泡材料的邵氏硬度 C 和密度随着炭黑含量的

增加而增加，碳纤维的加入对邵氏硬度 C 和密度的影响不大。这是因为炭黑作为一种纳米填料，刚性且不能熔融，在整个加工过程中一直以颗粒状存在，在发泡过程中刚性粒子相互碰撞，熔体流动性变差，体系黏度增加，产生的气泡不容易扩散，形成的泡孔孔径不均匀，因而增大了复合发泡材料的密度和邵氏硬度 C，降低了回弹性。

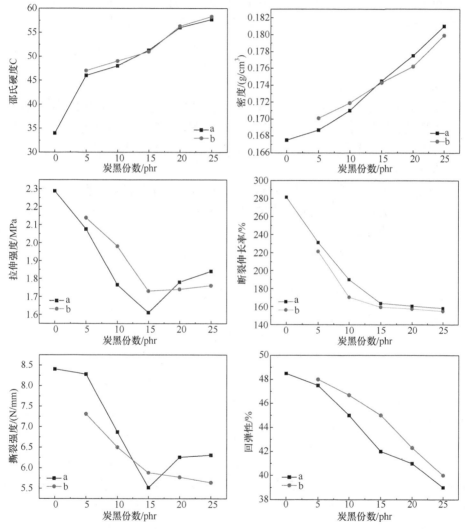

图 6-7　EVA/淀粉复合发泡材料的物理力学性能

a. CB；b. CB/5 phr CF

从拉伸强度曲线可以看出，单组分炭黑加入时，复合发泡材料的拉伸强度随着炭黑含量的增加先降低后上升。这说明当拉伸强度达到最低之后，继续增加炭黑含量能够起到一定的补强作用；而加入碳纤维组分的补强效果并不明显。复合发泡材料的断裂伸长率均随着炭黑含量的增加显著下降。

炭黑单组分填充复合发泡材料的撕裂强度随着炭黑含量的增加在出现最低值后同样出现一定程度的上升，而炭黑、碳纤维双组分填充复合发泡材料的撕裂强度随着炭黑含量的增加一直下降。这可能是由于碳纤维尺寸较大，碳纤维表面与聚合物基体的界面黏结作用较弱，在撕裂过程中界面的脱黏和泡孔壁的开裂容易在应力比较集中的界面处发生，在一定程度上降低了复合发泡材料的撕裂强度。

6.4 本 章 小 结

(1) 熔体流动速率测试结果表明，复合材料中无论是否添加碳纤维，熔体流动速率都随着炭黑用量的增加而降低。炭黑含量较低时，炭黑单组分填充复合材料的熔体流动速率较低；当炭黑含量上升后，炭黑、碳纤维双组分填充复合材料的熔体流动速率较低。

(2) 热重分析结果表明，随着炭黑以及碳纤维含量的增加，在相同温度下复合发泡材料的失重减少。因此，炭黑和碳纤维的加入能在一定程度上增加复合发泡材料的热稳定性。

(3) 环境扫描电镜结果分析表明，当炭黑的含量较低时，炭黑在基体中分散比较孤立，难以形成连续的导电网络，随着炭黑含量的继续增加，炭黑形成了部分连续相，这种连续相的结构有利于电子在表面的迁移，碳纤维的加入能够贯通这些部分连续相炭黑，起到一定的桥接作用，因而降低了材料的表面电阻率。炭黑和碳纤维的加入使得复合发泡材料的泡孔尺寸稳定性变差，存在一些较大尺寸的泡孔，出现了部分泡孔并孔和穿孔的现象。

(4) 导电性能分析表明，当炭黑含量较低时，增加炭黑的用量对材料的表面电阻率下降效果并不明显，当达到一定值后，继续增加炭黑用量，材料的表面电阻率显著下降，出现"渗滤"现象。而在相同的炭黑填料含量下，炭黑、碳纤维双组分填充的复合发泡材料表面电阻率始终小于炭黑单组分。

(5) 物理力学性能分析表明，邵氏硬度 C、密度和回弹性均随着炭黑含量的增加而增加，碳纤维的加入对邵氏硬度 C、密度和回弹性的影响不大。这是因为炭黑加入后，复合发泡材料形成的泡孔孔径不均匀，增大了复合发泡材料的密度和邵氏硬度 C，降低了回弹性。

(6) 复合发泡材料的拉伸强度和撕裂强度随着炭黑含量的增加先降低后上升，这说明当炭黑用量达到一定值后，继续增加炭黑用量能够起到一定的补强作用；而加入碳纤维组分的复合发泡材料补强效果并不明显。复合发泡材料的断裂伸长率均随着炭黑含量的增加显著下降。

第7章 含纳米银系抗菌粉的 EVA/淀粉 复合发泡材料

7.1 引　言

将抗菌性的无机粉料直接添加到聚合物中,是最为常见的制备抗菌高分子的方法。但是,由于无机抗菌粉与聚合物基体的相容性较差,需要采用表面改性来提高无机抗菌粉与聚合物基体的相容性。

本实验以 EVA、淀粉、PE 等为基本原料,以硅烷偶联剂、铝酸酯偶联剂、钛酸酯偶联剂为表面活性剂,采用干法工艺分别对纳米银系抗菌粉进行表面处理,并且通过密炼共混、双辊开炼、模压交联发泡方法,制备出具有抗菌性能的 EVA/淀粉复合发泡材料。通过活化指数分析、红外光谱分析分别表征三种偶联剂对纳米银系抗菌粉的表面改性效果;通过熔体流动速率分析研究纳米银系抗菌粉对 EVA/淀粉共混物前驱体熔体流动性能的影响;通过热重分析研究纳米银系抗菌粉对 EVA/淀粉复合发泡材料热稳定性能的影响;通过环境扫描电镜观察改性前后纳米银系抗菌粉在 EVA/淀粉共混物基体中的分散情况以及复合发泡材料中泡孔的形态变化;通过物理力学性能测试分析纳米银系抗菌粉对 EVA/淀粉复合发泡材料物理力学性能的影响;通过对 EVA/淀粉复合发泡材料抗菌性能的测试分析比较纳米银系抗菌粉对复合发泡材料抗菌性能的影响。

7.2　含纳米银系抗菌粉的 EVA/淀粉复合 发泡材料的制备过程

7.2.1　工艺流程

含纳米银系抗菌粉的 EVA/淀粉复合发泡材料制备工艺流程如图 7-1 所示。

7.2.2　制备方法

1. 纳米银系抗菌粉的表面偶联改性

将纳米银系抗菌粉在 80℃干燥 24 h。将硅烷偶联剂 KH-570 与乙醇按 1∶4 质

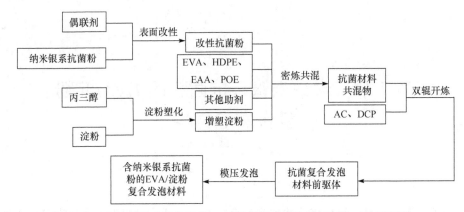

图 7-1 含纳米银系抗菌粉的 EVA/淀粉复合发泡材料制备工艺流程图

量比在室温下搅拌超声配成溶液。将铝酸酯偶联剂 UP-801 和钛酸酯偶联剂 NDZ-101 分别与丙酮按 1：4 质量比在 60℃下搅拌超声配成溶液。预热高速混合机至 80℃，将干燥后的纳米银系抗菌粉和三种偶联剂按 100：0.5、100：1、100：1.5、100：2、100：2.5 的比例加入充分加热的高速混合机中，高速搅拌 10 min，制得偶联剂改性的抗菌粉。

2. 木薯淀粉的增塑改性

将木薯淀粉在 70℃下烘干 24 h，冷至室温后将木薯淀粉与增塑剂丙三醇按 10：1 的比例加入高速混合机中常温搅拌 10 min，在室温下充分放置 48 h，使丙三醇在木薯淀粉中进一步渗透，削弱木薯淀粉的分子间相互作用力，最终得到丙三醇增塑的木薯淀粉。

3. 复合材料的共混与发泡

将 EVA、HDPE、EAA、POE、改性抗菌粉、增塑淀粉及其他助剂按一定的比例加入密炼机中塑炼 5～8 min，温度达到 110～120℃时取出；在双辊开炼机上加入交联剂 DCP 和发泡剂 AC 开炼拉片，175～180℃下进行发泡 8～10 min，制得含纳米银系抗菌粉的 EVA/淀粉复合发泡材料。

7.3 含纳米银系抗菌粉的 EVA/淀粉复合发泡材料的结构与性能表征

7.3.1 改性纳米银系抗菌粉活化指数测试

用去离子水作为分散介质，测定改性纳米银系抗菌粉的活化指数。纳米银系抗菌粉在改性前由于比表面积大、表面能较高，呈现亲水性。纳米银系抗菌粉所受的重力大于两相界面间相互作用力，纳米银系抗菌粉全部沉入水中，活化指数为 0；经偶联剂表面改性后，纳米银系抗菌粉表面被偶联剂包覆，呈现出疏水性，表面张力的增加使得粉体能够浮于水面。所以纳米银系抗菌粉在水中的沉浮情况可以反映改性效果。

将改性纳米银系抗菌粉投入盛有去离子水的烧杯中，磁力搅拌 1 h 后，静置 24 h。将沉淀取出，过滤、干燥，最后称量。

活化指数按式(7-1)计算：

$$活化指数 = \frac{样品总质量 - 样品中沉淀部分的质量}{样品总质量} \times 100\% \qquad (7\text{-}1)$$

未改性的纳米银系抗菌粉由于表面存在羟基及极性基团，当将其投入水中搅拌 1 h 静置后，可以观察到抗菌粉完全沉入水中。分别用硅烷偶联剂 KH-570、铝酸酯偶联剂 UP-801 和钛酸酯偶联剂 NDZ-101 改性纳米银系抗菌粉后，由于抗菌粉外层包覆上了一层改性剂，抗菌粉的表面由亲水性变为亲油性，改性后的纳米银系抗菌粉在水中的张力变大，改性效果较好的抗菌粉可以使表面张力大于自身重力，使得抗菌粉浮在水中。

表 7-1 为硅烷偶联剂、铝酸酯偶联剂和钛酸酯偶联剂改性纳米银系抗菌粉的活化指数。由表中可以看出，无论何种偶联剂改性，改性后的纳米银系抗菌粉的活化指数都随着偶联剂用量的增加而增加。其中硅烷偶联剂的改性效果最差，当偶联剂用量>1 phr 时，才具有表面活化效果；当含量增加到 2.5 phr 时，活化指数仅为 13.0%；铝酸酯偶联剂的改性效果居中，当加入 0.5 phr 时活化指数为 35.4%，当含量增加到 2.5 phr 时，活化指数为 78.5%；钛酸酯偶联剂的改性效果最好，仅加入 0.5 phr 时,活化指数已经达到 97.1%，当加入量为 2 phr 时活化指数高达 100%，继续增加偶联剂用量，活化指数维持不变。这可能有以下解释，所使用的硅烷偶联剂 KH-570 的分子结构为 $CH_2 = C(CH_3)COOCH_2CH_2CH_2Si(OCH_3)_3$，可以看出分子中含有两种活性基团：甲氧基和甲基丙烯酰氧基。铝酸酯偶联剂 UP-801 的分子结构为 $(C_{17}H_{35}COO)_2AlOCH(CH_3)_2$，含有异丙氧基和二硬脂酰氧基两种活性基团。钛酸酯偶联剂 NDZ-101 的分子结构为 $(C_{17}H_{33}COO)_2Ti[OOP(OC_8H_{17})_2][OCH(CH_3)_2]$，分子中含有异丙基、二辛基磷酸酰氧基和油酸酰氧基三种活性基团。与硅烷偶联剂和铝酸酯偶联剂与抗菌粉表面形成多分子层不同，钛酸酯偶联剂是在表面形成均匀的单分子层，相同含量的钛酸酯偶联剂产生的偶联效果更加优异，活化指数更高。而对于钛酸酯偶联剂来说，偶联剂份数从 0.5 phr 增加到 2.5 phr 时，活化指数的增加并不明显，这可能是由于偶联剂的作用是在粉体表面形成一层有机疏水层，粉体表面从亲水性变为疏水性。随着偶联剂用量的增加，附着在粉体表面的偶联剂分子越来越多，当表面已经完全被偶联剂覆盖后，继续增加用量只会在

粉体表面增加偶联剂覆盖层的厚度，疏水性并不会得到提升。

表 7-1　硅烷偶联剂、铝酸酯偶联剂和钛酸酯偶联剂改性纳米银系抗菌粉的活化指数

种类	偶联剂份数/phr					
	0	0.5	1	1.5	2	2.5
硅烷偶联剂/%	0	0	0	5.1	8.3	13.0
铝酸酯偶联剂/%	0	35.4	46.3	64.5	71.3	78.5
钛酸酯偶联剂/%	0	97.1	98.2	99.1	100	100

7.3.2　红外光谱分析

本部分介绍分析了三种偶联剂和偶联剂改性抗菌粉的红外光谱图。在图 7-2 中，从曲线 a 可以看出，硅烷偶联剂在 2950 cm^{-1} 和 2840 cm^{-1} 分别存在两个峰值，对应于硅烷偶联剂分子中的亚甲基吸收峰。但是经过硅烷偶联剂改性后的抗菌粉，在曲线 b 中并没有发现明显的吸收峰。这说明硅烷偶联剂对抗菌粉的改性效果并不明显，也同时印证了上述活化指数分析中硅烷偶联剂的活化指数低的结果。

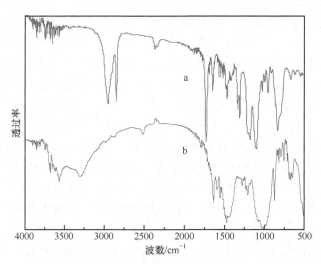

图 7-2　硅烷偶联剂及硅烷偶联剂改性抗菌粉的红外光谱图
a. 硅烷偶联剂；b. 硅烷偶联剂改性抗菌粉

在图 7-3 中，从曲线 a 可以看出，铝酸酯偶联剂在 3000～2830 cm^{-1} 之间的吸收峰并不明显，这可能是由于使用的铝酸酯偶联剂是固体蜡状颗粒，在红外制样时，颗粒并没有被均匀研磨，导致在测试中峰值并不明显。但是通过观察曲线 b 还是能够清楚分辨铝酸酯偶联剂改性抗菌粉在 2930 cm^{-1} 和 2850 cm^{-1} 处的亚甲基吸收峰，这已经能够充分说明铝酸酯偶联剂对抗菌粉具有明显的表面改性效果。

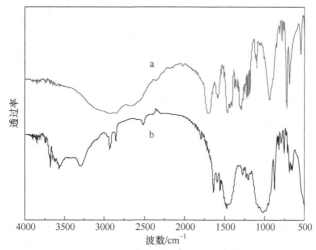

图 7-3　铝酸酯偶联剂及铝酸酯偶联剂改性抗菌粉的红外光谱图
a. 铝酸酯偶联剂；b. 铝酸酯偶联剂改性抗菌粉

从图 7-4 同样能够看出，钛酸酯偶联剂改性抗菌粉在 2930 cm^{-1} 和 2860 cm^{-1} 处存在对应的亚甲基吸收峰，这也能够充分说明钛酸酯偶联剂对抗菌粉具有明显的表面改性效果。通过红外光谱分析明确知道了抗菌粉表面已经出现有机化改性作用。这种表面有机化改性作用使得抗菌粉体表面从亲水性变为亲油性，从而改善了抗菌粉体在聚合物基体中的相容性。

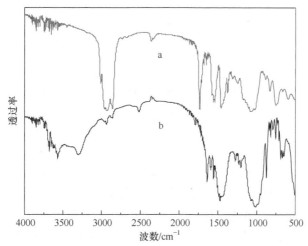

图 7-4　钛酸酯偶联剂及钛酸酯偶联剂改性抗菌粉的红外光谱图
a. 钛酸酯偶联剂；b. 钛酸酯偶联剂改性抗菌粉

7.3.3　熔体流动速率测试

图 7-5 为硅烷偶联剂、铝酸酯偶联剂和钛酸酯偶联剂的含量对复合材料熔体

流动速率的影响。从图中同样能够看出，三种偶联剂含量的增加均会使复合材料的熔体流动速率产生一定的提高，三者的熔体流动速率从 1.83 g/10 min 分别增加到 1.85 g/10 min、1.96 g/10 min 和 1.97 g/10 min。可以看出，硅烷偶联剂改性抗菌粉对于复合材料熔体流动速率的影响并不大，这可能是由于硅烷偶联剂对抗菌粉的改性效果并不明显，抗菌粉表面亲油性没有得到很大提升，抗菌粉和复合材料基体的相容性并没有得到改善。而铝酸酯偶联剂和钛酸酯偶联剂均使复合材料的熔体流动速率产生了明显提高，其中钛酸酯偶联剂对熔体流动速率提高更加明显。但是当钛酸酯偶联剂含量大于 2 phr 后，提升效果并不再明显。这是由于在之前的活化指数分析中，当钛酸酯偶联剂含量达到 2 phr 时，活化指数已经达到 100%，继续提高偶联剂用量，活化指数保持 100%不变，抗菌粉表面亲油性也未发生变化，改性后的抗菌粉在复合材料基体中的摩擦阻力也没有发生变化。

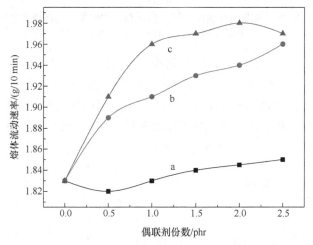

图 7-5　硅烷偶联剂、铝酸酯偶联剂和钛酸酯偶联剂的含量对复合材料熔体流动速率的影响
a. 硅烷偶联剂；b. 铝酸酯偶联剂；c. 钛酸酯偶联剂

7.3.4　热重分析

图 7-6 为 EVA/淀粉复合发泡材料、含未改性抗菌粉的复合发泡材料和含钛酸酯偶联剂改性抗菌粉的复合发泡材料的热重曲线。由于含其余两种偶联剂改性抗菌粉的复合发泡材料的热重曲线与含钛酸酯偶联剂的曲线相似，因此不再进行探讨。总体来说，三条曲线在 280℃以前缓慢下降，这可能是淀粉中的自由水蒸发、结合水损失和部分分子链断裂带来的质量损失。280～400℃之间的质量损失为 EVA 分子中乙酸乙烯酯链段中酯键的分解。400～500℃之间的质量损失为复合材料中高分子链段的断裂和分解。从图中可见，由于偶联剂添加量和抗菌粉的添加量均非常少，因此三条曲线的区别并不明显。EVA/淀粉复合发泡材料和含未改性

抗菌粉的复合发泡材料在 500℃以下曲线几乎重合，在 400℃的剩余质量分数为 77.6%，而含有钛酸酯偶联剂改性抗菌粉的复合发泡材料在 400℃的剩余质量分数为 74.5%，这是由钛酸酯偶联剂在 200℃以上开始缓慢分解导致的。而当温度到达 500℃以上后，含未改性抗菌粉的复合发泡材料的残余质量最多，含钛酸酯偶联剂改性抗菌粉的复合发泡材料的残余质量居中，EVA/淀粉复合发泡材料的残余质量最少。这是由于纳米银系抗菌粉为无机材料，残余质量会随着抗菌粉的加入而增加。综上所述，加入含钛酸酯偶联剂改性的抗菌粉后，复合发泡材料在 500℃以下热稳定性降低，在 500℃以上时残余质量更多。

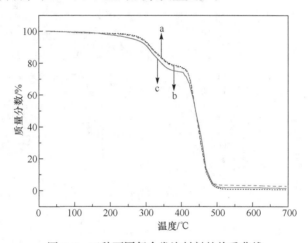

图 7-6　三种不同复合发泡材料的热重曲线

a. EVA/淀粉复合发泡材料；b. 含未改性抗菌粉的复合发泡材料；c. 含钛酸酯偶联剂改性抗菌粉的复合发泡材料

7.3.5　环境扫描电镜分析

图 7-7 为纳米银系抗菌粉、EVA/淀粉复合发泡材料、含未改性抗菌粉的复合发泡材料、含硅烷偶联剂改性抗菌粉的复合发泡材料、含铝酸酯偶联剂改性抗菌粉的复合发泡材料和含钛酸酯偶联剂改性抗菌粉的复合发泡材料的环境扫描电镜照片。由图 7-7(a)可以看出，纳米银系抗菌粉呈短纤维状，长度约为 5 μm，直径约为 50 nm。从图 7-7(b)中 EVA/淀粉复合发泡材料的脆断面可以看出，材料断面较为光滑，复合材料基体中存在的直径在 5 μm 左右的颗粒状物质为淀粉，直径为 1 μm 的颗粒状物质为 HDPE。这是由于 HDPE 熔点相对于 EVA 较高，在混炼过程中，由于 EVA 和 HDPE 熔体流动速率不同，并且当温度降低后，由于 HDPE 的高结晶性，材料呈现"海岛结构"。由于未改性纳米银系抗菌粉的加入，在图 7-7(c)中的断面阶梯处出现了长度约为 2 μm 的纤维状抗菌粉。这是由于没有改性的抗菌粉表面为亲水性，与 EVA 基体相容性很差，界面黏合力不够，当材料在液氮中冷却断裂取样，容易在此处产生应力集中，因此抗菌粉在图片中为露头状。

当抗菌粉被硅烷偶联剂改性后，发现图 7-7(d)中抗菌粉与基体的相容性得到一定提高，抗菌粉存在于基体表面光滑处。从图 7-7(e)、图 7-7(f)中发现，由于铝酸酯偶联剂和钛酸酯偶联剂的改性，抗菌粉与基体的黏结力进一步提高，断裂很难发生在抗菌粉与基体的界面处，因此很难观察到抗菌粉的存在。

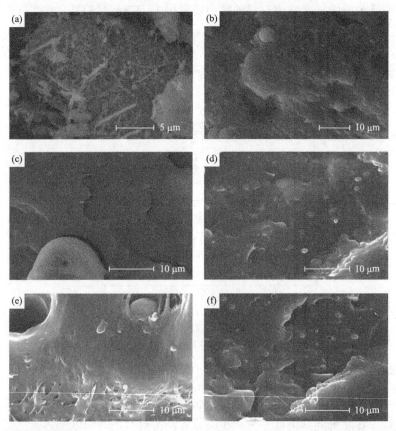

图 7-7　纳米银系抗菌粉(a)、EVA/淀粉复合发泡材料(b)、含未改性抗菌粉的复合发泡材料(c)、含硅烷偶联剂改性抗菌粉的复合发泡材料(d)、含铝酸酯偶联剂改性抗菌粉的复合发泡材料(e)和含钛酸酯偶联剂改性抗菌粉的复合发泡材料(f)的环境扫描电镜照片

图 7-8 为 EVA/淀粉复合发泡材料、含未改性抗菌粉的复合发泡材料、含硅烷偶联剂改性抗菌粉的复合发泡材料、含铝酸酯偶联剂改性抗菌粉的复合发泡材料和含钛酸酯偶联剂改性抗菌粉的复合发泡材料的环境扫描电镜照片。从图中可以看出，无论是否添加抗菌粉，复合发泡材料的泡孔均多为闭孔结构，只有少数泡孔是开孔孔洞。从图 7-8(a)可以看出，泡孔尺寸较大，分布不均匀，且泡孔多呈椭圆状，这是由于未添加抗菌粉的复合材料黏度较小，产生气泡后由于熔体流动性好，气泡能够进一步变大，但是体系中缺少无机成核剂，气泡在基体内的生长

并不均匀，导致长大后的泡孔大小并不均一。

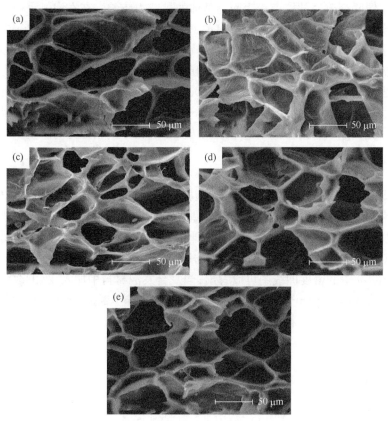

图 7-8　EVA/淀粉复合发泡材料(a)、含未改性抗菌粉的复合发泡材料(b)、含硅烷偶联剂改性抗
菌粉的复合发泡材料(c)、含铝酸酯偶联剂改性抗菌粉的复合发泡材料(d)和含钛酸酯偶联剂改性
抗菌粉的复合发泡材料(e)的环境扫描电镜照片

　　在图 7-8(b)中，加入了未改性抗菌粉后，泡孔变小，分布更不均匀，泡孔壁
出现了部分收缩现象。这可能是由于抗菌粉的添加使得体系中引入了成核剂，发
泡过程从原来的以均相成核为主变为均相成核和异相成核同时进行，这使得体系
中相同含量的 AC 释放出来的气体产生更多的成核位点，因而在发泡倍率相近的
情况下，泡孔的平均尺寸变小。由于未改性无机抗菌粉的引入，在发泡过程中整
个体系黏度增加，熔体流动能力变差，在发泡过程中产生的气泡难以在基体中均
匀扩散，进而导致产生的不同气泡之间压力也有所不同，因此当发泡成型并冷却
后，不同泡孔的收缩比例也不相同，从而产生了泡孔收缩现象。如图 7-8(c)所示，
当加入硅烷偶联剂改性的抗菌粉后，泡孔尺寸与图 7-8(b)相比较并没有明显减小，
并且出现一些尺寸更小的泡孔，收缩现象得到缓解。这可能是由于硅烷偶联剂的

改性并没有使得整个体系黏度明显下降，气泡在基体中扩散同样比较困难；而且由于硅烷偶联剂改性的抗菌粉表面与基体的黏结力较差，在发泡过程中抗菌粉与基体出现两相分离，气泡穿破孔壁出现了泡孔穿孔现象。图 7-8(d)和(e)中，在分别加入了铝酸酯偶联剂和钛酸酯偶联剂改性的抗菌粉后，泡孔尺寸更加稳定，泡孔形状更加规则。这是由于当铝酸酯偶联剂和钛酸酯偶联剂加入后，一方面，在发泡过程中整个体系的黏度明显下降，气泡的扩散更为容易，产生的泡孔大小均一，尺寸分布稳定；另一方面，偶联剂的改性使得抗菌粉与基体之间的黏结更为牢固，因此气泡不容易穿透，这有效地减少了泡孔穿透和并孔的产生。

7.3.6　物理力学性能测试

从图 7-9 中的邵氏硬度 C 曲线图可以看出，没有加入抗菌粉的复合材料邵氏硬度 C 最低，仅为 34。当加入三种不同偶联剂后，复合发泡材料的硬度均随着偶联剂的加入有不同程度的提升，含钛酸酯偶联剂改性抗菌粉的复合发泡材料的邵氏硬度 C 随偶联剂含量的增加先增加后减小，在 2 phr 时达到最大值。

从图 7-9 中的密度曲线图可以看出，当复合发泡材料中加入 3%的改性抗菌粉后，密度从 0.1675 g/cm³ 增长到 0.1840 g/cm³。随着硅烷偶联剂和铝酸酯偶联剂含量的增加，复合发泡材料密度出现不同程度的增长，但是当偶联剂含量较低时，

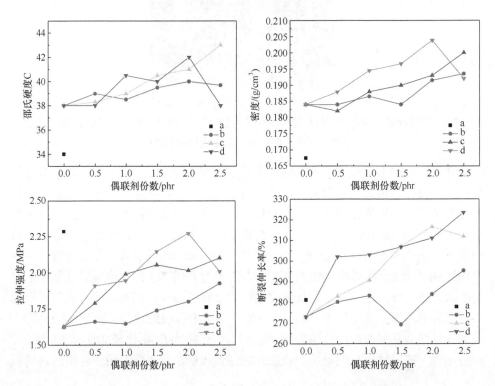

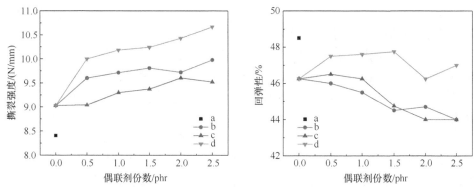

图 7-9　EVA/淀粉复合发泡材料(a)、含硅烷偶联剂改性抗菌粉的复合发泡材料(b)、含铝酸酯偶联剂改性抗菌粉的复合发泡材料(c)和含钛酸酯偶联剂改性抗菌粉的复合发泡材料(d)的物理力学性能

增长并不明显。含钛酸酯偶联剂改性抗菌粉的复合发泡材料随偶联剂含量的增加密度变化最为明显,在含量为 2 phr 时密度最大,为 0.2038 g/cm³。这是由于抗菌粉加入后,在发泡过程中溶体流动变得更加困难,气泡扩散被进一步阻碍,而且产生更多的成核位点,导致泡孔数量增加,孔径更小,密度更大。而加入偶联剂后,基体和抗菌粉之间相容性得到提升,产生的穿孔和气泡并孔现象明显减少,泡孔减小,密度增加。

从图 7-9 中的拉伸强度曲线图可以看出 EVA/淀粉复合发泡材料的拉伸强度为 2.29 MPa,当加入未改性抗菌粉后,材料的拉伸强度发生大幅度下降,为 1.63 MPa。这是由于未改性抗菌粉表面为亲水性,与聚合物基体的界面黏结力不强,在拉伸过程中应力集中容易发生在两相界面处,产生裂纹,使得材料的拉伸性能下降。当加入偶联剂后,随着偶联剂含量的增加,复合发泡材料的拉伸强度都得到了增加。但是当钛酸酯偶联剂用量从 2 phr 增加到 2.5 phr 时,拉伸强度出现下降趋势。这是由于钛酸酯偶联剂在抗菌粉表面形成均匀的单分子层,抗菌粉与基体的偶联作用靠这层单分子层来完成,这种化学黏合作用使得抗菌粉与基体之间的相容性得到改善,受到拉伸作用时,界面黏结良好,不容易发生脱落,从而减少了应力集中,使得复合发泡材料的拉伸性能得到提升。当钛酸酯偶联剂用量达到 2 phr 时,活化指数已经为 100%,继续增加偶联剂用量,由于表面已经被完全改性,多余的钛酸酯分子只能覆盖在原有的偶联剂表面,形成多分子层结构,外层偶联剂与抗菌粉之间几乎没有化学黏合作用,只能靠与内层偶联剂间的范德瓦耳斯力吸附在抗菌粉表面,这使得抗菌粉与基体的相界面作用力大大减弱,因而复合发泡材料的拉伸性能明显降低。

从图 7-9 中的断裂伸长率曲线图可以看出,加入抗菌粉后,复合发泡材料的断裂伸长率出现了一定的下降。当硅烷偶联剂含量为 1.5 phr 时,复合发泡材料的断裂伸长率最小。而含铝酸酯和钛酸酯改性抗菌粉的复合发泡材料随着偶联剂含量的增加，断裂伸长率呈增大趋势。

从图 7-9 中的撕裂强度曲线图可以看出，添加抗菌粉后，复合发泡材料的撕裂强度均高于未加抗菌粉的撕裂强度。这是由于少量抗菌粉在基体发泡时起到成核作用，使复合发泡材料的泡孔孔径变小，撕裂强度变大。撕裂强度随偶联剂用量增加呈增大趋势。

从图 7-9 的回弹性曲线图可以看出，复合发泡材料回弹性明显下降。这是由于泡孔孔径变小，泡孔壁的弹性下降。随着硅烷偶联剂和铝酸酯偶联剂含量的增加，复合发泡材料回弹性降低，而钛酸酯偶联剂含量在 2 phr 时回弹性出现了最低值。但总体来说，偶联剂对复合发泡材料回弹性的影响不超过 2 个百分点。

7.3.7　抗菌性能分析

1. 检测菌株

革兰氏阴性大肠杆菌和革兰氏阳性金黄色葡萄球菌由福建省纤维检验局鞋类检验部提供。

2. 主要材料

1) 标准空白对照样

空白对照样一共六组。为了便于比较，以适宜测试微生物生长的纯棉白布作为标准空白对照样，样品制成直径为 47～49 mm 的圆片。每组测试样品所需叠放的圆形布片数的吸入菌液量控制在 0.9～1.1 mL。标准空白对照样按以下工艺方法制备得到：将纯棉白布放入 15～20 g/L NaOH 溶液中，在 100℃下煮炼 3 h，取出后放入 3～4 g/L H$_2$O$_2$ 溶液中，在 100℃下漂白 3 h，取出后洗涤 10 次，检验合格后方可采用。

2) 抗菌发泡材料样品

选取抗菌样品三组，每组测试样品由直径为 47～49 mm 的圆片叠放组成，每组测试样品所需叠放的圆形布片数的吸入菌液量控制在 0.9～1.1 mL。

3) 发泡材料样品的灭菌

对于不耐热或高温湿热消毒法容易影响抗菌性能的发泡材料样品，选用低温法进行灭菌处理。用乙醇擦拭样品表面，并用无菌蒸馏水冲洗，放置到超净工作台上，再使用紫外灯照射法灭菌 3 min，备用。

3. 培养基和试剂

1) 营养肉汤

将 3.0 g 牛肉膏、10.0 g 蛋白胨、5.0 g 氯化钠加入 1000 mL 无菌蒸馏水中，待加热溶解后，加入 0.1 mol/L 的氢氧化钠溶液调节 pH，以使用 pH 计测得溶液 pH 为 7.0～7.2 为准。之后分装置于压力蒸汽灭菌锅中，在 121℃下灭菌 20 min。

2) 营养琼脂培养基

将 5.0 g 牛肉膏、10.0 g 蛋白胨、5.0 g 氯化钠和 15.0 g 琼脂，加入 1000 mL 无菌蒸馏水中，加热到一定温度熔化后，用 0.1 mol/L 的氢氧化钠溶液调节 pH，以使用 pH 计测得溶液 pH 为 7.0～7.2 为准。之后分装置于压力蒸汽灭菌锅中，在 121℃下灭菌 20 min。

3) 马铃薯葡萄糖琼脂

将 300 g 去皮切块马铃薯加入 1000 mL 无菌蒸馏水中，煮沸 10～20 min。用双层纱布过滤，补加无菌蒸馏水至 1000 mL 为止。之后加入 20 g 葡萄糖、20 g 琼脂，加热到一定温度熔化后，分装置于压力蒸汽灭菌锅中，在 121℃下灭菌 20 min。

4) 平板计数琼脂

将 2.5 g 酵母粉、5.0 g 胰蛋白胨、1.0 g 葡萄糖、15 g 琼脂，加入 1000 mL 无菌蒸馏水中，置于三角瓶中混合，加热到沸腾后充分溶解。然后用 0.1 mol/L 盐酸或氢氧化钠溶液调节 pH，以使用 pH 计测得溶液 pH 为 7.0～7.2 为准。加上棉塞后，置于压力蒸汽灭菌锅中，在 115℃下灭菌 20 min。

5) 斜面培养基

将 6～10 mL 加热溶解后的营养琼脂注入试管内，加上棉塞后，用高压蒸汽法灭菌。灭菌后的试管在结晶间中以和水平面成 15°斜角放置直至凝固。

6) 磷酸盐缓冲液(PBS，0.03 mol/L，pH 7.2)

将 2.83 g 无水磷酸氢二钠、1.36 g 磷酸二氢钾，加入 1000 mL 无菌蒸馏水中，振荡待完全溶解后，然后用 0.1 mol/L 盐酸或氢氧化钠溶液调节 pH，以使用 pH 计测得溶液 pH 为 7.2～7.4 为准。分装置于压力蒸汽灭菌锅中，在 121℃下灭菌 20 min。

7) 洗脱液

洗脱液为含质量分数为 0.85%氯化钠的生理盐水。为便于洗脱，向溶液中加入少量无菌处理过的表面活性剂，用 0.1 mol/L 盐酸或氢氧化钠溶液调节 pH，以使用 pH 计测得溶液 pH 为 7.0～7.2 为准。分装置于压力蒸汽灭菌锅中，在 121℃下灭菌 20 min。

8) 接种液

用生理盐水按一定比例稀释营养肉汤，用于大肠杆菌的接种液质量分数为 0.2%，用于金黄色葡萄球菌的接种液质量分数为 1%。为了便于微生物的分散和观察，可加入少量无菌处理过的表面活性剂。用 0.1 mol/L 盐酸或氢氧化钠溶液调节 pH，以使用 pH 计测得溶液 pH 为 7.0～7.2 为准。分装置于压力蒸汽灭菌锅中，在 121℃下灭菌 20 min。

4. 操作步骤

1) 菌种保藏

将菌种接种在营养琼脂斜面培养基上,在 36～38℃下培养 24 h 后,在 5～10℃下保藏,保藏时间应少于 1 个月,作为斜面保藏菌。

2) 菌种活化

将斜面保藏菌转接到平板营养琼脂培养基上, 在 36～38℃下培养 24 h, 平均每天转接一次, 时间应不超过 2 周, 实验时采用连续转接 2 次后(在 3～14 代以内)的新鲜菌种培养物(24 h 内的培养物)。

3) 菌悬液制备

用直径为 4 mm 的接种环从平板营养琼脂培养基上取少量(挂 1～2 环)的新鲜菌种, 加入接种液中; 使用显微镜观察法或其他适宜方法估算细菌数目; 将菌悬液稀释至与标准细菌浊管浓度相同, 即 $5×10^8$ CFU/mL。之后对上述菌液反复进行稀释以得到不同浓度的菌液,并选用稀释浓度为$(2.5×10)$～$(8.0×10^6)$ CFU/mL 的稀释液作为实验所用的菌悬液。

4) 样品实验

将已灭菌的待测样品分别放入灭菌的培养皿中, 用移液枪准确移取 0.9～1.1 mL 菌液并接种到样品台上。将这些样品转移到无菌广口瓶中, 把瓶塞塞好, 防止蒸发。接种后(即为 "0" 接触时间)迅速将 99～101 mL 洗脱液加入对照样和未接种的试样中。

将广口瓶固定于振荡摇床上, 在恒定温度为 29～31℃的条件下, 以 200 r/min 振荡 1 min, 用移液枪准确移取 0.9～1.1 mL, 并用磷酸盐缓冲液作为稀释剂适当稀释至 10^2 CFU/mL, 作为实验组振荡前的参照样液。

用肉眼、放大镜或菌落计数器, 记录稀释倍数并算出相应的菌落数量。选取菌落数为 30～300 CFU 之间、无蔓延菌落生长情况的平板计数菌落总数。每个稀释度的菌落数应该取两个平板计数的平均值。

将装有接种后的 3 组对照样和 3 组抗菌样的广口瓶固定于振荡摇床上, 在恒定温度为 36～38℃的条件下, 以 200 r/min 振荡培养 24 h。用移液枪准确移取 0.9～1.1 mL, 并用磷酸盐缓冲液作为稀释剂适当稀释至 10^2 CFU/mL,采用上述方法进行菌落计数。

5) 抗菌评价方法

在实验成立的条件下, 根据式(7-2)计算复合发泡材料的抗菌率:

$$R = \frac{A-B}{A} \times 100\% \tag{7-2}$$

式中, R 为抗菌率(%); A 为经过 24 h 培养的三个标准空白对照样的活菌数的平均值(CFU/mL); B 为经过 24 h 培养的三个抗菌样品的活菌数的平均值(CFU/mL)。

　　本部分实验的测试菌种为大肠杆菌和金黄色葡萄球菌。通过对比培养前后培养皿中存在的菌落数来判断和测定复合发泡材料的抗菌性能。

　　由于三种偶联剂改性抗菌粉对复合发泡材料的抗菌性能影响不大,因此在分析中抗菌样品选用钛酸酯偶联剂改性抗菌粉的复合发泡试样。从图 7-10 和图 7-11 中不难发现,在振荡培养 24 h 后,无论是对于大肠杆菌还是金黄色葡萄球菌来说,EVA/淀粉复合发泡材料相对空白对照样,菌落数并没有明显下降。而钛酸酯偶联剂改性抗菌粉的复合发泡试样菌落数明显下降,证明其具有良好的抗菌抑菌性能。

　　由表 7-2 菌落计数可知,含钛酸酯改性纳米银系抗菌粉的 EVA/淀粉复合发泡材料对大肠杆菌和金黄色葡萄球菌的抗菌率均大于 99%,具有良好的抗菌性能。

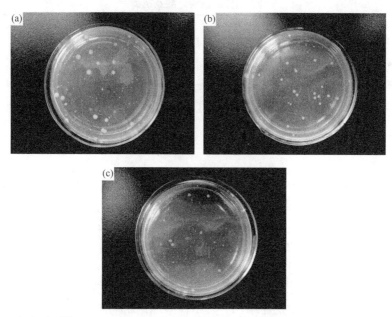

图 7-10　空白对照样(a)、EVA/淀粉复合发泡材料(b)、钛酸酯偶联剂改性抗菌粉的复合发泡
材料(c)对大肠杆菌的抗菌性能照片

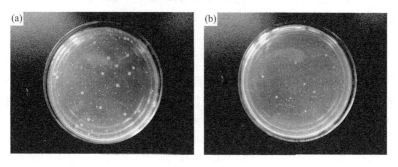

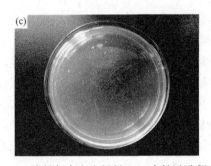

图 7-11　空白对照样(a)、EVA/淀粉复合发泡材料(b)、含钛酸酯偶联剂改性抗菌粉的复合发泡
　　　　材料(c)对金黄色葡萄球菌的抗菌性能照片

表 7-2　样品菌落计数及抗菌率

菌种	空白样菌落数/CFU	抗菌样菌落数/CFU	抗菌率/%
大肠杆菌	2.3×10^3	19	>99
金黄色葡萄球菌	3.9×10^3	8	>99

7.4　本章小结

(1) 三种偶联剂对纳米银系抗菌粉改性的活化指数表明，钛酸酯偶联剂的活化指数最高，在 2 phr 时已经达到 100%。

(2) 红外光谱分析中，对比未改性的抗菌粉，用铝酸酯和钛酸酯偶联剂改性的抗菌粉均表现出明显的亚甲基吸收峰，表明经偶联剂改性，抗菌粉表面已经出现了有机化作用。

(3) 熔体流动速率测试结果表明，无论何种偶联剂改性抗菌粉，熔体流动速率都随着偶联剂用量的增加而增加。其中钛酸酯偶联剂使熔体流动速率增加的效果最为明显。

(4) 热重分析结果表明，经过钛酸酯偶联剂改性抗菌粉的复合发泡材料在200℃开始分解，在 400℃以下的失重率较高。但是与未添加抗菌粉的复合发泡材料相比，500℃以上的残炭量更高。

(5) 环境扫描电镜分析结果表明，当偶联剂改性抗菌粉后，复合材料中抗菌粉与基体之间界面黏合力增加，两者相容性得到提升。随着抗菌粉的加入，复合发泡材料的泡孔尺寸明显减小，这是由于抗菌粉的添加增加了异相成核作用，并且添加偶联剂改性抗菌粉后，泡孔尺寸更加均一，穿透和并孔明显减少。

(6) 力学性能结果分析表明，未改性抗菌粉的加入，使得复合发泡材料的综合力学性能降低，随着偶联剂的加入，拉伸性能和撕裂性能得到提高，其中，含有 2 phr 钛酸酯偶联剂抗菌粉的复合发泡材料的综合力学性能最佳，含量超过 2 phr 时，力学性能有所下降。这是由于 2 phr 钛酸酯的加入已使抗菌粉活化指数达到 100%，抗菌粉表面被完全有机化，继续增加钛酸酯用量，不会增加新的活性点，反而增加了抗菌粉表面以范德瓦耳斯力相结合的偶联剂分子层数，这使得抗菌粉与基体的黏结作用有所减弱。

(7) 抗菌性能结果表明，通过对比三组样品的培养皿中大肠杆菌和金黄色葡萄球菌菌落数，未添加抗菌粉的复合发泡材料不具有抗菌性，含钛酸酯改性抗菌粉的 EVA/淀粉复合发泡材料具有良好的抗菌能力。菌落计数得出，抗菌试样对两种细菌的抗菌率均超过 99%。

第8章　表面负载纳米银的 EVA/淀粉
复合发泡材料

8.1　引　言

纳米抗菌材料与普通抗菌材料相比,具有微粒尺寸小、比表面积大的特征,因此其和细菌的接触增多,具有更加优异的抗菌效果。

本章以制备好的 EVA/淀粉复合发泡材料为原料,通过表面处理得到表面负载纳米银的 EVA/淀粉复合发泡材料。在常温下使用多巴胺在发泡材料表面上原位聚合形成一层聚多巴胺膜,然后将该材料浸入硝酸银溶液中,通过聚多巴胺薄膜的还原性,在材料表面原位还原形成纳米 Ag 负载的复合发泡材料。通过 FESEM 和 EDS 观察负载前后材料表面的形貌以及元素分布图,通过 XPS 分析复合发泡材料表面元素组成,通过 XRD 仪分析材料中银元素的晶体类型,采用 ICP-AES 分析盐酸多巴胺和硝酸银用量对复合发泡材料负载银含量的影响,通过抗菌性能测试分析负载纳米银的 EVA/淀粉复合发泡材料的抗菌性能。

8.2　表面负载纳米银的 EVA/淀粉复合发泡材料的制备过程

8.2.1　工艺流程及反应机理图

表面负载纳米银的 EVA/淀粉复合发泡材料制备工艺流程图如图 8-1 所示,原位聚合反应如图 8-2 所示。

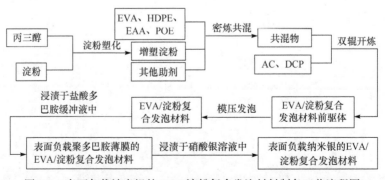

图 8-1　表面负载纳米银的 EVA/淀粉复合发泡材料制备工艺流程图

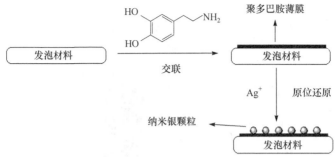

图 8-2　原位聚合反应机理图

8.2.2　制备方法

1. 表面负载聚多巴胺薄膜的 EVA/淀粉复合发泡材料的制备

为去除表面杂质,精确称取一定质量的复合发泡材料,浸渍于蒸馏水中超声振荡 10 min,用蒸馏水多次冲洗后,60℃烘干 6 h 备用。精确称取一定质量的三羟甲基氨基甲烷,溶于一定量的去离子水和乙醇中,配制成一定浓度的缓冲溶液,然后将精确称取的盐酸多巴胺溶于缓冲溶液中,迅速用乙酸调节溶液 pH 至 8.5,制成盐酸多巴胺缓冲溶液。将一定质量的复合发泡材料浸渍于盐酸多巴胺缓冲溶液中,25℃振荡反应 24 h。反应结束后,将复合发泡材料取出,用蒸馏水多次振荡洗涤除去残余物,60℃烘干 6 h,得到表面负载聚多巴胺薄膜的 EVA/淀粉复合发泡材料。

2. 表面负载纳米银的 EVA/淀粉复合发泡材料的制备

精确称取一定质量的硝酸银颗粒配制成各种浓度的硝酸银溶液,将上述反应制备的多巴胺改性的复合发泡材料浸渍于硝酸银溶液中,25℃下避光反应 12 h。反应结束后,将复合发泡材料取出,用蒸馏水多次洗涤至溶液变澄清。60℃烘干 6 h 后得到表面负载纳米银的 EVA/淀粉复合发泡材料。

8.3　表面负载纳米银的 EVA/淀粉复合发泡材料的结构与性能表征

8.3.1　表面形态表征

图 8-3 中显示的是 EVA/淀粉复合发泡材料和表面负载聚多巴胺薄膜的复合发泡材料的表面形态。可以发现,EVA/淀粉复合发泡材料在日光下呈亮白色,颜色均匀无其他杂色。而用多巴胺处理过的复合发泡材料,表面呈现深褐色,这是由于复合发泡材料浸渍入盐酸多巴胺缓冲液中后,发泡材料中含有羟基等官能团,由于分子间的作用,多巴胺会自动吸附在复合发泡材料表面并缓慢聚合成不透光

薄膜，因此颜色较深。

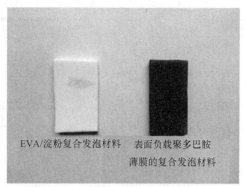

EVA/淀粉复合发泡材料　　表面负载聚多巴胺
薄膜的复合发泡材料

图 8-3　EVA/淀粉复合发泡材料和表面负载聚多巴胺薄膜的复合发泡材料的数码照片

8.3.2　场发射扫描电镜和能量色散 X 射线光谱分析

图 8-4 为复合发泡材料的场发射扫描电镜照片。由于在低倍放大倍数下，很难对复合发泡材料表面的聚多巴胺薄膜和纳米级的银颗粒进行观察，因此进行 20000 倍高倍放大，但仍只能观察到复合发泡材料泡孔壁的形貌特征，观察不到尺寸在几十微米的泡孔结构。

如图 8-4(a)所示，未改性的 EVA/淀粉复合发泡材料表面非常光滑平整，只有少数细小裂纹存在，这些裂纹有可能是复合发泡材料成型冷却后，表面收缩而产生的。经多巴胺改性后，从图 8-4(b)可以看出，材料表面形成一层厚度均匀的薄膜，表面存在几十纳米宽度的裂纹。这是薄膜在反应和干燥过程中，因脱水和收缩作用产生的。由图 8-4(c)可以清楚看到，经过硝酸银处理后，复合发泡材料表面形成均匀分布的颗粒状物质，其粒径在 20 nm 左右。

图 8-5 显示了负载聚多巴胺薄膜和负载纳米银的复合发泡材料的 EDS 图，其中所选方形区域为 EDS 扫描区域。图 8-5(a)显示，材料表面含有 C、O 两种元素(H、N 不能被探测出来)，其中 C 含量为 91.51%，O 含量为 8.49%。图 8-5(b)显示，

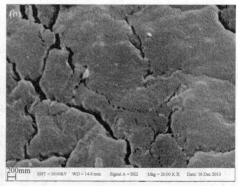

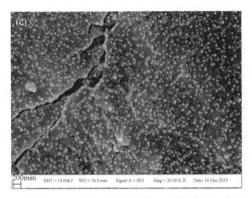

图 8-4　EVA/淀粉复合发泡材料(a)、表面负载聚多巴胺薄膜的复合发泡材料(b)和表面负载
纳米银的复合发泡材料(c)的场发射扫描电镜照片

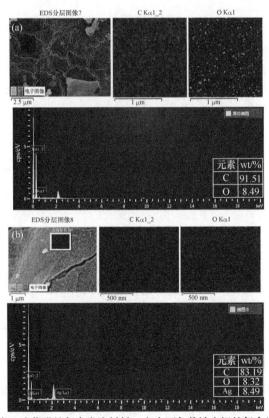

图 8-5　表面负载聚多巴胺薄膜的复合发泡材料(a)和表面负载纳米银的复合发泡材料(b)的 EDS 图

能谱中出现 Ag 的特征峰，材料表面含有 C、O、Ag 三种元素，且扫描区域内 Ag
元素均匀分布。其中 C 含量为 83.19%，O 含量为 8.32%，Ag 元素含量为 8.49%。
结合图 8-4 可以得出，EVA/淀粉复合发泡材料表面确实均匀负载上了 Ag 元素。

8.3.3　X射线光电子能谱分析

为了进一步分析复合发泡材料表面的元素成分，对其进行X射线光电子能谱分析。从图8-6中能够看出，复合发泡材料只存在C 1s和O 1s两个峰值，并没有出现N 1s峰，而表面负载聚多巴胺薄膜的复合发泡材料在399.66 eV处出现了一个弱N 1s峰值，证明了材料表面的元素成分确实发生了变化。由表8-1可知，N的原子分数从1.08%升高到4.6%，而多巴胺分子结构中存在氨基，因此N含量的增加说明了复合发泡材料表面确实附着了聚多巴胺薄膜。

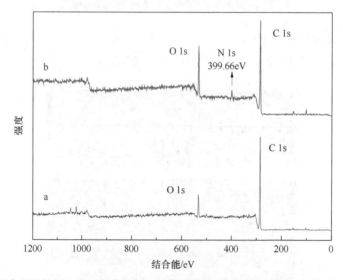

图8-6　复合发泡材料和表面负载聚多巴胺薄膜的复合发泡材料的X射线光电子能谱图
a. 复合发泡材料；b. 表面负载聚多巴胺薄膜的复合发泡材料

表8-1　材料的表面成分

	C 含量/at%	O 含量/at%	N 含量/at%	Ag 含量/at%
复合发泡材料	89.27	9.65	1.08	0
表面负载聚多巴胺薄膜的复合发泡材料	77.89	17.51	4.6	0
表面负载纳米银的复合发泡材料	76.82	17.19	4.25	1.74

从图8-7(a)表面负载纳米银的复合发泡材料的X射线光电子能谱图可以看出，在368.4 eV结合能处，出现了一个强的Ag 3d峰，而银单质的结合能峰值为368.2 eV，两者基本一致。图8-7(b)中，Ag $3d_{3/2}$和Ag $3d_{5/2}$结合能峰值相差6 eV，这与银单质标准样完全一致，说明了复合材料表面银以单质形式存在。而表8-1中银的含量为1.74 at%，同样证明了银元素的存在。

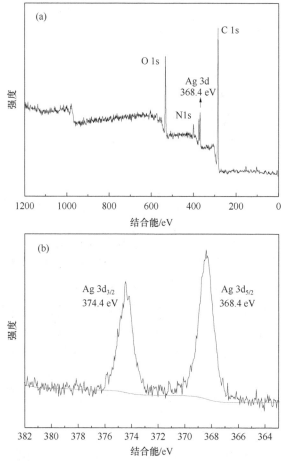

图 8-7 表面负载纳米银的复合发泡材料的 X 射线光电子能图谱(a)和 Ag 3d 图谱(b)

8.3.4 X 射线衍射分析

本节分析对比表面负载聚多巴胺薄的复合发泡材料和表面负载纳米银的复合发泡材料的 XRD 图谱。从图 8-8 可以看出，在 22°左右出现的强衍射峰，为复合发泡材料中 PE 链段的结晶峰。b 曲线相对 a 曲线，在 38.1°和 44.3°左右能观察到衍射峰的存在。对比 PDF 卡片中(PCPDF#87-0720)银单质的衍射花样，表面负载银的复合发泡材料的衍射峰分别对应银的 38.1°[111]晶面、44.3°[200]晶面，因此能够确定复合发泡材料表面确实存在单质银。

8.3.5 实验条件对银含量的影响

1. 盐酸多巴胺浓度对复合发泡材料中银含量的影响

本节通过固定硝酸银浓度(4 g/L)，探讨盐酸多巴胺浓度对复合发泡材料中银

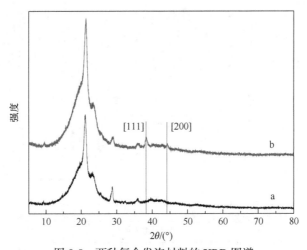

图 8-8　两种复合发泡材料的 XRD 图谱
a. 表面负载聚多巴胺薄膜的复合发泡材料；b. 表面负载纳米银的复合发泡材料

含量的影响。由图 8-9 可知，当没有加入盐酸多巴胺时，复合发泡材料中含有 0.07 mg/g 的银，这可能是由于部分银离子被吸附在复合发泡材料表面，在洗涤过程中并没有完全被洗去。银含量随着盐酸多巴胺浓度的增加而增加。当浓度较低时，随着盐酸多巴胺浓度增加，银含量迅速增加，在盐酸多巴胺浓度为 4 g/L 时银含量已经达到 0.93 mg/g。继续增加盐酸多巴胺浓度，银含量的增长变得越来越缓慢。这可能是由盐酸多巴胺的自聚合成膜原理和银离子在薄膜的表面还原机理决定的。盐酸多巴胺吸附在复合发泡材料表面聚合成膜，当盐酸多巴胺浓度很低时，聚多巴胺薄膜覆盖在材料表层，随着盐酸多巴胺含量增加，材料表面被薄膜逐渐覆盖，薄膜的表面积逐渐增大，对于一定浓度的银离子所提供还原并固定的表面积也逐渐增大。当材料表面被聚多巴胺薄膜完全覆盖后，继续增加盐酸多巴胺的用量，只是增加了薄膜的厚度，薄膜表面积增加缓慢，因此材料中银含量增长缓慢。

2. 硝酸银浓度对复合发泡材料中银含量的影响

本节通过固定盐酸多巴胺浓度(4 g/L)，探讨硝酸银浓度对复合发泡材料中银含量的影响。在图 8-10 中，从总体趋势来看，复合发泡材料银含量随着硝酸银浓度增加而增加。当硝酸银浓度较低时，复合发泡材料银含量随浓度升高迅速增加，当达到一定浓度后，银含量随硝酸银浓度升高增长缓慢。这可能是由于当硝酸银浓度较低时，银离子被还原成银单质后，由于聚多巴胺薄膜的良好黏附性，银单质被牢固地吸附在聚多巴胺薄膜表面，因此银含量随浓度升高迅速增加。当硝酸银浓度升高后，在聚多巴胺薄膜表面还原的银单质含量增加，由于聚多巴胺薄膜表面积不变，聚多巴胺薄膜对银单质吸附能力变弱。当所得反应物被多次洗涤后，薄膜表面吸附力较弱的银单质部分脱落，从而导致复合发泡材料银含量随硝酸银浓度升高增长缓慢。

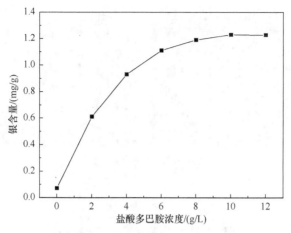

图 8-9　盐酸多巴胺浓度对复合发泡材料银含量的影响

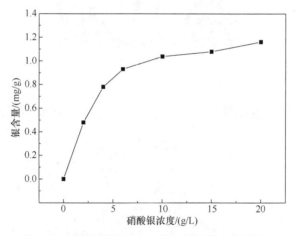

图 8-10　硝酸银浓度对复合发泡材料银含量的影响

8.3.6　抗菌性能分析

本部分实验以菌液吸收法测定复合发泡材料的抗菌率。测试菌种为大肠杆菌和金黄色葡萄球菌。通过对比培养前后培养皿中存在的菌落数来判断和测定复合发泡材料的抗菌性能。

由于在处理过程中得到中间产物表面负载聚多巴胺薄膜的复合发泡材料，由聚多巴胺的结构可知，分子内含有儿茶酚和氨基结构，复合发泡材料中的这些结构可能有一定的抑菌作用，因此将中间产物进行抗菌性能测试。而第 7 章的抗菌性能分析表明，EVA/淀粉复合发泡材料不具有抗菌作用，不再对其进行比较。从图 8-11 和图 8-12 可以发现，在振荡培养 24 h 后，表面负载聚多巴胺薄膜的复合发泡材料培养皿菌落数有一定程度的下降，说明其具有一定的抗菌作用，其中对

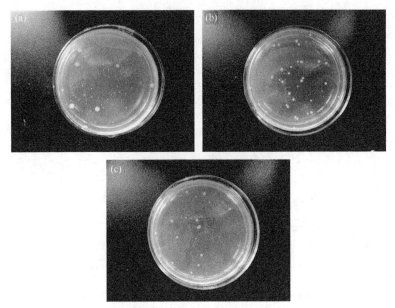

图 8-11　空白对照样(a)、表面负载聚多巴胺薄膜的复合发泡材料(b)、表面负载纳米银的复合
发泡材料(c)对大肠杆菌的抗菌性能照片

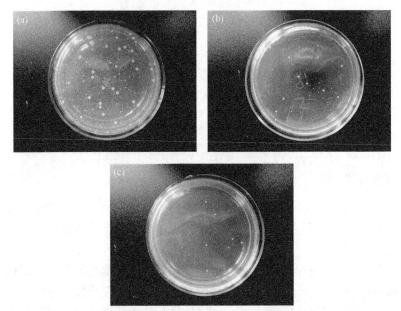

图 8-12　空白对照样(a)、表面负载聚多巴胺薄膜的复合发泡材料(b)、表面负载纳米银的复合
发泡材料(c)对金黄色葡萄球菌的抗菌性能照片

金黄色葡萄球菌的抑菌作用相对较好。但是活菌计数结果表明，对两种细菌的抗菌作用均未达标(90%以上抗菌率的材料才能定义为抗菌材料)。因此单独负载聚多巴胺薄膜的复合发泡材料抗菌效果并不明显。而对于表面负载纳米银的复合发泡材料来说，培养皿中菌落数下降十分显著，对于两种细菌具有良好的抗菌效果。

由表 8-2 菌落计数可知，表面负载纳米银的复合发泡材料对大肠杆菌抗菌率大于 98%，对金黄色葡萄球菌的抗菌率大于 99%，证明其具有良好的抗菌性能。

表 8-2　表面负载纳米银的复合发泡材料菌落计数及抗菌率

菌种	空白样菌落数/CFU	抗菌样菌落数/CFU	抗菌率/%
大肠杆菌	1.9×10^3	27	98.6
金黄色葡萄球菌	4.1×10^3	16	>99

8.4　本章小结

(1) 表面形态分析表明，盐酸多巴胺处理后，淀粉/EVA 复合发泡材料从亮白色变为深褐色。

(2) 场发射扫描电镜分析得到，淀粉/EVA 复合发泡材料表面十分平整光滑，没有明显裂纹。用盐酸多巴胺缓冲液处理后，复合发泡材料表面明显负载上一层厚度均匀的薄膜，表面出现由于收缩作用产生的几十纳米宽度的裂纹。经硝酸银处理后，复合发泡材料薄膜表面形成尺寸均一(粒径约为 20 nm)、均匀分布的纳米级颗粒。通过对比硝酸银处理前后复合发泡材料表面的能量色散 X 射线光谱可知，处理前，材料表面只含有 C、O 两种元素，处理后，能谱中出现 Ag 的特征峰，扫描区域内 Ag 元素分布均匀，其表面含量为 8.49%。

(3) X 射线光电子能谱分析表明，用多巴胺处理后的复合发泡材料出现 N 3d 结合能峰，说明聚多巴胺薄膜已经成功负载在材料表面。用硝酸银处理后的复合发泡材料中，在 368.4 eV 出现了 Ag 3d 结合能峰，并且 Ag $3d_{3/2}$ 和 Ag $3d_{5/2}$ 结合能峰值相差 6 eV，这与银单质的数据基本相符，证明了复合发泡材料表面负载上了银单质。

(4) X 射线衍射结果表明，经硝酸银处理后，X 射线衍射图谱中在 38.1°和 44.3°出现明显的衍射峰，这对应着银的晶体衍射峰，证明了银元素以单质形式存在。

(5) 通过改变盐酸多巴胺和硝酸银的浓度发现，当浓度很低时，复合发泡材料中的银含量随着两者浓度的增加迅速增加，当浓度超过一定值后，银含量增加缓慢。这是由于当盐酸多巴胺浓度达到一定值后，材料表面已经完全负载上一层聚多巴胺薄膜，继续增加盐酸多巴胺用量，只会增加薄膜厚度，不会增加附着和反应的活性点。而硝酸银浓度增长到一定值后，材料表面继续增多的 Ag 颗粒由于和薄膜的作用力较弱，在后处理过程中产生了大量脱落。

(6) 抗菌性能分析结果表明，对比空白样，表面负载聚多巴胺薄膜的复合发泡材料对细菌具有一定的抑制效果，但是这种效果远没有达到对抗菌材料的性能要求。而表面负载纳米银的复合发泡材料对大肠杆菌和金黄色葡萄球菌的抗菌效果明显，抗菌率分别超过 98%和 99%。

第9章　木薯淀粉/EVA 复合发泡鞋底材料

9.1　引　言

木薯是三大薯类(木薯、甘薯、马铃薯)之一，分布在热带和亚热带地区，主要分布在巴西、墨西哥、尼日利亚、泰国、印度尼西亚以及中国的南部，如广东、广西、福建、贵州等地。木薯块根含有亚麻仁苦苷，毒性比较大，必须进行浸泡处理后才可食用，否则，微量的木薯淀粉即可使人或动物中毒甚至死亡。木薯是世界上制备淀粉的主要原料之一，主要用于动物饲料和工业领域。随着全球石油能源危机的日趋加重，木薯淀粉逐渐成为生物质再生降解能源的重点发展产业。开拓木薯淀粉的应用，有利于增加木薯淀粉的附加值，促进南方农村经济的发展。

木薯淀粉是一种天然高分子物质，其颗粒是一种天然多晶体，多为圆形或截头圆形。与其他来源淀粉一样，木薯淀粉由 α-葡聚糖直链淀粉和支链淀粉组成，且直链淀粉与支链淀粉的比例为 17∶83，颗粒平均粒径为 20 μm，平均黏度为1000，黏度相对较高，加工相对困难，需要对木薯淀粉进行增塑改性。

目前，关于木薯淀粉的应用很多，如木薯淀粉铸造黏合剂、木薯淀粉凝胶、木薯淀粉药物缓释剂等，但用于 EVA 发泡材料的少见报道。在此背景下，本章通过甘油增塑木薯淀粉制备热塑性木薯淀粉 TPS，并以 TPS、EVA 为基体材料，以POE 为弹性体，以 EAA 为增容剂，以偶氮二甲酰胺(AC-6000H)为发泡剂，以 DCP为交联剂，制备得到木薯淀粉/EVA 复合发泡鞋底材料。同时，通过 $L_9(3^4)$正交实验方法优化配方设计，并讨论了木薯淀粉、AC、DCP 和滑石粉对复合发泡鞋底材料的物理力学性能的影响。

9.2　木薯淀粉/EVA 复合发泡鞋底材料的制备过程

以 EVA 为 100 phr，木薯淀粉为 40 phr 采用四因素三水平 $L_9(3^4)$正交实验方法，选取弹性体 POE 树脂为 A、增容剂 EAA 为 B、滑石粉为 C、增塑剂甘油为 D 四个因素设计实验，以期得到木薯淀粉/EVA 复合发泡鞋底材料的最佳配方。

(1) 将烘干后的木薯淀粉在 70℃下干燥 24 h，冷至室温后将木薯淀粉与增塑剂甘油在室温下于高速混合机中高速搅拌 15 min，并密封放置 48 h，使增塑剂在木薯淀粉中进一步扩散，削弱其分子间相互作用力，最终得到甘油增塑的木薯淀粉。

(2) 按照如下配方进行实验，如表 9-1 所示。

表 9-1　各个因素的不同水平

水平	A/phr	B/phr	C/phr	D/phr
1	10	10	0	4
2	20	20	15	8
3	30	30	30	12

工艺流程为：将 EVA、木薯淀粉、弹性体 POE、增容剂 EAA 及助剂按 $L_9(3^4)$ 的配方设计称取，加入密炼机中塑炼 6 min，温度达到 95～100℃时取出；在炼塑机上加入交联剂 DCP 和发泡剂 AC 开炼拉片，175～180℃进行发泡，制得木薯淀粉/EVA 复合发泡鞋底材料。

9.3　木薯淀粉/EVA 复合发泡鞋底材料的结构与性能表征

9.3.1　傅里叶变换红外光谱分析

图 9-1 是木薯淀粉、增塑木薯淀粉的傅里叶变换红外光谱图。

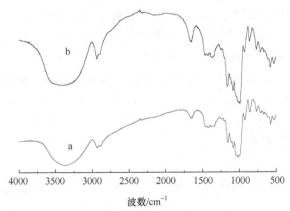

波数/cm⁻¹

图 9-1　木薯淀粉和增塑木薯淀粉的傅里叶变换红外光谱图
a. 木薯淀粉；b. 增塑木薯淀粉

从图 9-1 可以看出，木薯淀粉在 3360 cm⁻¹ 处有比较强和宽和吸收峰，为木薯淀粉氢键 O—H 的伸缩振动峰，说明木薯淀粉分子间和/或分子内存在较强的氢键作用；在 2930 cm⁻¹ 及 2870 cm⁻¹ 处出现明显的—CH₃ 中的 C—H 不对称和对称伸缩振动峰；在 1630 cm⁻¹ 处出现—C—O 键的伸缩振动峰；在 1330 cm⁻¹、1145 cm⁻¹、

1020 cm^{-1} 为木薯淀粉葡萄糖单元中 C—O—C 的伸缩振动及葡萄糖骨架的吸收峰。对比木薯淀粉和增塑木薯淀粉的傅里叶变换红外光谱图发现，没有新的吸收峰出现，只是在 2930 cm^{-1} 和 2870 cm^{-1} 处的吸收峰略有变强，而在 3360 cm^{-1} 处的羟基缔合伸缩振动峰变宽变平坦，说明增塑剂甘油的加入只是部分破坏及削弱了木薯淀粉分子间的氢键作用。

9.3.2　物理力学性能测试

1. 正交实验结果分析

表 9-2 为木薯淀粉/EVA 复合发泡鞋底材料的物理力学性能。由表可知，不同的配方对邵氏硬度 C、密度影响不大。配方 6 的综合力学性能最好，其密度最小为 0.0996 g/cm^3；拉伸强度和回弹性最大，分别达 2.23 MPa 和 53%。配方 8 的综合力学性能次之，其拉伸强度为 2.13 MPa，撕裂强度达 19.21 kg/cm，回弹性为 51%。这两种配方中滑石粉的加入量均为 0 phr，这说明滑石粉的加入不利于提高木薯淀粉/EVA 复合发泡鞋底鞋底材料的拉伸强度及回弹性。

表 9-2　木薯淀粉/EVA 复合发泡鞋底材料的物理力学性能

实验	配方	邵氏硬度 C	密度/(g/cm^3)	拉伸强度/MPa	断裂伸长率/%	撕裂强度/(kg/cm)	回弹性/%
1	A$_1$B$_1$C$_1$D$_1$	41	0.1110	1.67	222.0	11.28	45
2	A$_1$B$_2$C$_2$D$_2$	44	0.1118	1.19	214.5	11.63	48
3	A$_1$B$_3$C$_3$D$_3$	45	0.1102	1.25	165.5	13.21	47
4	A$_2$B$_1$C$_2$D$_3$	42	0.1041	1.35	240.3	10.98	48
5	A$_2$B$_2$C$_3$D$_1$	44	0.1322	1.49	200.6	12.82	46
6	A$_2$B$_3$C$_1$D$_2$	45	0.0996	2.23	265.0	15.93	53
7	A$_3$B$_1$C$_3$D$_2$	38	0.1140	1.45	222.0	13.97	49
8	A$_3$B$_2$C$_1$D$_3$	38	0.1040	2.13	280.5	19.21	51
9	A$_3$B$_3$C$_2$D$_1$	45	0.1192	1.87	272.3	17.80	50

对正交实验结果进行分析，分别求不同因素的三个水平的每个性能之和，然后计算各个因素下每个性能的极差 R，即每个性能之和最大值和最小值的差值，结果如表 9-3 所示。

表 9-3　淀粉/EVA 发泡鞋底材料性能结果分析

		邵氏硬度 C	密度/(g/cm^3)	拉伸强度/MPa	断裂伸长率/%	撕裂强度/(kg/cm)	回弹性/%
因素	A1	130	0.3330	4.11	602.0	36.12	140
	A2	131	0.3359	5.07	705.9	39.73	147
	A3	121	0.3372	5.45	774.8	50.98	150
	B1	121	0.3291	4.47	684.3	36.23	142

		邵氏硬度 C	密度/(g/cm³)	拉伸强度/MPa	断裂伸长率/%	撕裂强度/(kg/cm)	回弹性/%
因素	B2	126	0.3480	4.81	695.6	43.66	145
	B3	135	0.3290	5.35	702.8	46.94	150
	C1	124	0.3146	6.03	767.5	46.42	149
	C2	131	0.33351	4.41	727.1	40.41	146
	C3	127	0.3564	4.18	588.1	40.00	142
	D1	130	0.3624	5.03	694.9	41.90	141
	D2	127	0.3254	4.87	701.5	41.53	150
	D3	125	0.3183	4.73	686.3	43.40	146
极差	R_A	10	0.0042	1.34	172.8	14.86	10
	R_B	14	0.019	0.88	18.5	10.71	8
	R_C	7	0.0418	1.85	179.4	6.42	7
	R_D	5	0.0441	0.30	15.2	1.87	5

从不同力学性能的极差综合分析可见,弹性体 POE 和滑石粉对木薯淀粉/EVA 复合发泡鞋底材料物理力学性能的影响均很显著,EAA 次之,甘油影响最小。这主要因为弹性体 POE 含有较多的亚甲基,使得高分子链具有较好的柔顺性,从而可以显著提高材料的韧性和回弹性;滑石粉为无机填料,它的加入会降低材料的拉伸强度及回弹性,但它有助于降低成本;由于木薯淀粉是多羟基高分子,分子内和分子间均存在数目众多的氢键,而 EVA 为聚烯烃类衍生物,二者的相容性较差。增容剂 EAA 为乙烯-丙烯酸共聚物,在高温高剪切力及一定的压力下,EAA 的乙烯链段靠近 EVA,而丙烯酸链段的羧基更容易和木薯淀粉中的羟基发生作用,如强烈的氢键作用或酯化反应,故 EAA 能很好地增加木薯淀粉和 EVA 的相容性,提高材料的力学性能;木薯淀粉不具有可塑性,分解温度低于熔融温度,故加入甘油增塑得到热塑性淀粉 TPS,以达到改善木薯淀粉/EVA 复合发泡鞋底材料的加工性能,它的加入对发泡材料的物理力学性能影响不大。

2. 木薯淀粉含量对淀粉/EVA 复合发泡鞋底材料物理力学性能的影响

图 9-2 为木薯淀粉含量与复合发泡鞋底鞋底材料物理力学性能的关系图。由图可知,整体来看,随着木薯淀粉含量的增加,木薯淀粉/EVA 复合发泡鞋底材料的密度增大;加入木薯淀粉后,材料的邵氏硬度 C 急剧下降,但木薯淀粉含量从20 phr 增加到 80 phr 时,复合材料的邵氏硬度 C 变化不明显;随着木薯淀粉含量的增加,复合材料的拉伸强度、断裂伸长率及回弹性均降低,尤其是拉伸强度,未加入木薯淀粉时,其拉伸强度为 2.46 MPa,加入 20 phr 木薯淀粉后,其拉伸强度急

剧下降至 1.7 MPa，之后，随着木薯淀粉含量的增加，拉伸强度缓慢下降。而复合发泡鞋底材料的撕裂强度则在木薯淀粉含量为 20 phr 时达到最大值，为 8.65 kg/cm。

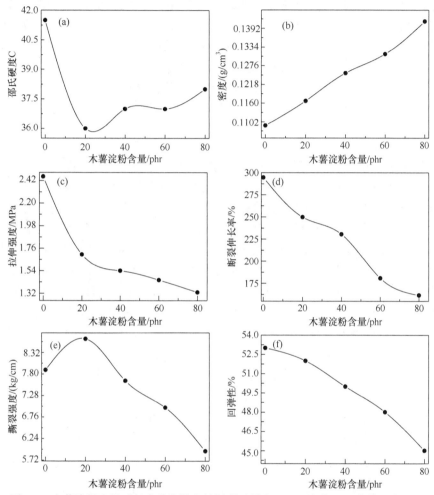

图 9-2　木薯淀粉含量对复合发泡鞋底材料邵氏硬度 C(a)、密度(b)、拉伸强度(c)、
断裂伸长率(d)、撕裂强度(e)和回弹性(f)的影响

　　具体分析如下，当复合发泡鞋底材料中不含木薯淀粉时，其邵氏硬度 C、拉伸强度、断裂伸长率及回弹性最大，分别为 41.5、2.46 MPa、294.62%及 53%，密度最小，为 0.1090 g/cm³，这主要是由于不添加木薯淀粉时，复合发泡鞋底材料的基体材料主要是 EVA 及弹性体 POE，而 EVA 和弹性体 POE 均为聚乙烯类衍生物，且均为非极性聚合物，彼此基本相容，故复合发泡鞋底材料具有质轻、密度小的特点及良好的拉伸性能、回弹性；加入木薯淀粉后，尽管有增容剂 EAA 增加木薯淀粉与 EVA 及 POE 的相容性，但是木薯淀粉和 EVA 及 POE 仍存在相

分离现象。在拉伸的过程中，未塑化的木薯淀粉充当应力集中物，表现为脆性断裂，故随着木薯淀粉含量的增加，复合发泡鞋底材料的拉伸强度、断裂伸长率均降低。由于木薯淀粉含有较多的支链淀粉，其黏性比较大，可以增加 EVA 基体材料的黏度，有助于发泡剂 AC 分解产生的 N_2 在 EVA 基体材料中驻留，故使得发泡后复合材料内部气孔密集并均匀分布。故加入 20 phr 木薯淀粉，复合发泡鞋底材料的撕裂强度达到 8.65 kg/cm。但是，随着木薯淀粉含量的再次增加，EVA 基体黏度过大，阻碍了 N_2 的扩散，发泡材料内部气孔成长速率不同，导致泡孔大小不均一、分布不均匀，故复合发泡鞋底材料的各种力学性能下降。

3. 发泡剂 AC 含量对木薯淀粉/EVA 复合发泡鞋底材料物理力学性能的影响

图 9-3 为 AC 含量与复合发泡鞋底材料物理力学性能的关系图。由图可知，随着发泡剂 AC 含量的增加，复合发泡鞋底材料的邵氏硬度 C、密度、拉伸强度、断裂伸长率及撕裂强度均呈下降趋势，而回弹性则呈上升趋势。发泡剂的用量对复合发泡鞋底材料的硫化程度有很大的影响，在发泡的过程中发现，当 AC 用量过小(3.2 phr)时，硫化明显不足，发泡压力不够，在开模的瞬间，发泡材料来不及交联，急剧收缩，发泡不正常。发泡后复合发泡鞋底材料很硬，且分层明显，密度较大。随着发泡剂 AC 含量的增加，发泡剂的分解速率与交联剂 DCP 的交联速率相匹配，发泡效果较好，材料内部气孔密集，大小均一，分布均匀，故复合发泡鞋底材料的邵氏硬度 C 变小，密度变小，但拉伸性能也变弱。当 AC 含量过高时，发泡剂的分解速率过快，远大于交联剂 DCP 的交联速率，使得发泡材料内部形成较大、较多的气孔，且气孔易于合并，从而导致泡孔大小不均一(从环境扫描电镜照片中可以明显看出)，故复合发泡鞋底材料的性能变差。综合考虑复合发泡鞋底材料的各种物理力学性能，在木薯淀粉/EVA 复合发泡鞋底材料中，发泡剂 AC 用量控制在 6.2～7.2 phr 之间比较好，此时撕裂强度、断裂伸长率等性能都相对较好。

4. 交联剂 DCP 含量对木薯淀粉/EVA 复合发泡鞋底材料物理力学性能的影响

图 9-4 为交联剂 DCP 含量与复合发泡鞋底材料物理力学性能的关系图。由图

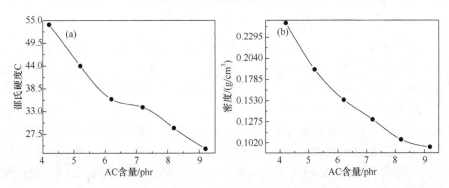

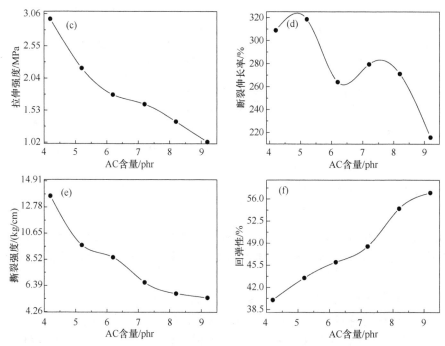

图 9-3　AC 含量对复合发泡鞋底材料邵氏硬度 C(a)、密度(b)、拉伸强度(c)、断裂伸长率(d)、
撕裂强度(e)和回弹性(f)的影响

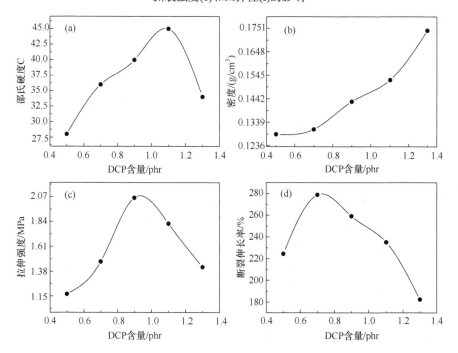

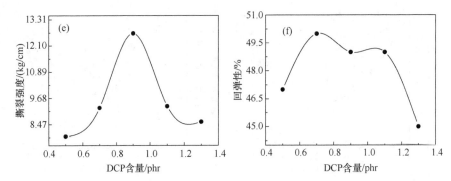

图 9-4　DCP 含量与复合发泡材料的邵氏硬度 C(a)、密度(b)、拉伸强度(c)、断裂伸长率(d)、
撕裂强度(e)和回弹性(f)的关系图

可知，木薯淀粉/EVA 复合发泡鞋底材料的邵氏硬度 C、拉伸强度、断裂伸长率、撕裂强度及回弹性均随着 DCP 含量的增加，呈现先增大后降低的趋势，而密度则一直增大。

具体分析如下，当 DCP 含量过少(0.5 phr)时，DCP 的交联速率小于发泡剂 AC 的分解速率，物料交联不足，气孔非正常成核，气孔成长速率不同；与此同时，体系黏度较小，大量的气体逸出，在开模时有黏模现象，这两种原因最终导致复合发泡鞋底材料内部气孔大小不一，部分气孔特别大，部分气孔又十分小，部分气孔有合并现象，故物料的拉伸强度、撕裂强度及回弹性等性能较差。随着 DCP 含量的增加，DCP 的交联速率逐步与发泡剂 AC 的分解速率相匹配，体系黏度适宜，发泡剂 AC 产生的气体在 EVA 基体中驻留，气孔正常成核长大，发泡结束后，复合发泡鞋底材料内部气孔大小均一、分布均匀，材料的拉伸强度、撕裂强度及回弹性等性能增加，材料的密度增加。当 DCP 含量过大(1.3 phr)时，发泡时 DCP 的交联速率远大于发泡剂 AC 的分解速率，复合材料交联过度，且体系黏度过大，气体在体系中难以扩散、成长，材料发泡不起来，内部气孔密集但非常小，材料表面产生龟裂现象，其拉伸性能、撕裂强度等物理力学性能急剧下降，而密度进一步增加。因此，对于木薯淀粉/EVA 复合发泡鞋底材料，DCP 适宜的用量为 0.7 phr 左右。

5. 滑石粉含量对木薯淀粉/EVA 复合发泡鞋底材料物理力学性能的影响

在塑料中添加无机物是在保证其使用性能的前提下降低材料成本最有效的途径，也是增加无机填料附加值最适宜的方法，有时还可以改善材料的某些性能或赋予材料全新的功能，如增加材料的刚性及硬度，使材料具有阻燃或耐老化性能等。

图 9-5 为滑石粉含量与木薯淀粉/EVA 复合发泡鞋底材料物理力学性能的关系图。由图可知，木薯淀粉/EVA 复合发泡鞋底材料的拉伸强度、断裂伸长率及回弹

性均随着滑石粉含量的增加而降低；而撕裂强度则先增大后减小，当滑石粉含量为 10 phr 时，撕裂强度达到最大为 8.52 kg/cm；其邵氏硬度 C 则随着滑石粉含量的增大呈现先减小后增大的趋势，当滑石粉含量为 10 phr 时，其邵氏硬度 C 最小，为 29；加入滑石粉以后，随着滑石粉含量的增加，复合发泡鞋底材料的密度一直增加。滑石粉作为一种无机填料，表面具有比较多的氢键，极性较强，与 EVA 聚合物基体的相容性比较差，滑石粉颗粒在拉伸的过程中易充当应力集中物，降低复合发泡鞋底材料的拉伸性能。滑石粉本身表现为刚性，不具有弹性，故随着滑石粉含量的增加，木薯淀粉/EVA 复合发泡鞋底材料的回弹性降低。但是，当基体材料发泡时，微小的滑石粉颗粒可以充当气孔的成核剂，促进气孔的形成与长大；

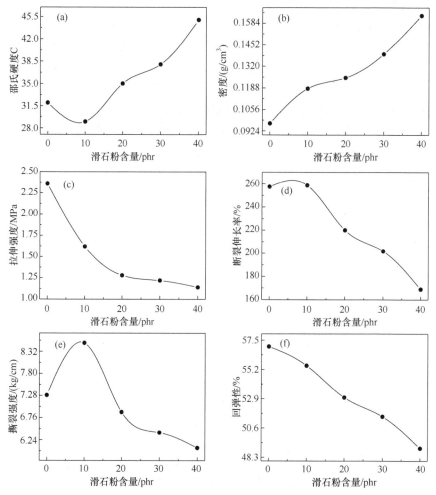

图 9-5　滑石粉含量对复合发泡鞋底材料邵氏硬度 C(a)、密度(b)、拉伸强度(c)、断裂伸长率(d)、撕裂强度(e)和回弹性(f)的影响

当复合发泡鞋底材料在受外力拉伸时，复合发泡鞋底材料的气孔壁上的滑石粉颗粒可以阻止气孔的破裂，理论上可以提高复合发泡鞋底材料的拉伸性能和撕裂性能，起到补强的作用。但是由于木薯淀粉本身的黏度比较大，无机填料滑石粉的加入进一步增加了体系的黏度，故在发泡时体系的黏度很大，即使滑石粉充当泡孔成核剂，瞬时产生的众多泡孔也来不及长大。所以，在木薯淀粉/EVA 复合发泡鞋底材料中，滑石粉的加入量不宜过多，为 10 phr 时比较适宜，此时不仅可以降低复合发泡鞋底材料的成本，还能保持复合发泡鞋底材料的综合物理力学性能，且撕裂强度可以达到最大值 8.52 kg/cm。

9.3.3　X 射线衍射分析

图 9-6 为 EVA 及其共混物的 XRD 图谱。由图可知，EVA 在 21°左右有较强的衍射峰，而在其他位置的衍射峰不明显，说明其结晶能力不强；加入木薯淀粉后，共混物的结晶能力明显增强，除 21°处的衍射峰外，在 9.6°、28.3°、31.8°及 36.3°处均出现较强的衍射峰，这可能是木薯淀粉本身结晶能力强，由其自身结晶导致的；在含有木薯淀粉和 EVA 的共混物中添加增容剂 EAA，共混物的结晶性又减弱，说明 EAA 的加入大大削弱了木薯淀粉分子内及分子间强烈的氢键作用，明显改善了木薯淀粉与 EVA 的相容性，从而提高了共混物的拉伸性能及撕裂性能。

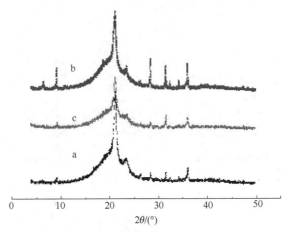

图 9-6　EVA 及其共混物的 XRD 图谱
a. EVA；b. 木薯淀粉/EVA；c. 木薯淀粉/EVA/EAA

9.3.4　环境扫描电镜分析

图 9-7 为木薯淀粉、甘油增塑木薯淀粉放大 2000 倍的环境扫描电镜照片。

从图 9-7(a)可以看出，木薯淀粉颗粒多为椭圆形、圆形，颗粒表面光滑，结实、饱满。经过增塑后的木薯淀粉表面粗糙，且上面有很多裂纹，颗粒呈疏松状，

图9-7　木薯淀粉(a)、增塑木薯淀粉(b)的环境扫描电镜照片

这说明，对木薯淀粉增塑的过程其实也是一种机械活化的过程，并且这种机械活化可以提高木薯淀粉的增塑效果。具体分析如下，在对木薯淀粉进行增塑改性时，在高速混合机中进行高速混合时，木薯淀粉颗粒之间以及木薯淀粉颗粒与高速混合机的搅拌子及高速混合机的器壁之间的飞速碰撞，破坏了木薯淀粉颗粒的完整性，导致木薯淀粉表面破裂，出现裂纹，而正是裂纹的出现，使得增塑剂甘油能够渗透到木薯淀粉颗粒的内部，从而提高增塑效果。

在相同助剂条件下，对 EVA 共混物、木薯淀粉/EVA 共混物、木薯淀粉/EVA/EAA 共混物发泡前的样品(也称共混物发泡前驱体)的液氮脆断面在 500 倍和 2000 倍下进行形貌分析(图 9-8)。

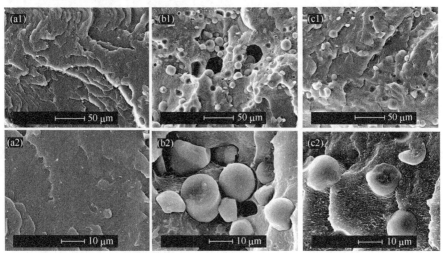

图9-8　木薯淀粉/EVA复合材料发泡前的环境扫描电镜照片
(a1)、(a2) EVA；(b1)、(b2) 木薯淀粉/EVA；(c1)、(c2) 木薯淀粉/EVA/EAA

由图 9-8 可以明显看出，EVA 发泡前驱体的断面为连续的海-海结构，断面较光滑；木薯淀粉/EVA 共混物发泡前驱体的断面上有很多颗粒和凹坑，其中，颗粒为未塑化的木薯淀粉，凹坑为液氮脆断时木薯淀粉颗粒脱落后留下的孔洞，且

这些颗粒和凹坑在 EVA 基体中分布不均匀，有较强的团聚现象，说明木薯淀粉和
EVA 的相容性比较差且二者的界面黏结力小；加入增容剂 EAA 后，基体中的颗
粒和凹坑明显减少，分布也趋于均匀，说明 EAA 的加入大大地改善了木薯淀粉
与 EVA 的相容性。此外，凹坑的减少也表明木薯淀粉和 EVA 的黏结力增大了，
在外力的作用下木薯淀粉颗粒难以脱落，这有助于提高复合发泡鞋底材料的拉伸
性能及撕裂性能等物理力学性能。

图 9-9 为木薯淀粉/EVA 复合发泡鞋底材料正交实验中配方 4、配方 6 和配方
9 共混物发泡前驱体的液氮脆断面在 500 倍下的形貌图。配方 4 的断面比较粗糙，
断面上有很多颗粒、凹坑和白点，其中，颗粒为未塑化的木薯淀粉，凹坑为液氮
脆断时木薯淀粉颗粒脱落后留下的，较多的白点可能为滑石粉，这主要因为 10 phr
EAA 达不到较好的增容效果。配方 9 含有 15 phr 的滑石粉，30 phr 弹性体 8003
树脂，且 EAA 也增至 30 phr，故配方 9 与配方 4 相比，其颗粒和凹坑大大减少，
分布也相对均匀，达到了较好的增容效果。配方 6 中没有添加滑石粉，且 EAA
含量达 30 phr，呈现海-岛结构，这与其综合力学性能最好的结论是一致的。

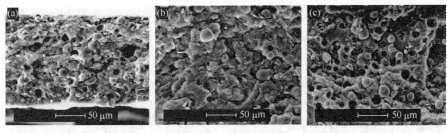

图 9-9　不同配方的复合发泡鞋底材料发泡前的环境扫描电镜照片
(a) 配方 4；(b) 配方 6；(c) 配方 9

图 9-10 为不同木薯淀粉含量的复合发泡鞋底材料环境扫描电镜照片。如图所
示，无论木薯淀粉含量为多少，复合发泡鞋底材料内部孔洞多为闭孔孔洞，少数
为开孔孔洞。当材料中不添加木薯淀粉时，材料内部孔洞尺寸大小均一，孔洞比
较大。当木薯淀粉含量为 40 phr 和 80 phr 时，复合发泡鞋底材料内部孔洞变多变
小，80 phr 的复合发泡鞋底材料内部孔洞比 40 phr 的复合发泡鞋底材料内部孔洞
小而多。这说明，木薯淀粉的加入能够有效地降低复合发泡鞋底材料内部孔洞的
大小，提高孔洞的数量，进而影响其物理力学性能，如增大密度、降低拉伸性能
等。这主要是由于在发泡的过程中，未塑化的木薯淀粉颗粒充当泡孔成核剂，使
得发泡剂 AC 分解产生气体的瞬间，气体迅速附着在未塑化的木薯淀粉颗粒上，
迅速异相成核，造成复合发泡鞋底材料内部孔洞大大增多；但是，木薯淀粉的加
入，使得发泡时体系黏度较大，气体难以扩散，气孔难以长大，且随着木薯淀粉
含量的增加，这种气体扩散及气孔长大的难度增大。故随着木薯淀粉含量的增加，

木薯淀粉/EVA 复合发泡鞋底材料内部孔洞变得多而小。

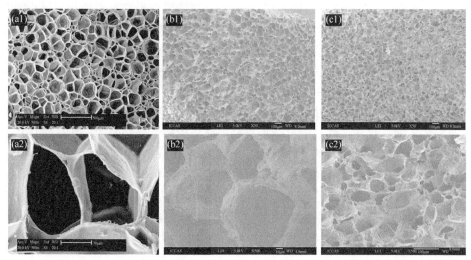

图 9-10　不同木薯淀粉含量的复合发泡鞋底材料的环境扫描电镜照片

(a1)、(a2) 0 phr；(b1)、(b2) 40 phr；(c1)、(c2) 80 phr；(b1)、(b2)和(c1)、(c2)由型号为 JSM-6700F 的扫描电镜仪拍摄

图 9-11 为发泡剂 AC 含量对复合发泡鞋底材料孔洞大小及分布影响的环境扫描电镜照片。从图 9-11 可以看出，无论发泡剂 AC 含量为多少，木薯淀粉/EVA复合发泡鞋底材料内部孔洞多为闭孔孔洞，少数为开孔孔洞；随着发泡剂 AC 含量的增多，木薯淀粉/EVA 复合发泡鞋底材料内部孔洞逐步变大变少，但是发泡剂AC 含量过多(9.2 phr)时，复合发泡鞋底材料内部孔洞尺寸大小不均一，直径很大

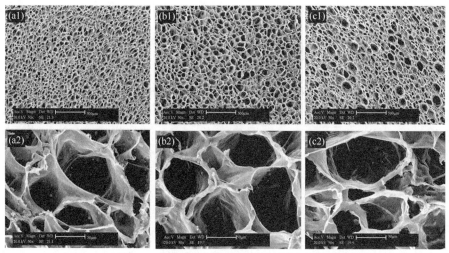

图 9-11　不同 AC 含量的复合发泡鞋底材料的环境扫描电镜照片

(a1)、(a2) 5.2 phr；(b1)、(b2) 7.2 phr；(c1)、(c2) 9.2 phr

的孔洞与直径较小的孔洞并存，且扫描倍数放大至 500 倍时，可以明显看到泡孔合并、并联现象。当 AC 含量较小(5.2 phr)时，复合发泡鞋底材料硫化不足，发泡压力不够，发泡时，由于 DCP 的交联速率大于发泡剂 AC 分解产生气体的速率，复合发泡鞋底材料过快交联，急剧收缩，故发泡泡孔较小。随着发泡剂 AC 含量的增加，发泡剂的分解速率与交联剂 DCP 的交联速率相匹配，发泡效果较好，材料内部气孔密集，大小均一，分布均匀，如图 9-11(b1)、(b2)所示。当 AC 含量过高时，发泡剂的分解速率过快，远大于交联剂 DCP 的交联速率，发泡时，材料来不及交联，部分气孔迅速长大，使得材料内部形成较大、较多的气孔且气孔易于合并，从而导致气孔尺寸大小不均一，如图 9-11(c1)、(c2)所示。这说明发泡剂 AC 对复合发泡鞋底材料的硫化过程有着至关重要的影响，表现为对泡孔大小、泡孔多少、泡孔分布及泡孔形态的影响，而泡孔大小、泡孔多少、泡孔分布及泡孔形态与复合发泡鞋底材料的物理力学性能、使用性能息息相关。关于发泡剂 AC 对木薯淀粉/EVA 复合发泡鞋底材料物理力学性能的影响，前文已经讨论论过，在此不再重复。

9.3.5　热重分析

图 9-12 为木薯淀粉和 10 phr 甘油增塑木薯淀粉的 TG 和 DTG 曲线。从图 9-12(a)TG 曲线上可以看出，在 150℃之前，有 7.9%的质量损失，这可能是由于木薯淀粉干燥不彻底；木薯淀粉的初始分解温度为 275℃，在 308℃分解最快，最大质量损失为 67.56%。对木薯淀粉进行甘油增塑后，在 169~260℃增塑木薯淀粉的热重曲线有明显的质量损失，这部分的质量损失可能是甘油与木薯淀粉结合部分分子间作用力断裂及甘油分解造成的质量损失。加入甘油后，木薯淀粉的最快分解温度降低至 303℃。这些变化说明，甘油的加入可以降低木薯淀粉的热稳定性，这可能有利于木薯淀粉的加工。

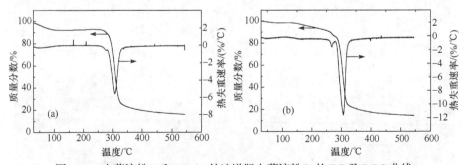

图 9-12　木薯淀粉(a)和 10 phr 甘油增塑木薯淀粉(b)的 TG 及 DTG 曲线

图 9-13 为木薯淀粉/EVA 复合发泡鞋底材料的 TG 和 DTG 曲线。如图所示，传统的 EVA 复合发泡鞋底材料从室温到 800℃有两个分解台阶，第一分解台阶的

初始分解温度、终止分解温度及最大热失重速率温度分别为 320℃、400℃和 350℃，在此阶段质量损失为 8.62%；第二分解台阶的温度区间为 420~495℃，质量损失为 76.82%，在 465℃热失重速率最大，经过两步分解以后，传统 EVA 复合发泡鞋底材料最终剩余 9.86%。加入 80 phr 木薯淀粉后，从室温到 800℃仍有两个分解台阶，但是第一分解台阶的初始分解温度降低至 275℃、终止分解温度为 385℃，最大热失重速率温度也降低至 313℃。在第一分解台阶内，复合发泡鞋底材料质量损失增大至 27.52%。这主要是由于此温度区间对应着木薯淀粉的分解温度区间，在该温度区间内木薯淀粉/EVA 复合发泡鞋底材料质量损失增多，说明复合发泡鞋底材料在制备的过程中，木薯淀粉只是部分塑化，制得的复合发泡鞋底材料内部存在未塑化的木薯淀粉。加入木薯淀粉后，第二分解台阶的分解温度区间基本不变，但在此台阶内复合发泡鞋底材料质量损失降低至 52.91%。综上所述，加入木薯淀粉后，复合发泡鞋底材料的热稳定性降低。

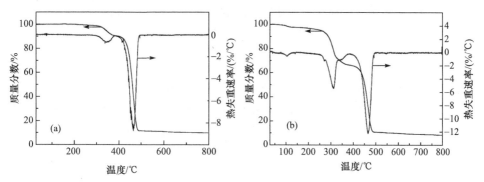

图 9-13　木薯淀粉/EVA 复合发泡鞋底材料的 TG 与 DTG 曲线
(a) 0 phr；(b) 80 phr

9.3.6　熔体流动速率测试

1. 木薯淀粉含量对复合发泡鞋底材料熔体流动速率的影响

图 9-14 为木薯淀粉含量对复合发泡鞋底材料熔体流动速率的影响。由图可知，未加木薯淀粉时，复合发泡鞋底材料的熔体流动速率为 1.74 g/10 min，加入 20 phr 木薯淀粉后，复合发泡鞋底材料的熔体流动速率降低至 0.54 g/10 min，之后，随着木薯淀粉含量的增加，复合发泡鞋底材料的熔体流动速率逐步降低，当木薯淀粉含量为 80 phr 时，复合发泡鞋底材料的熔体流动速率低至 0.05 g/10 min，这说明，木薯淀粉的加入可以急剧降低复合发泡鞋底材料的熔体流动速率，增大发泡体系的黏度。一方面，木薯淀粉本身黏度比较高；另一方面，在 190℃，复合发泡鞋底材料中含有未塑化的木薯淀粉颗粒，木薯淀粉颗粒的存在，增大了木薯淀粉颗粒与高聚物熔体的摩擦阻力，导致复合发泡鞋底材料的流动性变差，降低了其熔

体流动速率，增大了材料熔体体系的黏度。

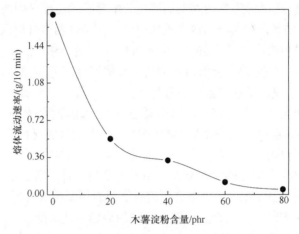

图 9-14　木薯淀粉含量对复合发泡鞋底材料熔体流动速率的影响

测试温度为 190℃，负荷为 2.16 kg

2. 滑石粉含量对复合发泡鞋底材料熔体流动速率的影响

图 9-15 为滑石粉含量对复合发泡鞋底材料熔体流动速率的影响。由图可知，随着滑石粉含量的增加，木薯淀粉/EVA 复合发泡鞋底材料的熔体流动速率逐渐降低，未加滑石粉时，复合发泡鞋底材料的熔体流动速率为 0.35 g/10 min，加入 40 phr 滑石粉后，复合发泡鞋底材料的熔体流动速率低至 0.03 g/10 min。这说明，滑石粉的加入可以降低复合发泡鞋底材料的熔体流动速率，增大发泡体系的黏度并增大复合发泡鞋底材料加工的难度。滑石粉作为一种刚性比较强的无机颗粒，在高

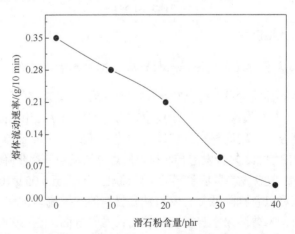

图 9-15　滑石粉含量对复合发泡鞋底材料熔体流动速率的影响

测试温度为 190℃，负荷为 2.16 kg

温下不能熔化，没有流动性，在聚合物熔体中黏度相当于无限大。随着滑石粉含量的增多，一方面，部分细小的滑石粉颗粒占据着 EVA 及弹性体 POE 等高聚物的自由体积，同时也限制了高聚物分子链的运动；另一方面，较多的滑石粉颗粒在基体中易于团聚，尤其是滑石粉含量过大时，团聚现象较明显，这就使得滑石粉与高聚物熔体的摩擦阻力增大，高聚物基体的熔体连续性被破坏。这些因素均导致复合发泡鞋底体系的熔体流动速率降低，熔体黏度增大。

9.4　本　章　小　结

(1) 增塑剂甘油的加入能够部分破坏及削弱木薯淀粉分子间的氢键作用，并降低其极性，达到增塑的效果。

(2) 通过 $L_9(3^4)$ 正交实验优化配方设计，研究了弹性体 POE、增容剂 EAA、无机填料滑石粉及增塑剂甘油对木薯淀粉/EVA 复合发泡鞋底材料物理力学性能的影响。研究发现：不同的配方对邵氏硬度 C、密度影响不大。配方 6 的综合力学性能最好，其密度最小为 0.0996 g/cm³；拉伸强度和回弹性最大，分别达 2.23 MPa 和 53%。配方 8 的综合力学性能次之。弹性体 POE 和滑石粉对复合发泡鞋底材料的物理力学性能的影响均很显著，EAA 次之，甘油影响最小。

(3) 随着木薯淀粉含量的增加，木薯淀粉/EVA 复合发泡鞋底材料的密度增大，而其拉伸强度、断裂伸长率及回弹性均降低，尤其是拉伸强度，未加入木薯淀粉时，拉伸强度为 2.46 MPa，加入 20 phr 木薯淀粉后，拉伸强度急剧下降至 1.7 MPa，其撕裂强度则在木薯淀粉含量为 20 phr 时达到最大值，为 8.65 kg/cm；加入木薯淀粉后，材料的邵氏硬度 C 急剧下降，但木薯淀粉含量从 20 phr 增加到 80 phr，邵氏硬度 C 变化不明显。ESEM 分析表明，无论木薯淀粉含量为多少，复合发泡鞋底材料内部孔洞多为闭孔孔洞，少数为开孔孔洞。木薯淀粉的加入能够有效地降低孔洞的大小，提高孔洞的数量。熔体流动速率分析表明，木薯淀粉的加入，能够急剧降低复合发泡鞋底材料的熔体流动速率，当木薯淀粉从 0 phr 增加至 80 phr 时，熔体流动速率从 1.74 g/10 min 降低至 0.05 g/10 min。

(4) 随着发泡剂 AC 含量的增加，发泡材料的邵氏硬度 C、密度、拉伸强度、断裂伸长率及撕裂强度均呈下降趋势，而回弹性则呈上升趋势。综合考虑，AC含量为 6.2～7.2 phr 之间时，复合发泡鞋底材料的综合物理力学性能最佳。ESEM分析表明，无论 AC 含量为多少，木薯淀粉/EVA 复合发泡鞋底材料内部孔洞多为闭孔孔洞，少数为开孔孔洞；随着发泡剂 AC 含量的增多，复合发泡鞋底材料内部孔洞逐步变大变少，但 AC 含量过多时，复合发泡鞋底材料内部孔洞尺寸大小不均一，直径很大的孔洞与直径较小的孔洞并存，且有泡孔合并、并联现象。

(5) 随着交联剂 DCP 含量的增多，木薯淀粉/EVA 复合发泡鞋底材料的邵氏硬度 C、拉伸强度、断裂伸长率、撕裂强度及回弹性均呈现先增大后减小的趋势，其密度则一直增大。综合考虑，DCP 含量为 0.7 phr 时，复合发泡鞋底材料的综合物理力学性能最佳。

(6) 随着滑石粉含量的增多，木薯淀粉/EVA 复合发泡鞋底材料的拉伸强度、断裂伸长率及回弹性均降低；其撕裂强度则先增大后减小，当滑石粉含量为 10 phr 时，撕裂强度达到最大为 8.52 kg/cm；其邵氏硬度 C 呈现先减小后增大的趋势，当滑石粉含量为 10 phr 时，其邵氏硬度 C 最小，为 29；加入滑石粉以后，随着滑石粉含量的增加，其密度一直增加。熔体流动速率分析表明，当滑石粉从 0 phr 增加至 40 phr 时，其熔体流动速率从 0.35 g/10 min 降低至 0.03 g/10 min，滑石粉的加入增大了发泡体系的黏度并增大了复合发泡鞋底材料加工的难度。

(7) XRD 分析结果表明，EAA 的加入大大削弱了木薯淀粉分子内及分子间的氢键作用，明显改善了木薯淀粉与 EVA 的相容性。

(8) 对木薯淀粉增塑的过程其实是一种机械活化的过程，有利于增塑剂甘油渗透到木薯淀粉颗粒的内部，提高增塑效果；增容剂 EAA 的加入，能够大大减少木薯淀粉/EVA 复合发泡鞋底材料前驱体断面上的颗粒和凹坑数量，改善了木薯淀粉与 EVA 的相容性，并提高了二者的界面黏结力。

第10章 玉米淀粉/EVA复合发泡鞋底材料

10.1 引　言

玉米是世界上分布最广的粮食作物之一，种植面积仅次于小麦和水稻。玉米不仅是人类的口粮、牲畜的饲料，更是重要的工业生产原料。以玉米为原料生产玉米淀粉，可得到化学成分佳、成本低的产品，附加值超过玉米原值的几十倍甚至上百倍，广泛应用于塑料、造纸、纺织和医药行业。开拓玉米淀粉的应用范围，对促进农村经济的发展、缩短城乡差距、促进社会和谐有着重要的作用。

玉米淀粉为一种天然高分子物质，是一种天然多晶体，晶体多为圆形、压碎状的六角形及锥形，与其他来源淀粉一样，由α-葡聚糖直链淀粉和支链淀粉组成，且直链淀粉与支链淀粉的比例为27：73，高于木薯淀粉的直链淀粉与支链淀粉的比例。玉米淀粉中的直链淀粉主要为α-葡聚糖，含有约 99%的α-(1→4)糖苷键和1%的α-(1→6)糖苷键，每个分子的聚合度为 690，分子量为$(1\times10^5)\sim(1\times10^6)$；玉米淀粉中的支链淀粉分子量比直链淀粉的高很多，一般为$(1\times10^8)\sim(1\times10^9)$，支化程度比较高，约含有 95%的$\alpha$-(1→4)糖苷键和5%的$\alpha$-(1→6)糖苷键。玉米淀粉的平均粒径为 15 μm，平均黏度为 600，均低于木薯淀粉(平均粒径为 20 μm，平均黏度为 1000)。正是由于玉米淀粉的直链淀粉含量多、粒径小及黏度低的优点，其比木薯淀粉的加工性能更好。

目前，关于玉米淀粉的应用很多，如玉米淀粉基薄膜、可降解玉米淀粉微球、玉米淀粉基胶囊、玉米淀粉基崩解剂、玉米淀粉基凝胶、玉米淀粉基水处理剂等，但用于 EVA 发泡材料的鲜见报道。本章在此背景下，通过甘油增塑玉米淀粉制备热塑性玉米淀粉 TPS，并以 TPS、EVA 为基体材料，以 POE 为弹性体，以 EAA 为增容剂，以 AC-6000H 为发泡剂，以 DCP 为交联剂，制备玉米淀粉/EVA 复合发泡鞋底材料。通过 $L_9(3^4)$正交实验方法优化玉米淀粉/EVA 复合发泡鞋底材料的配方设计，并讨论了玉米淀粉、AC、DCP 和滑石粉对复合发泡鞋底材料的物理力学性能的影响。

10.2　玉米淀粉/EVA 复合发泡鞋底材料的制备过程

本实验以 EVA 为100 phr，玉米淀粉为40 phr，四因素三水平 $L_9(3^4)$正交实验方法，选取弹性体 POE 为 A、增容剂 EAA 为 B、滑石粉为 C、增塑剂甘油为 D

四个因素设计实验，以期得到玉米淀粉/EVA 复合发泡鞋底材料的最佳配方。

(1) 将烘干后的玉米淀粉在 70℃条件下干燥 24 h，冷却至室温后将玉米淀粉与增塑剂甘油在室温下于高速混合机中高速搅拌 15 min，出料后密封放置 48 h，使增塑剂在玉米淀粉中进一步扩散，削弱其分子间相互作用力，最终得到甘油增塑的玉米淀粉。

(2) 按照如下配方进行实验，如表 10-1 所示。

表 10-1　各个因素的不同水平

水平	A/phr	B/phr	C/phr	D/phr
1	10	10	0	4
2	20	20	15	8
3	30	30	30	12

工艺流程：将 EVA、玉米淀粉、弹性体 POE、增容剂 EAA 及助剂按 $L_9 (3^4)$ 的配方设计中的配方称取，加入密炼机中熔融密炼 6 min，温度达到 95～100℃时取出；在炼塑机上加入交联剂 DCP 和发泡剂 AC 开炼拉片，175～180℃进行发泡，制得玉米淀粉/EVA 复合发泡鞋底材料。

10.3　玉米淀粉/EVA 复合发泡鞋底材料的结构与性能表征

10.3.1　傅里叶变换红外光谱分析

图 10-1 是玉米淀粉、增塑玉米淀粉的 FTIR 谱图。从图中可以看出，玉米淀粉在 3370 cm^{-1} 处有比较强且窄的吸收峰，为玉米淀粉分子内或分子间氢键 O—H 的伸缩振动峰、羟基伸缩振动以及羟基的氢键缔合后形成的特征吸收峰，并且对称性较好。在 2948 cm^{-1} 及 2862 cm^{-1} 处出现明显的—CH₃ 中的 C—H 不对称和对称伸缩振动吸收峰；在 1659 cm^{-1} 处出现—C—O 键的伸缩振动吸收峰；在 1451 cm^{-1}、1160 cm^{-1}、1027 cm^{-1} 处为玉米淀粉葡萄糖单元中 C—O—C 的伸缩振动及葡萄糖骨架的吸收峰。对比第 9 章中木薯淀粉的 FTIR 谱图发现，玉米淀粉分子与木薯淀粉分子的基本特征吸收峰一样，只是吸收峰的位置发生了蓝移或红移，这是由于木薯淀粉与玉米淀粉中支链淀粉和直链淀粉的比例不同及木薯淀粉分子的聚集态结构与玉米淀粉分子不同。同时，这说明木薯淀粉与玉米淀粉的极性有差别。对比玉米淀粉和增塑玉米淀粉的 FTIR 谱图发现，没有新的吸收峰出现，只是在 2948 cm^{-1} 和 2862 cm^{-1} 处的吸收峰略有变强和红移，而在 3370 cm^{-1} 处的

羟基缔合伸缩振动峰变宽变平坦，说明增塑剂甘油的加入部分破坏及削弱了玉米淀粉分子间的氢键作用，降低了玉米淀粉的极性，达到了增塑的效果。

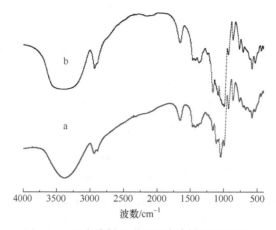

图 10-1　玉米淀粉和增塑玉米淀粉的 FTIR 图

a. 玉米淀粉；b. 增塑玉米淀粉

10.3.2　物理力学性能测试

1. 正交实验结果分析

表 10-2 为玉米淀粉/EVA 复合发泡鞋底材料的物理力学性能。由表可知，不同的配方对复合发泡鞋底材料的密度影响不大，但对邵氏硬度 C、拉伸强度、断裂伸长率、撕裂强度及回弹性有较大的影响。配方 8 的综合力学性能最好，其拉伸强度、断裂伸长率和回弹性最大，分别达 2.52 MPa、290.96% 和 58%。配方 6 和配方 9 的综合力学性能次之，其中配方 9 的密度最小，为 0.0981 g/cm³，撕裂强度最大，为 12.19 kg/cm。同第 9 章木薯淀粉/EVA 复合发泡鞋底鞋底材料一样，配方 6 和配方 8 中均未含滑石粉，这说明滑石粉的加入同样不利于提高玉米淀粉/EVA 复合发泡鞋底材料的拉伸性能及回弹性。

表 10-2　玉米淀粉/EVA 复合发泡鞋底材料的物理力学性能

实验	配方	邵氏硬度 C	密度/ (g/cm³)	拉伸强度/ MPa	断裂 伸长率/%	撕裂强度/ (kg/cm)	回弹性/%
1	$A_1B_1C_1D_1$	32	0.1011	1.17	231.19	6.85	43
2	$A_1B_2C_2D_2$	45	0.1099	1.26	190.76	10.84	48
3	$A_1B_3C_3D_3$	51	0.1232	1.44	181.51	9.78	45
4	$A_2B_1C_2D_3$	42	0.1123	1.70	220.60	9.01	49
5	$A_2B_2C_3D_1$	40	0.1077	1.52	192.79	8.51	47
6	$A_2B_3C_1D_2$	36	0.1052	2.34	270.02	9.47	54

实验	配方	邵氏硬度 C	密度/ (g/cm³)	拉伸强度/ MPa	断裂 伸长率/%	撕裂强度/ (kg/cm)	回弹性/%
7	A₃B₁C₃D₂	37	0.1139	1.40	174.83	8.03	49
8	A₃B₂C₁D₃	43	0.1140	2.52	290.96	9.86	58
9	A₃B₃C₂D₁	40	0.0981	1.92	275.60	12.19	52

对正交实验结果进行分析，分别求出不同因素三个水平的每个性能之和，计算各个因素下每个性能的极差 R，结果如表 10-3 所示。

表 10-3　玉米淀粉/EVA 发泡材料性能结果分析

		邵氏硬度 C	密度/(g/cm³)	拉伸强度/MPa	断裂伸长率/%	撕裂强度/(kg/cm)	回弹性/%
因素	A1	128	0.3342	3.87	603.46	27.47	136
	A2	118	0.3252	5.56	683.41	26.99	150
	A3	120	0.3260	5.84	741.39	30.08	159
	B1	111	0.3273	4.27	626.62	23.89	141
	B2	128	0.3316	5.30	674.51	29.21	153
	B3	127	0.3265	5.70	727.13	31.44	151
	C1	111	0.3203	6.03	792.17	26.18	155
	C2	127	0.3203	4.88	686.96	32.04	149
	C3	128	0.3448	4.36	549.13	26.32	141
	D1	112	0.3068	4.61	699.58	27.55	142
	D2	118	0.3290	5.00	635.61	28.34	151
	D3	136	0.3495	5.66	693.07	28.65	152
极差	R_A	10	0.0090	1.97	137.93	3.09	23
	R_B	17	0.0051	1.43	100.51	7.55	12
	R_C	17	0.0245	1.67	243.04	5.86	14
	R_D	14	0.0427	1.05	63.97	1.10	10

从不同力学性能的极差综合分析发现，滑石粉对玉米淀粉/EVA 复合发泡鞋底材料的物理力学性能的影响最大，弹性体 POE 和增容剂 EAA 次之，甘油影响最小。其中，增容剂 EAA 和滑石粉对邵氏硬度 C 和撕裂强度影响显著；弹性体 POE 和滑石粉对拉伸强度和回弹性影响显著。产生这种结果的主要原因和第 9 章中的原因是一致的，弹性体 POE 含有较多的亚甲基，使得高分子链具有较好的柔顺性，从而可以显著提高复合发泡鞋底材料的韧性和回弹性；滑石粉为无机填料，它的加入会降低鞋底发泡材料的拉伸强度及回弹性，增大材料的邵氏硬度 C，但它有

助于降低成本；玉米淀粉也是多羟基高分子，分子内和分子间均存在数目众多的氢键，而 EVA 为聚烯烃类衍生物，二者的相容性较差。增容剂 EAA 为乙烯-丙烯酸共聚物，在高温高剪切力及一定的压力下，EAA 的乙烯链段靠近 EVA，而丙烯酸链段的羧基更容易和玉米淀粉中的羟基发生作用，如强烈的氢键作用或酯化反应，故 EAA 能很好地增加淀粉和 EVA 的相容性，提高材料的力学性能；玉米淀粉同样不具有可塑性，分解温度低于熔融温度，故加入甘油增塑得到热塑性玉米淀粉 TPS，以改善玉米淀粉/EVA 复合发泡鞋底材料的加工性能，但它的加入对发泡材料的物理力学性能影响不大。对比第 9 章正交实验及正交实验结果，分析发现玉米淀粉/EVA 复合发泡鞋底材料与木薯淀粉/EVA 复合发泡鞋底材料的最佳配方不同，这主要是由玉米淀粉和木薯淀粉本身的差异造成的。

2. 玉米淀粉含量对玉米淀粉/EVA 复合发泡鞋底材料物理力学性能的影响

图 10-2 为玉米淀粉含量对玉米淀粉/EVA 复合发泡鞋底材料物理力学性能的影响。整体来看，随着玉米淀粉含量的增加，玉米淀粉/EVA 复合发泡鞋底材料的拉伸强度、断裂伸长率均降低；撕裂强度及回弹性均先升高后降低，在玉米淀粉含量为 20 phr 时，撕裂强度和回弹性均达到最大值，分别为 9.52 kg/cm、56%；邵氏硬度 C 则在玉米淀粉含量为 20 phr 时最小，为 35；密度则随着玉米淀粉含量的增多呈现先上升后下降的趋势，在玉米淀粉含量为 60 phr 时，密度最大，为 0.1446 g/cm^3。

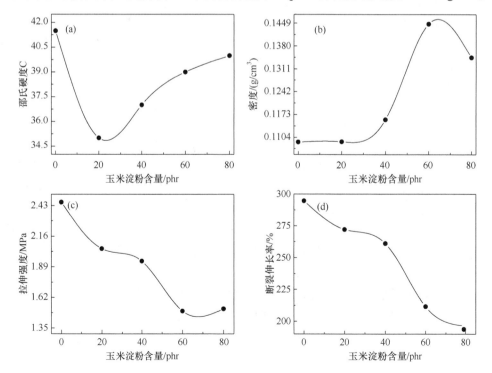

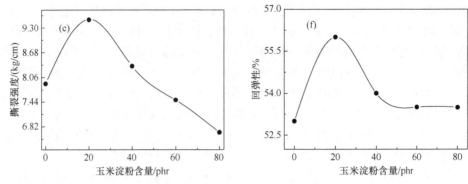

图 10-2　玉米淀粉含量对复合发泡鞋底材料邵氏硬度 C(a)、密度(b)、拉伸强度(c)、断裂伸长率(d)、撕裂强度(e)和回弹性(f)的影响

不添加玉米淀粉时，复合发泡鞋底材料的基体材料主要是 EVA 及弹性体 POE，而 EVA 和弹性体 POE 均为聚乙烯类衍生物材料，且均为非极性高分子，彼此基本相容，故复合发泡鞋底材料的密度最小，为 0.1090 g/cm³，且具有很好的拉伸性能，拉伸强度及断裂伸长率均最大，分别为 2.46 MPa 及 294.62%。加入玉米淀粉后，尽管有增容剂 EAA 来增加玉米淀粉与 EVA 及 POE 的相容性，但是玉米淀粉和 EVA 及 POE 仍存在相分离现象，在拉伸的过程中，未塑化的玉米淀粉颗粒充当应力集中物，表现为脆性断裂，故随着玉米淀粉含量的增加，复合发泡鞋底材料的拉伸强度、断裂伸长率均降低。在发泡的过程中，部分玉米淀粉没有塑化，这些没有塑化的玉米淀粉颗粒充当了泡孔成核剂，使得发泡剂 AC 分解产生的气体在未塑化的玉米淀粉颗粒表面驻留。当玉米淀粉含量较少(20 phr)时，未塑化的玉米淀粉颗粒较少，即未塑化的玉米淀粉颗粒充当成核剂且数量适中，发泡剂 AC 分解产生的气体均匀分散、迅速成核，并在复合发泡鞋底材料基体中快速长大，最终使得复合发泡鞋底材料内部气孔密集，气孔大小均一，尺寸分布均匀，故此时的撕裂强度及回弹性性能最佳，邵氏硬度 C 最小。随着玉米淀粉含量的增加，未塑化的玉米淀粉颗粒增多，且材料体系黏度也增大，不利于气体的扩散，从而影响泡孔的成核及长大，最终结果是玉米淀粉/EVA 复合发泡鞋底材料的拉伸强度、撕裂性能及回弹性降低，密度增大。

对比第 9 章木薯淀粉/EVA 复合发泡鞋底材料中 9.3.2 节"2. 木薯淀粉含量对淀粉/EVA 复合发泡鞋底材料物理力学性能的影响"，发现相同的淀粉含量下，玉米淀粉/EVA 复合发泡鞋底材料各种物理力学性能比木薯淀粉/EVA 复合发泡鞋底材料好。这主要是由于木薯淀粉的直链淀粉与支链淀粉的比例低于玉米淀粉，前者的黏度较大，颗粒较大。故木薯淀粉加入 EVA 共混物发泡体系内，其拉伸性能、邵氏硬度 C、回弹性等性能急剧下降。

3. 发泡剂 AC 含量对玉米淀粉/EVA 复合发泡鞋底材料物理力学性能的影响

发泡剂可以在短时间内释放大量的气体，使发泡材料迅速成孔，其用量可直接控制发泡材料的发泡倍率、泡孔数量及大小，进而影响发泡材料的密度及其他物理力学性能。图 10-3 为发泡剂 AC 对玉米淀粉/EVA 复合发泡鞋底材料物理力学性能的影响。

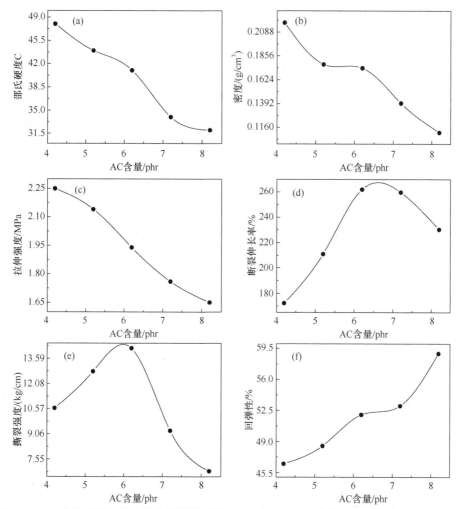

图 10-3　AC 含量对复合发泡鞋底材料邵氏硬度 C(a)、密度(b)、拉伸强度(c)、断裂伸长率(d)、撕裂强度(e)和回弹性(f)的影响

由图 10-3 可知，随着发泡剂 AC 含量的增加，玉米淀粉/EVA 复合发泡鞋底材料的邵氏硬度 C、密度、拉伸强度均降低，而其断裂伸长率和撕裂强度则呈现先上升后降低的趋势，回弹性则呈现一直上升的趋势。具体分析如下，发泡剂 AC

的含量影响玉米淀粉/EVA 复合发泡鞋底材料的硫化过程，当 AC 含量过小时，发泡压力不够，硫化明显不足，表现为开模瞬间，玉米淀粉/EVA 复合发泡鞋底材料迅速膨胀然后迅速收缩，复合发泡鞋底材料则僵硬无弹性，将材料用剪刀剪开后，内部看不到气孔，物料发泡不正常，材料无使用价值。当 AC 含量过多时，玉米淀粉/EVA 复合发泡鞋底材料则产生过硫化现象，表现为开模瞬间，AC 瞬间产生的强大气体流及热量使得玉米淀粉/EVA 复合发泡鞋底材料迅速胀大，内部形成较大、较多的气孔，甚至使得气泡合并及气孔大小和分布不均匀。故随着 AC 含量的增多，玉米淀粉/EVA 复合发泡鞋底材料内部气孔增多增大，使得材料的邵氏硬度 C、密度及拉伸强度降低。当 AC 含量为 6.2 phr 时，在复合发泡鞋底材料发泡的过程中，发泡剂 AC 分解产生气体的速率与交联剂 DCP 交联的速率相当，故发泡后，玉米淀粉/EVA 复合发泡鞋底材料内部孔洞尺寸大小均一、分布均匀，表现为材料的撕裂强度及断裂伸长率最高，分别为 13.81 kg/cm 及 261.94%。综合各个玉米淀粉/EVA 复合发泡鞋底材料的物理力学性能因素，当 AC 含量为 6.2 phr 时，其发泡材料的邵氏硬度 C、密度、拉伸强度、撕裂性能及回弹性能相对较好。

对比第 9 章木薯淀粉/EVA 复合发泡鞋底材料中 9.3.2 节 "3. 发泡剂 AC 含量对木薯淀粉/EVA 复合发泡鞋底材料物理力学性能的影响"，发现当发泡剂 AC 含量较低时，木薯淀粉/EVA 复合发泡鞋底材料的综合力学性能比较好；当发泡剂 AC 含量较高时，玉米淀粉/EVA 复合发泡鞋底材料的综合力学性能比较好。这主要是由木薯淀粉与玉米淀粉本身的性质决定的，木薯淀粉的颗粒粒径远大于玉米淀粉，且前者的黏度比较大。具体分析为：当发泡剂 AC 含量较少时，较大的木薯淀粉颗粒有利于 AC 分解产生的气体的附着，从而有利于泡孔的成核；另外，本身黏度较大的木薯淀粉的加入，大大地增大了复合发泡鞋底材料的体系黏度，而未塑化的较大的木薯淀粉颗粒在 EVA 高聚物熔体中与高聚物熔体的摩擦阻力较大，也能增大复合发泡鞋底材料体系的熔体黏度，体系熔体黏度的增大有利于防止发泡剂分解产生的气体逸出，这有利于复合发泡鞋底材料内部泡孔的形成及长大。当发泡剂 AC 含量较多时，其分解产生的气体过多，而木薯淀粉/EVA 复合发泡鞋底材料体系的黏度较大，过多的气体难以逸出，导致的最终结果是木薯淀粉/EVA 复合发泡鞋底材料内部孔洞多而密，且泡孔分布不均匀，泡孔尺寸大小不均一，从而使得发泡剂 AC 含量较多时，木薯淀粉/EVA 复合发泡鞋底材料的综合物理力学性能不及玉米淀粉/EVA 复合发泡鞋底材料。

4. 交联剂 DCP 含量对玉米淀粉/EVA 复合发泡鞋底材料物理力学性能的影响

玉米淀粉/EVA 复合发泡鞋底材料受热熔融时，其共混物的黏度急剧下降，发泡剂 AC 在短时间内产生的气体则会迅速逸出，最终使得发泡失败，故需要在发泡材料中加入一定量的交联剂来增加共混体系的黏度，以保持住气体。通常，EVA

发泡材料所使用的交联剂为 DCP。图 10-4 为 DCP 含量与玉米淀粉/EVA 复合发泡鞋底材料物理力学性能的关系图。

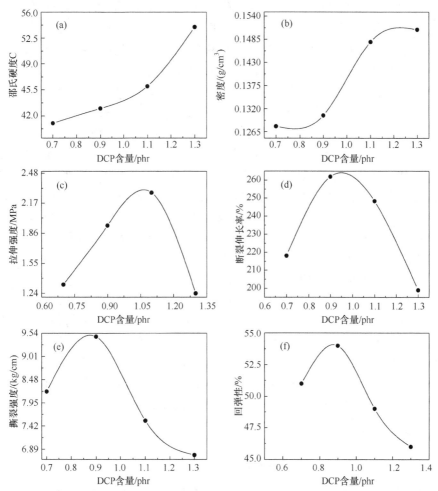

图 10-4　DCP 含量对复合发泡鞋底材料邵氏硬度 C(a)、密度(b)、拉伸强度(c)、断裂伸长率(d)、撕裂强度(e)和回弹性(f)的影响

　　由图 10-4 可看出，随着交联剂 DCP 含量的增多，玉米淀粉/EVA 复合发泡鞋底材料的邵氏硬度 C、密度增大，但其拉伸强度、撕裂强度及回弹性则先升高后降低。综合来看，当 DCP 含量为 0.9 phr 时，玉米淀粉/EVA 复合发泡鞋底材料的断裂伸长率、撕裂强度及回弹性达到最大值，分别为 261.94%、9.46 kg/cm 及 54%，此时的拉伸强度为 1.94 MPa。在实验中发现，当 DCP 含量为 0.5 phr 时，玉米淀粉/ EVA 复合发泡鞋底材料在开模的瞬间，发泡板材迅速胀大并立即收缩变小，最终发泡板材崩裂并支离破碎，发泡失败；当 DCP 含量为 1.7 phr 时，玉米淀粉/

EVA 复合发泡鞋底材料在开模的瞬间，发泡板材无发泡迹象，发泡板材硬而脆。具体分析如下，当 DCP 含量过少(低于 0.5 phr)时，DCP 的交联速率远远小于 AC 的分解速率，玉米淀粉/EVA 复合发泡鞋底材料的熔融共混物体系黏度增大得慢，不能有效地阻止熔体中瞬间产生的气体的逸出，短时间内大量气体逃逸，故复合发泡鞋底材料发泡失败；随着 DCP 含量的增加，DCP 的交联速率逐步与 AC 的分解速率相匹配，玉米淀粉/EVA 复合发泡鞋底材料熔融共混物体系黏度适当，能够有效地阻止 AC 分解产生的气体逃逸，复合发泡材料内部气孔逐渐增多、密集，且孔洞大小逐步均一、分布逐步均匀，故复合发泡鞋底材料的密度逐渐降低。当 DCP 含量为 0.9 phr 时，DCP 的交联速率基本等于 AC 的分解速率，故复合发泡鞋底材料此时的断裂伸长率、撕裂强度及回弹性达到最大值。当 DCP 含量超过 0.9 phr 时，DCP 的交联速率大于 AC 的分解速率，体系黏度迅速变大，气体在玉米淀粉/ EVA 复合发泡鞋底材料熔融共混物体系中扩散困难，太多的气体使得复合发泡鞋底材料产生龟裂现象，材料变硬变脆。综上所述，在玉米淀粉/EVA 复合发泡鞋底材料中，DCP 加入 0.9 phr 时，玉米淀粉/EVA 复合发泡鞋底材料的综合物理力学性能比较好。

对比第 9 章木薯淀粉/EVA 复合发泡鞋底材料中 9.3.2 节 "4. 交联剂 DCP 含量对木薯淀粉/EVA 复合发泡鞋底材料物理力学性能的影响"，发现当交联剂 DCP 含量较少时，尤其是低于 0.5 phr，玉米淀粉/EVA 复合发泡鞋底材料不能正常发泡，而木薯淀粉/EVA 复合发泡鞋底材料不但发泡正常，且能满足使用要求。在 EVA 复合发泡鞋底材料体系中加入相同含量 DCP，玉米淀粉/EVA 复合发泡鞋底材料的邵氏硬度 C、拉伸性能、撕裂性能及回弹性均比木薯淀粉/EVA 复合发泡鞋底材料的大，且密度较小。这主要是因为玉米淀粉的黏度较小。

5. 滑石粉对玉米淀粉/EVA 复合发泡鞋底材料物理力学性能的影响

无机填料主要是以天然矿物为原料，经过开采、加工制成的颗粒状填料，是用以改善复合材料的性能(如拉伸强度、撕裂强度等)，并且能够降低成本的固体填充物。本章仍以滑石粉 RB510 作为无机填料，图 10-5 为滑石粉含量对玉米淀粉/EVA 复合发泡鞋底材料物理力学性能的影响。

由图 10-5 可看出，随着滑石粉含量的增多，玉米淀粉/EVA 复合发泡鞋底材料的邵氏硬度 C、密度呈现上升趋势；而拉伸强度、断裂伸长率、回弹性则呈现下降趋势；当滑石粉含量为 10 phr 时，其撕裂强度最大达 11.01 kg/cm。原因分析如下，滑石粉作为一种无机填料，在聚合物基体中，其细小的颗粒在发泡的过程中起泡孔成核剂作用，促进泡孔的成核及形成。故加 10 phr 滑石粉的玉米淀粉/EVA 复合发泡鞋底材料比不加滑石粉的复合发泡鞋底材料的撕裂强度要高。但是，滑石粉毕竟是一种极性和刚性比较强的无机物，颗粒表面有很多羟基，与聚

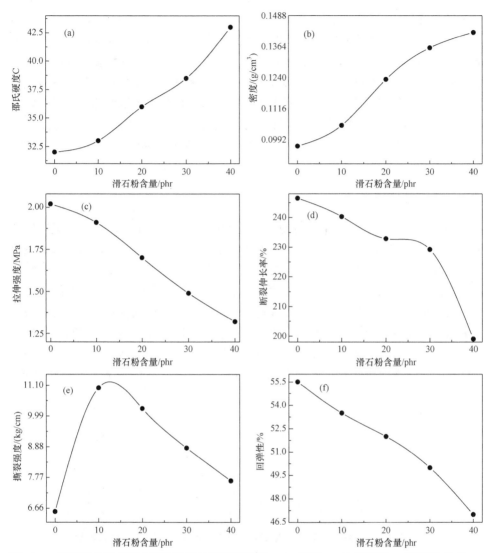

图 10-5 滑石粉含量对复合发泡鞋底材料邵氏硬度 C(a)、密度(b)、拉伸强度(c)、断裂伸长率(d)、
撕裂强度(e)和回弹性(f)的影响

合物 EVA 及弹性体 POE 的相容性较差,并且随着滑石粉含量的增加,在发泡时,复合发泡鞋底材料的黏度急剧增加,使得发泡剂 AC 产生的气体在共混物熔体中扩散困难,随着滑石粉含量的增加,玉米淀粉/EVA 复合发泡鞋底材料的邵氏硬度 C、密度上升,拉伸强度、撕裂强度及回弹性均降低。对比第 9 章木薯淀粉/EVA 复合发泡鞋底材料中 9.3.2 节 “5. 滑石粉含量对木薯淀粉/EVA 复合发泡鞋底材料物理力学性能的影响,结果发现,复合发泡鞋底材料中不加滑石粉时,木薯淀粉/EVA

复合发泡鞋底材料各个物理力学性能均比玉米淀粉/EVA复合发泡鞋底材料好,而加入滑石粉后,无论滑石粉加入多少,木薯淀粉/EVA复合发泡鞋底材料各个物理力学性能均比玉米淀粉/EVA复合发泡鞋底材料差。这主要是由于木薯淀粉/EVA复合发泡鞋底材料的发泡体系黏度本身比玉米淀粉/EVA复合发泡鞋底材料发泡体系黏度大,但对于发泡来说,黏度适中,加入刚性且不可熔融的滑石粉颗粒以后,木薯淀粉/EVA复合发泡鞋底材料的发泡体系黏度增大的幅度比较大,影响发泡体系泡孔的形成及长大,故加入滑石粉后,玉米淀粉/EVA复合发泡鞋底材料各个物理力学性能要好一些。

10.3.3　环境扫描电镜测试

图10-6为玉米淀粉、甘油增塑玉米淀粉放大2000倍的环境扫描电镜照片。从图10-6(a)中可以看出,玉米淀粉颗粒为多晶体系,多为压碎状的六角形、三角锥形及球形,颗粒表面光滑,看起来结实、饱满。从图10-6(b)中可以看出,经过增塑后的玉米淀粉表面粗糙,且上面有很多裂纹,颗粒呈疏松状。这可能是由于在对玉米淀粉进行增塑改性时,在高速混合机中进行高速混合时,玉米淀粉颗粒之间以及玉米淀粉颗粒与高速混合机的搅拌子及高速混合机的器壁之间的飞速碰撞,破坏了玉米淀粉颗粒的完整性,使得玉米淀粉表面破裂,出现裂纹,而正是裂纹的出现,使得增塑剂甘油能够渗透到玉米淀粉颗粒的内部,从而提高增塑效果。

图10-6　玉米淀粉(a)、甘油增塑玉米淀粉(b)的环境扫描电镜照片

在相同助剂条件下,对EVA发泡材料、玉米淀粉/EVA复合发泡材料、玉米淀粉/EVA/EAA复合发泡材料前驱体的液氮脆断面在500倍和3000倍下进行形貌分析,如图10-7所示。由图10-7可以明显看出,500倍和3000倍下,尤其是3000倍下,EVA发泡材料前驱体的断面为连续的海-海结构,断面光滑;而玉米淀粉/EVA发泡材料前驱体断面上均有较多的颗粒和凹坑,其中,颗粒为未塑化的玉米淀粉颗粒,凹坑为液氮脆断时玉米淀粉颗粒脱落后留下的孔洞。但是,比较玉米淀粉/EVA、玉米淀粉/EVA/EAA发泡材料前驱体的断面可以明显看出,其中前者

的前驱体断面上的颗粒和孔洞比后者的前驱体断面上的多，且这些颗粒和凹坑在
EVA 基体中分布不均匀，有较强的团聚现象，说明玉米淀粉和 EVA 的相容性比
较差；加入增容剂 EAA 后，基体中的颗粒和凹坑明显减少，分布也趋于均匀，
说明 EAA 的加入大大地改善了玉米淀粉与 EVA 的相容性。此外，凹坑的减少也
表明玉米淀粉和 EVA 的黏结力增大了，在外力的作用下玉米淀粉颗粒难以脱落，
这有助于提高鞋底发泡材料的拉伸性能及撕裂性能。

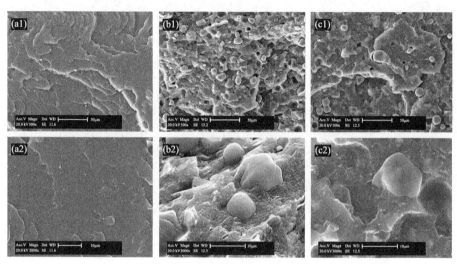

图 10-7　玉米淀粉/EVA 复合发泡材料发泡前的环境扫描电镜照片

(a1)、(a2) EVA；(b1)、(b2) 玉米淀粉/EVA；(c1)、(c2) 玉米淀粉/EVA/EAA

图 10-8 为玉米淀粉含量对复合发泡鞋底材料孔洞大小及分布影响的环境扫
描电镜照片。从图中可以看出，无论玉米淀粉含量为多少，复合发泡鞋底材料内
部孔洞多为闭孔孔洞，少数为开孔孔洞。但是，随着玉米淀粉含量的增多，开孔
孔洞减少，尤其是玉米淀粉含量为 80 phr 时，复合发泡鞋底材料内部气孔几乎全
为闭孔孔洞。当 EVA 复合发泡鞋底材料中不添加玉米淀粉时，复合发泡鞋底材料
内部孔洞尺寸大小均一，孔洞比较大。随着玉米淀粉含量的增多，复合发泡鞋底
材料内部孔洞变多变小。这说明，玉米淀粉的加入同样能够有效地降低复合发泡
鞋底材料内部孔洞的大小，提高孔洞的数量，进而影响复合发泡鞋底材料的物理
力学性能，如增大材料的密度、降低材料的拉伸性能等。

对比图 9-8 发现，玉米淀粉/EVA 复合发泡鞋底材料内部的闭孔孔洞比木薯淀
粉/EVA 复合发泡鞋底材料内部的多。相同淀粉含量时，前者孔洞较大，尤其是
淀粉含量为 80 phr 时，孔洞大小差别尤为明显。这主要是由于木薯淀粉本身颗粒
大、黏度大的性质使发泡剂 AC 分解产生的气体更难扩散，泡孔更难成长，尤其
是淀粉含量较多时，这种阻碍作用更突出。

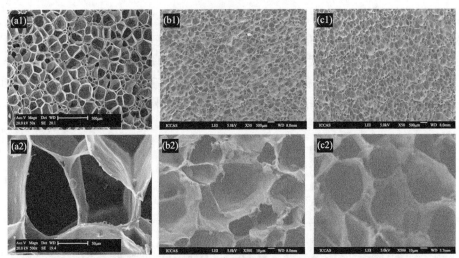

图 10-8 不同玉米淀粉含量的复合发泡鞋底材料的环境扫描电镜照片

(a1)、(a2) 0 phr；(b1)、(b2) 40 phr；(c1)、(c2) 80 phr

10.3.4 热重分析

为了考查增塑剂甘油对玉米淀粉受热后特征温度的影响，分别对玉米淀粉、增塑玉米淀粉做热失重实验。图 10-9 为玉米淀粉和 10 phr 甘油增塑玉米淀粉的 TG 和 DTG 曲线。从图 10-9(a)TG 曲线可知，在 100℃左右有 2.1%的质量损失，这可能是玉米淀粉颗粒上结合水的蒸发导致的；玉米淀粉的初始分解温度为265℃，从 DTG 曲线上可以读出玉米淀粉的最快分解温度为306℃。从图 10-9(b)TG 曲线上可以读出在 100℃左右有 3.5%的质量损失，这部分仍是玉米淀粉颗粒上结合水的损失，同时，这说明对玉米淀粉进行增塑以后，玉米淀粉更易结合环境中的水分(每个甘油分子含有三个—OH，吸水性更强的缘故)；另外，在 169~265℃增塑玉米淀粉的 TG 曲线有明显的质量损失，这部分的质量损失可能是甘油与玉

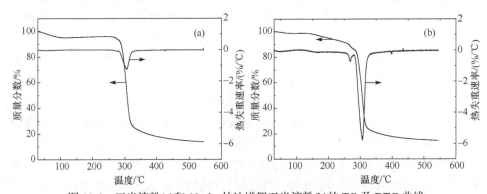

图 10-9 玉米淀粉(a)和 10 phr 甘油增塑玉米淀粉(b)的 TG 及 DTG 曲线

米淀粉分子间氢键断裂及甘油分解造成的质量损失。图 10-9(b)DTG 曲线在 268℃
有一个小峰且 304℃有一个大峰，这与图 10-9(a)中 DTG 曲线不同，说明甘油的加
入对玉米淀粉的热性能确实有一些影响。

图 10-10 为玉米淀粉/EVA 复合发泡鞋底材料的 TG 和 DTG 曲线。对传统的
EVA 复合发泡鞋底材料的热重曲线解读如下，从室温到 800℃有两个分解台阶，

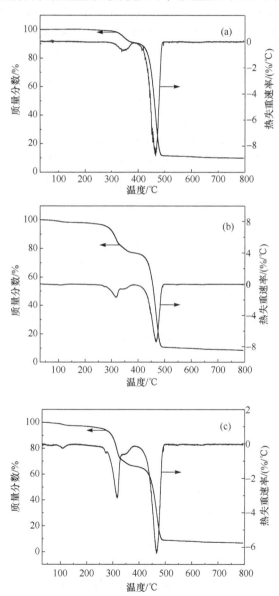

图 10-10 玉米淀粉/EVA 复合发泡鞋底材料的 TG 与 DTG 曲线

(a) 0 phr；(b) 40 phr；(c) 80 phr

第一台阶的初始分解温度、终止分解温度及最大热失重速率温度分别为 320℃、400℃和350℃，在此阶段质量损失 8.62%；第二分解区间为 420～495℃，质量损失为 76.82%，在 465℃热失重速率最大，经过两步分解以后，传统 EVA 复合发泡鞋底材料最终剩余9.86%。加入40 phr 玉米淀粉与80 phr 淀粉后，从室温到800℃仍有两个分解台阶，但是第一台阶的分解温度随着玉米淀粉含量的增加而降低，分别为 285℃和 280℃，最大热失重速率温度也随着玉米淀粉含量的增加而降低，分别为 320℃和 315℃。在第一分解台阶内，复合发泡鞋底材料质量损失分别增大至 17.80%和 28%，这主要是由于此温度区间对应着玉米淀粉的分解温度区间，在该温度区间内玉米淀粉/EVA 复合发泡鞋底材料质量损失增多，但增多的数量低于增加的玉米淀粉含量的数量，说明复合发泡鞋底材料在制备的过程中玉米淀粉只是部分塑化，制得的复合发泡鞋底材料内部存在未塑化的玉米淀粉，且未塑化的玉米淀粉含量随着玉米淀粉含量的增加而增加。加入玉米淀粉后，第二台阶的分解温度区间基本不变，但在此台阶内复合发泡鞋底材料质量损失降低，分别为 64.31%和 52.57%。综上所述，加入玉米淀粉后，复合发泡鞋底材料的热稳定性降低。

10.3.5 熔体流动速率测试

1. 玉米淀粉含量对复合发泡鞋底材料熔体流动速率的影响

图 10-11 为玉米淀粉含量对复合发泡鞋底材料熔体流动速率的影响。由图可知，随着玉米淀粉含量的增多，玉米淀粉/EVA 复合发泡鞋底材料的熔体流动速率逐渐减小，当玉米淀粉从 0 phr 增加到 80 phr 时，溶体流动速率从 1.74 g/10 min

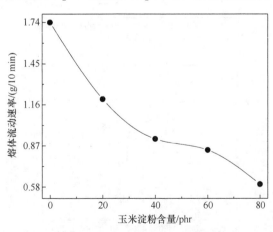

图 10-11　玉米淀粉含量对复合发泡鞋底材料熔体流动速率的影响

测试温度为 190℃，负荷为 2.16 kg

降低到 0.60 g/10 min，说明玉米淀粉的加入明显降低了玉米淀粉/EVA 复合发泡鞋底材料的熔体流动速率，增加了共混体系的黏度。这表明，一方面玉米淀粉的加入在发泡时有助于提高熔融共混体系的黏度，抑制发泡剂 AC 分解产生的气体逸出；另一方面却降低了复合发泡鞋底材料的加工性能。这是因为玉米淀粉和木薯淀粉一样，是一种天然结晶高分子化合物，分子内与分子间有大量羟基，并以氢键的方式形成玉米淀粉颗粒，导致玉米淀粉的分解温度低于熔融温度，直接加热没有熔融过程，难以塑化，故在 EVA、POE 等高聚物的熔化体系中，仍含有未塑化的玉米淀粉颗粒，这些未塑化的玉米淀粉颗粒增大了玉米淀粉颗粒与聚合物熔体的摩擦阻力，且随着玉米淀粉含量的增加，这种摩擦阻力越来越大，导致玉米淀粉/EVA 复合发泡鞋底材料的黏度增大，表现为溶体流动速率逐渐减小。对比 9.3.6 节 "1. 中木薯淀粉含量对复合发泡鞋底材料熔体流动速率的影响" 中的影响曲线，发现玉米淀粉的加入使复合发泡鞋底材料熔体流动速率降低的幅度远小于木薯淀粉，这是由于玉米淀粉中的直链淀粉与支链淀粉的比值比木薯淀粉高，证明了木薯淀粉本身的黏度确实比玉米淀粉的大。同时这表明，玉米淀粉比木薯淀粉更容易进行加工。

2. 滑石粉含量对复合发泡鞋底材料熔体流动速率的影响

图 10-12 为滑石粉含量对复合发泡鞋底材料熔体流动速率的影响。从图中可以明显看出，随着滑石粉含量的增加，玉米淀粉/EVA 复合发泡鞋底材料的熔体流动速率和木薯淀粉/EVA 复合发泡鞋底材料的熔体流动速率一样逐渐降低，未加滑石粉时，复合发泡鞋底材料的熔体流动速率为 1.14 g/10 min，加入 40 phr 滑石粉后，复合发泡鞋底材料的熔体流动速率低至 0.72 g/10 min。玉米淀粉/EVA 复合发泡鞋底材料的熔体流动速率随滑石粉含量的增加而降低的原理与木薯淀粉/EVA

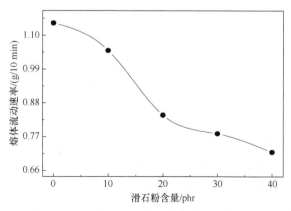

图 10-12　滑石粉含量对复合发泡鞋底鞋底材料熔体流动速率的影响

测试温度为 190℃，负荷为 2.16 kg

复合发泡鞋底材料的熔体流动速率随滑石粉含量的增加而降低的原理相同,在此不再重复。但是,对比滑石粉含量对木薯淀粉/EVA 复合发泡鞋底材料的熔体流动速率的影响,发现玉米淀粉/EVA 复合发泡鞋底材料在加入滑石粉后,其熔体流动速率降低的幅度较小。这主要是由于木薯淀粉与玉米淀粉颗粒大小及本身黏度不同。

10.4　本章小结

(1) 增塑剂甘油的加入能部分破坏及削弱玉米淀粉分子间的氢键作用,降低玉米淀粉的极性,达到增塑的效果。

(2) 通过 $L_9(3^4)$ 正交实验优化配方设计,研究了弹性体 POE、增容剂 EAA、滑石粉及增塑剂甘油对玉米淀粉/EVA 复合发泡鞋底材料物理力学性能的影响。研究发现:不同的配方对其密度影响不大,但对邵氏硬度 C、拉伸强度、断裂伸长率、撕裂强度及回弹性有较大的影响。配方 8 的综合力学性能最好,其拉伸强度、断裂伸长率和回弹性最大,分别达 2.52 MPa、290.96%和58%。配方 6 和配方 9 的综合力学性能次之;滑石粉对其物理力学性能的影响最大,弹性体 POE 和增容剂 EAA 次之,甘油影响最小。其中,增容剂 EAA 和滑石粉对复合发泡鞋底材料的邵氏硬度 C 和撕裂强度影响显著;弹性体 POE 和滑石粉对其拉伸强度和回弹性影响显著。

(3) 随着玉米淀粉含量的增加,玉米淀粉/EVA复合发泡鞋底材料的拉伸强度、断裂伸长率均降低;撕裂强度及回弹性均先升高后降低,在玉米淀粉含量为 20 phr 时,撕裂强度和回弹性均达到最大值;邵氏硬度 C 则在玉米淀粉含量为 20 phr 时最小,为 35;密度则随着玉米淀粉含量的增加呈现先上升后下降的趋势。并且随着玉米淀粉含量的增多,玉米淀粉/EVA 复合发泡鞋底材料的熔体流动速率逐渐减小,当玉米淀粉从 0 phr 增加到 80 phr 时,熔体流动速率从 1.74 g/10 min 降低到 0.60 g/10 min。

(4) 随着发泡剂 AC 含量的增加,玉米淀粉/EVA 复合发泡鞋底材料的邵氏硬度 C、密度、拉伸强度均降低,而其断裂伸长率和撕裂强度则呈现先上升后降低的趋势,回弹性则呈现一直上升的趋势。综合考虑,AC 含量为 6.2 phr 时,复合发泡鞋底材料的综合物理力学性能最佳。

(5) 随着交联剂 DCP 含量的增多,玉米淀粉/EVA 复合发泡鞋底材料的邵氏硬度 C、密度增大,但其拉伸强度、撕裂强度及回弹性则先升高后降低。综合来看,当 DCP 含量为 0.9 phr 时,复合发泡鞋底材料的断裂伸长率、撕裂强度及回弹性达到最大值,分别为 261.94%、9.46 kg/cm 及 54%,此时的拉伸强度为 1.94

MPa，综合物理力学性能最佳。

(6) 随着滑石粉含量的增多，玉米淀粉/EVA 复合发泡鞋底材料的邵氏硬度 C、密度呈现上升趋势；而拉伸强度、断裂伸长率、回弹性则呈现下降趋势；当滑石粉含量为 10 phr 时，其撕裂强度最大，达 11.01 kg/cm。并且，随着滑石粉含量的增加，玉米淀粉/EVA 复合发泡鞋底材料的熔体流动速率逐步降低，当滑石粉从 0 phr 增加到 80 phr 时，复合发泡鞋底材料的熔体流动速率从 1.14 g/10 min 降低至 0.72 g/10 min。

(7) 经过增塑后的玉米淀粉表面粗糙，且上面有很多裂纹，颗粒呈疏松状，有利于增塑剂甘油渗透到玉米淀粉颗粒的内部，提高增塑效果；增容剂 EAA 的加入，能够大大减少复合发泡鞋底材料前驱体断面上的颗粒和凹坑数量，改善了玉米淀粉与 EVA 的相容性，并提高了二者的界面黏结力。

(8) 无论玉米淀粉含量为多少，复合发泡鞋底材料内部孔洞多为闭孔孔洞，少数为开孔孔洞，但随着玉米淀粉含量的增多，开孔孔洞逐渐较少，且复合发泡鞋底材料内部孔洞变多变小。

第 11 章　改性高岭土在玉米淀粉/EVA 复合发泡鞋底材料中的应用

11.1　引　　言

高岭土又称为瓷石，是一种典型的层状含水硅酸盐高岭石族矿物，主要成分是高岭石，其晶体结构和分子结构如图 11-1 所示。

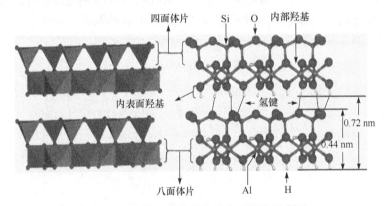

图 11-1　高岭土晶体结构及分子结构示意图

高岭土的晶体化学式为 $2Al_2Si_2O_5(OH)_8$ 或者 $2SiO_2 \cdot Al_2O_3 \cdot 2H_2O$，晶体结构为硅氧四面体和铝氧八面体以 $1:1$ 在 c 轴方向周期性一层层排列组成，其中层与层之间硅氧四面体中的氢与铝氧八面体中的氧以"非对称"的氢键形式相连成羟基，具有很强的极性。高岭土经过高温煅烧以后，结晶水和其他杂质消失，二氧化硅和三氧化铝含量提高，但羟基一般不消失，故煅烧后高岭土仍具有相当的极性。

高岭土具有价廉、化学性质稳定、无毒无味、密度小、比表面积大、耐油耐酸碱、耐热等优点，常用作聚合物填料，以期降低复合材料的成本及提高复合材料的某些特殊性能，如尺寸稳定性、冲击强度、拉伸强度、撕裂强度、阻燃性能及绝缘性能等。但是，由于高岭土极性较大，与聚合物的相容性差，故需要对高岭土进行改性处理，以增加高岭土的疏水性。常用的改性方法有煅烧、机械研磨、包膜、化学接枝、插层复合和偶联剂表面处理等。本章则利用偶联剂对高岭土进行干法表面处理。

目前，高岭土用于填充聚苯乙烯、聚丙烯、聚丙烯酰胺、聚乙烯醇、聚甲基丙烯酸甲酯、聚酰胺等聚合物制备高岭土/聚合物复合材料的研究应用较多，用于 EVA 鞋底发泡材料的研究较少。在此背景下，本章以硅烷偶联剂 KH-550、硅烷偶联剂 KH-570 分别对煤系煅烧超细高岭土、水洗高岭土及龙岩煅烧高岭土进行表面处理，然后加入玉米淀粉/EVA 复合发泡鞋底材料中。通过活化指数、红外光谱分析、XRD 分析、扫描电镜分析及各种物理力学性能测试，重点研究高岭土改性的效果及改性高岭土对玉米淀粉/EVA 复合发泡鞋底材料物理力学性能的影响。

11.2　玉米淀粉/EVA/高岭土复合发泡鞋底材料的制备过程

玉米淀粉/EVA/高岭土复合发泡鞋底材料的制备过程如下。

(1) 将高岭土在 80℃干燥 48 h。

(2) 配制偶联剂改性液。将硅烷偶联剂 KH-550 与乙醇按 1∶3、硅烷偶联剂 KH-570 与甲醇按 1∶3 分别在室温下搅拌配成溶液。

(3) 预热高速混合机至 80℃，将高岭土和硅烷偶联剂 KH-550 改性液按 100∶0.6、100∶1.2、100∶1.8、100∶2.4 的比例加入预热好的高速混合机中高速搅拌 15 min，制得硅烷偶联剂 KH-550 改性高岭土。

(4) 预热高速混合机至 80℃，将高岭土和硅烷偶联剂 KH-570 改性液按 100∶0.6、100∶1.2、100∶1.8、100∶2.4 的比例加入预热好的高速混合机中高速搅拌 15 min，制得硅烷偶联剂 KH-570 改性高岭土。

(5) 将 EVA、玉米淀粉、弹性体 POE、增容剂 EAA、改性高岭土及其助剂按一定的比例加入密炼机中塑炼 6 min，温度达到 95～100℃时取出；在炼塑机上加入交联剂 DCP 和发泡剂 AC 开炼拉片，175～180℃进行发泡，制得玉米淀粉/EVA/高岭土复合发泡鞋底材料。

11.3　玉米淀粉/EVA/高岭土复合发泡鞋底材料的结构与性能表征

11.3.1　改性高岭土活化指数分析

以去离子水为分散介质，测定改性后高岭土的活化指数。高岭土在改性前由于层与层间氢键的存在，极性较大，呈亲水性，高岭土颗粒所受的重力大于相界面间作用力，高岭土全部沉降，活化指数为 0；经表面改性后，高岭土被改性剂包覆，呈现出不同的疏水性，巨大的表面张力使其在水中漂浮。故高岭土在水中的沉浮情况可以反映高岭土改性的效果。

将 1 g 改性高岭土投入装有 300 mL 去离子水的 500 mL 烧杯中，磁力搅拌 4 h 后，静置 24 h。将漂浮的部分取出、过滤、干燥，并称其质量。

活化指数按公式(11-1)计算：

$$活化指数(H_1) = \frac{样品中漂浮部分的质量(g)}{样品总质量(g)} \times 100\% \tag{11-1}$$

未改性的高岭土由于表面具有羟基及极性基团，在水中全部下沉。对高岭土进行表面改性以后，外层包覆的表面活性剂使得高岭土由亲水性变为亲油性，改性过的高岭土在水中的表面张力变大，大于高岭土自身重力，在水中上浮，故用沉浮法可以比较直观地观察到高岭土表面改性的效果。图 11-2 为煤系煅烧高岭土、水洗高岭土及龙岩高岭土在硅烷偶联剂 KH-550 及硅烷偶联剂 KH-570 表面改性后在去离子水中搅拌、24 h 静置稳定后的照片。由图可以看出，无论何种高岭土，用硅烷偶联剂 KH-570 改性的效果最佳，用 2.4 phr 的硅烷偶联剂 KH-550 改性的高岭土，高岭土仍在水中基本下沉，可见，硅烷偶联剂 KH-570 表面包覆改性是一种改性高岭土效果较好的方法。

图 11-2　改性高岭土的活化效果照片

(a) 硅烷偶联剂 KH-550 改性煅烧高岭土；(b) 硅烷偶联剂 KH-570 改性煅烧高岭土；(c) 硅烷偶联剂 KH-550 改性水洗高岭土；(d) 硅烷偶联剂 KH-570 改性水洗高岭土；(e) 硅烷偶联剂 KH-550 改性龙岩高岭土；(f) 硅烷偶联剂 KH-570 改性龙岩高岭土

　　表 11-1、表 11-2 为两种改性剂改性高岭土的活化指数。由表可知，硅烷偶联剂 KH-570 对高岭土的改性效果远远高于硅烷偶联剂 KH-550，这种结果与图 11-2 改性高岭土的活化效果照片显示的结果完全一致。原因分析可能如下，硅烷偶联剂 KH-550 的分子式为 $NH_2CH_2CH_2CH_2Si(OC_2H_5)_3$，从分子结构看，KH-550 含有两种活性基团，氨基和乙氧基。氨基是一种极性基团，易与氢原子形成氢键，乙氧基可与高岭土中的硅氧四面体结合，但高岭土是一种片层结构，据文献分析，未进行插层改性的高岭土在(001)面的层间距仅为 0.72nm，层间距非常小，而羟基位于高岭土晶体硅氧四面体与铝氧八面体之间，氨基很难接近，乙氧基更难接近，故硅烷偶联剂 KH-550 改性高岭土达不到高岭土疏水改性的效果。硅烷偶联剂 KH-570 分子为 $CH_2=C(CH_3)COOCH_2CH_2CH_2Si(OCH_3)_3$，从分子结构看，它也含有两种活性基团，甲基丙烯酰氧基和甲氧基。其中，甲基丙烯酰氧基可与高岭土表面的有机基团反应，从而在高岭土表面形成强力的化学键或分子间力，而在高速搅拌的条件下，较小的甲氧基比乙氧基易亲近硅氧四面体，与高岭土的骨架材料结合，故硅烷偶联剂 KH-570 对高岭土的表面疏水改性效果较好。从数据中可知，当硅烷偶联剂 KH-570 含量较小时，对煅烧高岭土尤其是龙岩高岭土的改性效果就较好，当硅烷偶联剂 KH-570 为 0.6 phr 时，龙岩煅烧高岭土的活化指数就可达到 98.5%。

表 11-1　硅烷偶联剂 KH-570 改性高岭土的活化指数

	硅烷偶联剂 KH-570 份数/phr				
	0	0.6	1.2	1.8	2.4
煅烧高岭土/%	0	94.5	99	100	100
水洗高岭土/%	0	85.6	90.5	99.0	100
龙岩高岭土/%	0	98.5	100	100	100

表 11-2　硅烷偶联剂 KH-550 改性高岭土活化指数

	硅烷偶联剂 KH-550 份数/phr				
	0	0.6	1.2	1.8	2.4
煅烧高岭土/%	0	0	0	0	3
水洗高岭土/%	0	0	0	0	0
龙岩高岭土/%	0	0	2	8	15

11.3.2　傅里叶变换红外光谱分析

本章中的三种高岭土，其本质都是由硅氧四面体和铝氧八面体组成，所含的化学键和官能团相同，只是比例不同，故本部分以煅烧高岭土为例，用傅里叶红外光谱分析法研究高岭土改性前后分子内化学键及官能团的变化。图 11-3 是煅烧高岭土改性前后的傅里叶变换红外光谱图。

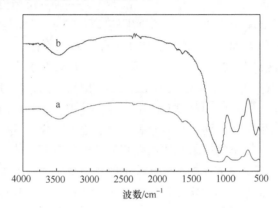

图 11-3　煅烧高岭土及改性煅烧高岭土的傅里叶变换红外光谱图
a. 煅烧高岭土；b. 改性煅烧高岭土

由图可知，煅烧高岭土在 3440 cm^{-1} 处出现—OH 的特征伸缩振动吸收峰，说明高岭土经过了高温煅烧，但高岭土层与层之间的—OH 并没有完全脱去，煅烧高岭土仍具有较强的极性。在 1129 cm^{-1}、455 cm^{-1} 处的吸收峰归属于 Al—O 的伸缩振动峰，在 816 cm^{-1} 处的吸收峰归属于 Si—O 特征吸收峰。而硅烷偶联剂 KH-570 改性煅烧高岭土则在 1711 cm^{-1} 处出现新的特征吸收峰，该峰为 C=O 的特征吸收峰；在 2930 cm^{-1} 及 2830 cm^{-1} 处出现—CH_3 和—CH_2 中的 C—H 伸缩振动吸收峰，这三种特征吸收峰的出现，虽然不能确定表面活性剂硅烷偶联剂 KH-570 分子在煅烧高岭土表面是物理吸附还是化学作用，但是可以表明煅烧高岭土经过硅烷偶联剂 KH-570 改性表面改性后，表面出现了有机化现象，这种有机化作用能够降低煅烧高岭土的表面极性，提高其与 EVA、弹性体等的结合力，增加两者的相容性。

11.3.3　X 射线衍射分析

图 11-4 为不同高岭土改性前后的 XRD 图谱。从图中可以看出，无论何种高岭土，改性前后 XRD 图谱中均没有新峰出现，且各峰的位置没有明显的变化，只有微弱的红移或者蓝移，说明硅烷偶联剂 KH-570 不能改变高岭土的晶型结构。

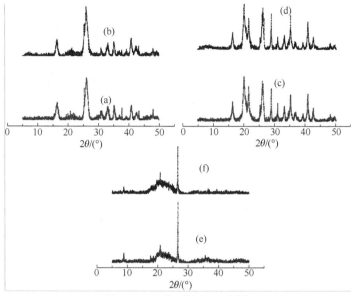

图 11-4　高岭土的 XRD 图谱

(a) 煅烧高岭土；(b) 改性煅烧高岭土；(c) 水洗高岭土；(d) 改性水洗高岭土；(e) 龙岩煅烧高岭土；(f)改性龙岩高岭土

11.3.4　物理力学性能测试

1. 硅烷偶联剂 KH-570 含量对玉米淀粉/EVA 复合发泡鞋底材料性能的影响

图 11-5～图 11-9 为硅烷偶联剂 KH-570 含量对玉米淀粉/EVA 复合发泡鞋底材料性能的影响，其中曲线 a 代表水洗高岭土、b 代表煤系煅烧高岭土、c 代表龙岩煅烧高岭土。

从图 11-5 的曲线中可以看出，表面活性剂 KH-570 的加入，能够提高复合发泡鞋底材料的密度，且 KH-570 加入的量越多，材料的密度越大。当高岭土的活

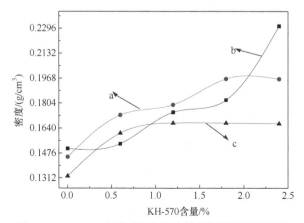

图 11-5　KH-570 含量对复合发泡鞋底材料密度的影响

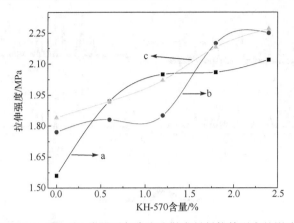

图 11-6　KH-570 含量对复合发泡鞋底材料拉伸强度的影响

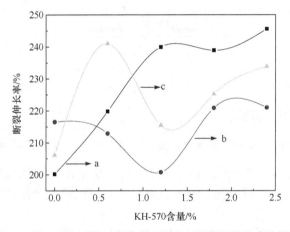

图 11-7　KH-570 含量对复合发泡鞋底材料断裂伸长率的影响

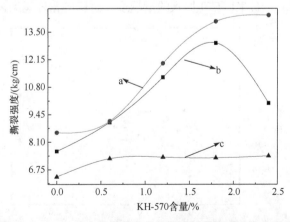

图 11-8　KH-570 含量对复合发泡鞋底材料撕裂强度的影响

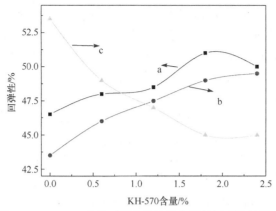

图 11-9　KH-570 含量对复合发泡鞋底材料回弹性的影响

化指数达到或者接近 100%时，继续添加表面活性剂 KH-570，含水洗高岭土的复合发泡鞋底材料及含龙岩煅烧高岭土的复合发泡鞋底材料的密度变化不大，而含煤系煅烧高岭土的复合发泡鞋底材料的密度则会继续增加。这可能是由于 KH-570 对复合发泡鞋底材料有正负两方面的影响，一方面可以增大高岭土和 EVA 等高聚物基体材料的黏结力，提高它们的相容性，改善高岭土在基体中的分布情况，从而改善复合发泡鞋底材料内部泡孔的分散状况，但是高岭土作为复合发泡鞋底材料的填充剂和成核剂，表面有机化后使得高岭土作为有效成核剂的量增大，故发泡材料内部的气孔变小，材料密度增大；另一方面，KH-570 沸点较高，为 350℃左右，因此复合发泡鞋底材料在 175℃左右发泡时，KH-570 挥发不出去，且在该温度下，KH-570 又不能分解，故在发泡时，过多的硅烷偶联剂也充当了成核剂，使复合发泡鞋底材料内部的泡孔变得更小，材料的密度增大。

由图 11-6 可以看出，无论何种高岭土，随着 KH-570 含量的增加，复合发泡鞋底材料的拉伸强度均增大，其中，玉米淀粉/EVA/煤系煅烧高岭土复合发泡鞋底材料的拉伸强度从 1.77 MPa 提高到 2.25 MPa，玉米淀粉/EVA/水洗高岭土复合发泡鞋底材料的拉伸强度从 1.56 MPa 提高到 2.06 MPa，玉米淀粉/EVA/龙岩煅烧高岭土复合发泡鞋底材料的拉伸强度从 1.84 MPa 提高到 2.27 MPa。

图 11-7 为 KH-570 含量对复合发泡鞋底材料断裂伸长率的影响。从图中可以看出，玉米淀粉/EVA/水洗高岭土复合发泡鞋底材料的断裂伸长率随着硅烷偶联剂 KH-570 含量的增加而增加，但当硅烷偶联剂 KH-570 含量为 1.2%时，玉米淀粉/EVA/煤系煅烧高岭土复合发泡鞋底材料及玉米淀粉/EVA/龙岩煅烧高岭土复合发泡鞋底材料的断裂伸长率均最小。

由图 11-8 可以看出，随着硅烷偶联剂 KH-570 含量的增加，无论是何种高岭土，复合发泡鞋底材料的撕裂强度均比未改性前好；当改性高岭土的活化指数达到或者接近 100%时，继续增加 KH-570，复合发泡鞋底材料的撕裂变化不大。

图 11-9 为 KH-570 含量对复合发泡鞋底材料回弹性的影响。从图中可以看出，玉米淀粉/EVA/煤系煅烧高岭土复合发泡鞋底材料及玉米淀粉/EVA/水洗高岭土复合发泡鞋底材料的回弹性均随着硅烷偶联剂 KH-570 含量的增加而增加，但玉米淀粉/EVA/龙岩煅烧高岭土复合发泡鞋底材料的回弹性则随着硅烷偶联剂 KH-570 含量的增加而降低。

综合图 11-5～图 11-9 各种物理力学性能与硅烷偶联剂 KH-570 含量变化的曲线可以得出以下结论：对于玉米淀粉/EVA/煅烧高岭土复合发泡鞋底材料及玉米淀粉/EVA/水洗高岭土复合发泡鞋底材料，当硅烷偶联剂 KH-570 含量为 1.8 phr 时，其各种物理力学综合性能基本达到最佳；对于玉米淀粉/EVA/龙岩煅烧高岭土复合发泡鞋底材料，当硅烷偶联剂 KH-570 含量为 0.6 phr 时，其各种物理力学综合性能就已达到最佳，继续增加硅烷偶联剂 KH-570 的含量，综合性能反而减小。

对于这些物理力学性能变化的曲线变化趋势的原因分析可能如下，三种高岭土改性前均为极性，与非极性及弱极性的 EVA 聚烯烃类材料相容性比较差，使得复合材料相分离现象比较严重，不利于提高复合发泡鞋底材料的物理力学性能；三种高岭土均为纳米尺寸，若不对其进行表面疏水处理改性，在玉米淀粉/EVA 复合发泡鞋底材料基体中，会有团聚现象。高岭土细小颗粒在基体中分布不均匀，也不利于提高复合发泡鞋底材料的物理力学性能，故分别对三种高岭土进行表面改性以后，复合发泡鞋底材料的综合力学性能提高。但是，表面活性剂 KH-570 的加入量并不是越多越好，有一定的限度，改性后高岭土的活化指数接近或达到100%时，继续添加表面活性剂，反而会降低复合发泡鞋底材料的物理力学性能。这可能主要是由于纳米尺寸的层状高岭土在复合发泡鞋底材料基体中还起泡孔成核剂的作用，促进发泡时泡孔的成核，过多的表面活性剂也可以起泡孔成核剂的作用，最终使得复合发泡鞋底材料的物理力学性能降低。

2. 改性高岭土含量对玉米淀粉/EVA 复合发泡鞋底材料性能的影响

图 11-10 为改性高岭土含量对玉米淀粉/EVA 复合发泡鞋底材料性能的影响。其中曲线中 1 代表水洗高岭土、2 代表煤系煅烧高岭土、3 代表龙岩煅烧高岭土。

从图 11-10(a)可以看出，无论是何种高岭土，随着改性高岭土含量的增加，复合发泡鞋底材料的密度均增大。可能的原因分析如下，高岭土作为一种无机填料，刚性和极性比较大，并且不能熔融，故复合发泡鞋底材料从塑化到最终发泡，高岭土一直存在；在发泡的过程中，高岭土颗粒不仅可以增加发泡体系的黏度，而且与 EVA 高聚物熔体相互摩擦，且这种摩擦阻力随着高岭土含量的增加而增大，这两种作用均不利于复合发泡鞋底材料发泡，使得发泡后材料的泡孔孔径变小，材料的密度降低。

另由图 11-10(b)～(e)可以看出，随着各种改性高岭土含量的增加，对应复合

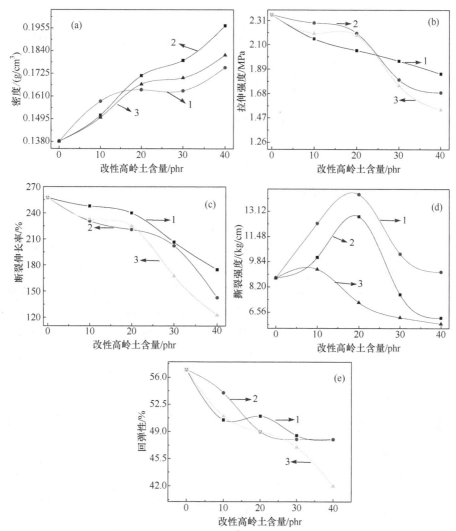

图 11-10　改性高岭土含量对复合发泡鞋底材料密度(a)、拉伸强度(b)、断裂伸长率(c)、
撕裂强度(d)及回弹性(e)的影响

发泡鞋底材料的拉伸强度、断裂伸长率及回弹性均降低；当改性水洗高岭土和煤系煅烧高岭土含量为 20 phr 时，复合发泡鞋底材料的撕裂强度均达到最大值，分别为 14.21 kg/cm。12.78 kg/cm，当改性龙岩高岭土含量为 10 份时，对应的复合发泡鞋底材料的撕裂强度达到最大值 9.35 kg/cm。

　　原因分析如下，少量的改性高岭土在玉米淀粉/EVA 复合发泡鞋底基体材料中均匀分布，并在发泡时起泡孔成核剂的作用，使得 AC 短时间内释放的大量气体在基体内驻留，泡孔成核并长大，故加入少量改性高岭土，复合发泡鞋底材料的撕裂强度较好。但随着改性高岭土含量的增加，一方面，复合发泡鞋底材料在发泡时体系黏度大大增加，使得发泡剂 AC 分解产生的气体在基体中难以均匀分散，影响发泡效果；另一方面，大量的改性高岭土作为体系的泡孔成核剂，在发泡瞬间产生大量的泡孔，但由于体系黏度问题，体系中某些位置的泡孔迅速长大，某些位置的泡孔得不到生长，进而影响复合发泡鞋底材料的宏观物理力学性能。另外，有关文献报道解释，高岭土含量的增加，会诱发体系异相成核，体系中均相成核与异相成核并存，同样使得复合发泡鞋底材料体系中的泡孔大小不一、分布不均，从而影响其宏观的物理力学性能。

11.3.5　环境扫描电镜测试

图 11-11 为高岭土改性前后的环境扫描电镜照片。低倍下，煤系煅烧高岭土及水洗高岭土，形状均呈团状，且团状尺寸较大，实际上这是硅氧四面体与铝氧八面体一层层叠加复合的结果；而龙岩煅烧高岭土呈细小的雪花状。高倍下观察均可清楚地看到高岭土的层状片层结构。无论是何种高岭土，改性前后其晶体形状均无多大变化，这与 XRD 图谱相吻合。仔细观察可知，每种高岭土经过改性后，团状或雪花状的晶体片层均铺展变大，且变得比较松散，这可能有利于高岭土在玉米淀粉/EVA 复合发泡鞋底材料基体中分散均匀。松散的高岭土片层上带有硅烷偶联剂 KH-570，更有利于高岭土与基体材料的结合，故高岭土经过改性以后，可以提高玉米淀粉/EVA 复合发泡鞋底材料的物理力学性能。

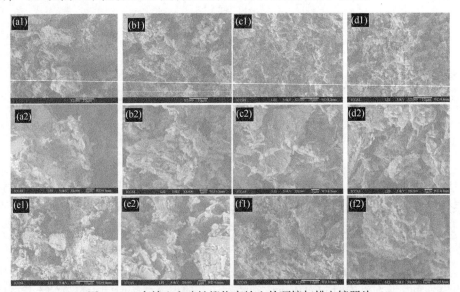

图 11-11　高岭土和改性煅烧高岭土的环境扫描电镜照片

(a1)、(a2) 煤系煅烧高岭土；(b1)、(b2) 改性煤系煅烧高岭土；(c1)、(c2) 龙岩煅烧高岭土；(d1)、(d2) 改性龙岩煅烧高岭土；(e1)、(e2) 水洗高岭土；(f1)、(f2) 改性水洗高岭土

图 11-12 为含改性高岭土的复合发泡鞋底材料的环境扫描电镜照片。由图可知，玉米淀粉/EVA 复合发泡鞋底材料及玉米淀粉/EVA/高岭土复合发泡鞋底材料内部多为闭孔孔洞，只有少数为开孔孔洞；对比未加高岭土的复合发泡鞋底材料，加入高岭土后，无论是煤系煅烧高岭土、龙岩煅烧高岭土还是水洗高岭土，复合发泡鞋底材料的泡孔数量均增多，泡孔直径均减小，开孔孔洞均减少。这说明无机粒子高岭土在玉米淀粉/EVA 复合发泡鞋底材料发泡时，确实起到了成核剂的作用，使得 AC 分解瞬间产生的大量 N_2 在基体材料中迅速成核，形成很多微小的泡孔，然后这些泡孔在各自的基体材料环境中长大。正是由于泡孔直径的减小及开孔孔洞的减少，加入高岭土后的复合发泡鞋底材料密度增大，拉伸性能和断裂伸长率及回弹性减小。

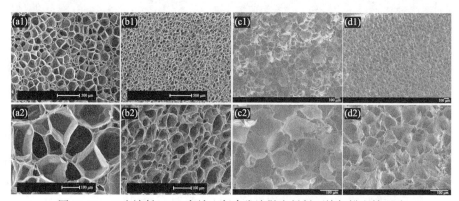

图 11-12　玉米淀粉/EVA/高岭土复合发泡鞋底材料环境扫描电镜照片

(a1)、(a2) 0 phr 高岭土；(b1)、(b2) 20 phr 煤系煅烧高岭土；(c1)、(c2) 20 phr 龙岩煅烧高岭土；
(d1)、(d2) 20 phr 水洗高岭土

为了研究加入高岭土后复合发泡鞋底材料的拉伸断裂机理，以含 20 phr 煤系煅烧高岭土的玉米淀粉/EVA 复合发泡鞋底材料拉伸实验后的试样为研究对象，将试样从断面处剪下后在 50 倍、500 倍、2000 倍下观察，如图 11-13 所示。从图中可以看出，无论是否添加改性煤系煅烧高岭土，经过拉伸测试后，复合发泡鞋底材料的气孔都沿拉伸方向变小；放大至 2000 倍后发现，复合发泡鞋底材料的泡孔孔壁有明显的拉伸韧丝，且韧丝卷曲沿孔壁一圈圈形成韧窝。对比空白样和含 20 phr 煤系煅烧高岭土的复合发泡鞋底材料在 500 倍和 2000 倍下的环境扫描电镜照片发现，后者泡孔孔壁上有很多细小的颗粒，这些颗粒即为不能塑化的刚性高岭土。故对玉米淀粉/EVA/高岭土复合发泡鞋底材料拉伸断裂的机理探讨如下：刚性高岭土颗粒均匀分布在复合发泡鞋底材料的泡孔孔壁上，起到辅助布层的作用，在复合发泡鞋底材料受到外力作用时，连续的 EVA 基体材料被拉伸，随着拉力的增大，有应力开裂现象，产生裂纹，而均匀分布的细小的高岭土颗粒能够阻止裂纹的扩展，从而阻止泡孔孔壁破裂，提高复合发泡鞋底材料的力学性能。

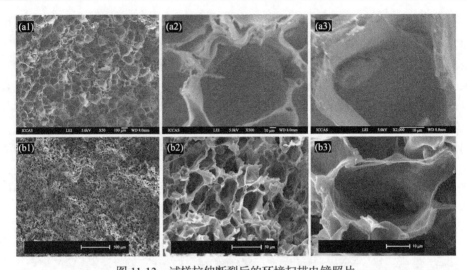

图 11-13　试样拉伸断裂后的环境扫描电镜照片

(a1)～(a3) 玉米淀粉/EVA 复合发泡鞋底材料；(b1)～(b3)含 20 phr 改性煤系煅烧高岭土的玉米淀粉/EVA 复合发泡鞋底材料

11.3.6　热重分析

图 11-14 为玉米淀粉/EVA/煤系煅烧高岭土改性前后复合发泡鞋底材料的 TG 和 DTG 曲线。由图可知，玉米淀粉/EVA/煤系煅烧高岭土复合发泡鞋底材料在 150℃之前质量损失为 2.31%，这部分质量损失是复合发泡鞋底材料中微量水分在加热环境下失重造成的。复合发泡鞋底材料从室温到 800℃有两个分解台阶，第一台阶的初始分解温度为 285℃，终止分解温度为 380℃，在此台阶内，复合发泡鞋底材料质量损失为 17.51%，并且在 316℃时热失重速率最快；第二台阶的初始分解温度为 425℃，终止分解温度为 485℃，在此台阶内复合发泡鞋底材料质量损失最大，为 62.8%，并且，在 472℃热失重速率达到最大值。复合发泡鞋底材料经过两步分解之后，最终剩余 12.61%的未分解的残渣。最终剩余的残渣即为耐高温的煅烧高岭土和复合发泡鞋底材料在制备的过程中加入的少量无机助剂如 ZnO 等。对于玉米淀粉/EVA/改性煤系煅烧高岭土复合发泡鞋底材料的热重曲线解读如下。在 150℃之前质量损失为 1.5%，这部分质量损失同样是复合发泡鞋底材料中微量水分在加热环境下失重造成的，但是，与高岭土改性前相比，质量损失有所减少，说明改性煤系煅烧高岭土能够提高复合发泡鞋底材料的疏水性。玉米淀粉/EVA/改性煤系煅烧高岭土复合发泡鞋底材料从室温到 800℃同样有两个分解台阶，第一台泡的过程中，高岭土颗粒不仅可以增加发热失重速率温度与煅烧高岭土未改性前相同，但是质量损失增加到 19.65%，这可能是由于硅烷偶联剂 KH-570 在此温度范围内分解；第二台阶的分解温度区间为 410～470℃，比煤系煅烧高岭土未改性前

并且，在 470℃热失重速率达到最大值。玉米淀粉/EVA/改性煤系煅烧高岭土复合发泡鞋底材料经过两步分解之后，最终剩余 11.99%的未分解的残渣。综上可知，煤系煅烧高岭土经过表面改性以后，能够微弱地降低复合发泡鞋底材料的热稳定性。

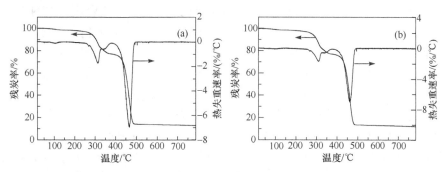

图 11-14　玉米淀粉/EVA/煤系煅烧高岭土复合发泡鞋底材料(a)及玉米淀粉/EVA/改性煤系煅烧高岭土复合发泡鞋底材料(b)的 TG 和 DTG 曲线

图 11-15 为玉米淀粉/EVA/龙岩高岭土改性前后复合发泡鞋底材料的 TG 和 DTG 曲线。对于玉米淀粉/EVA/龙岩煅烧高岭土复合发泡鞋底材料的热重曲线解读如下。在 150℃之前质量损失为 2.59%。从室温到 800℃有两个分解台阶，第一台阶的初始分解温度、终止分解温度及最大热失重速率温度分别为 285℃、380℃和 318℃，在此阶段质量损失为 18.25%；第二分解温度区间为 420～490℃，质量损失为 62.25%，在 467℃热失重速率最大，经过两步分解以后，玉米淀粉/EVA/龙岩煅烧高岭土复合发泡鞋底材料最终剩余 13.22%。玉米淀粉/EVA/改性龙岩煅烧高岭土复合发泡鞋底材料在 150℃之前质量损失为 2.24%。同样，与龙岩煅烧高岭土改性前相比，质量损失有所减少，进一步说明，KH-570 表面改性后能够提高复合发泡鞋底材料的疏水性。从室温到 800℃有两个分解台阶，第一台阶的分解温度区间为 280～380℃，在此台阶内，复合发泡鞋底材料质量损失为 18.65%，

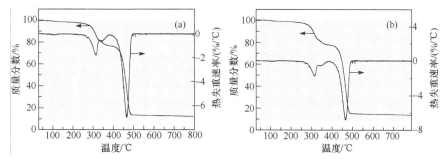

图 11-15　玉米淀粉/EVA/龙岩煅烧高岭土复合发泡鞋底材料(a)及玉米淀粉/EVA/改性龙岩煅烧高岭土复合发泡鞋底材料(b)的 TG 和 DTG 曲线

并且在 316℃时热失重速率最快；第二台阶的分解温度区间为 420～485℃，在此台阶内复合发泡鞋底材料质量损失最大，为 61.44%，并且，在 465℃热失重速率达到最大值。玉米淀粉/EVA/改性龙岩煅烧高岭土复合发泡鞋底材料经过两步分解之后，最终剩余 12.43%的未分解的残渣。

　　图 11-16 为玉米淀粉/EVA/水洗高岭土改性前后复合发泡鞋底材料的 TG 和 DTG 曲线。如图 11-16 所示，对于玉米淀粉/EVA/水洗高岭土复合发泡鞋底材料的热重曲线解读如下。在 150℃之前质量损失为 2.98%；从室温到 800℃有两个分解台阶，第一台阶的初始分解温度、终止分解温度及最大热失重速率温度分别为 280℃、400℃和 315℃，在此阶段质量损失为 18.27%；第二分解温度区间为 420～500℃，质量损失为 61.87%，在 465℃热失重速率最大，经过两步分解以后，复合发泡鞋底材料最终剩余质量为 11.9%。玉米淀粉/EVA/改性水洗高岭土复合发泡鞋底材料在 150℃之前质量损失 2.61%，同样，与改性前相比，质量损失有所减少，进一步说明，KH-570 表面改性后能够提高复合发泡鞋底材料的疏水性。从室温到 800℃有两个分解台阶，第一台阶的分解温度区间为 275～390℃，在此台阶内，复合发泡鞋底材料质量损失为 19.28%，并且在 315℃时热失重速率最快；第二台阶的分解温度区间为 420～490℃，在此台阶内复合发泡鞋底材料质量损失最大，为 62.12%，并且，在 465℃热失重速率达到最大值。经过两步分解之后，最终剩余 10.84%的未分解的残渣。

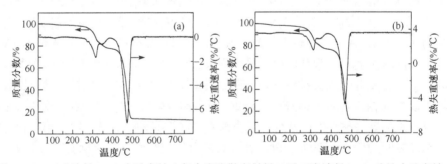

图 11-16　玉米淀粉/EVA/水洗高岭土复合发泡鞋底材料(a)及玉米淀粉/EVA/改性水洗高岭土
复合发泡鞋底材料(b)的 TG 和 DTG 曲线

　　综上所述，无论是何种高岭土，经过硅烷偶联剂 KH-570 表面改性以后，均能够微弱降低玉米淀粉/EVA 复合发泡鞋底材料的热稳定性。高岭土在改性之前，龙岩煅烧高岭土复合发泡鞋底材料的热稳定性最好，水洗高岭土复合发泡鞋底材料的热稳定性最差；高岭土改性之后，煤系煅烧高岭土复合发泡鞋底材料的热稳定性最好，水洗高岭土复合发泡鞋底材料的热稳定性最差。

11.4　本 章 小 结

(1) 改性高岭土的活化效果图和活化指数表明,硅烷偶联剂 KH-570 是一种较好高岭土改性剂。

(2) FTIR 谱图中 C=O、—CH$_3$ 和—CH$_2$ 中的 C—H 伸缩振动特征吸收峰的出现,虽不能确定 KH-570 在煤系煅烧高岭土表面是物理吸附还是化学作用,但表明高岭土经过 KH-570 改性后,表面出现了有机化现象。

(3) XRD 图谱分析表明硅烷偶联剂 KH-570 不能改变高岭土的晶型结构。

(4) 硅烷偶联剂 KH-570 可以提高玉米淀粉/EVA/高岭土复合发泡鞋底材料的综合物理力学性能,但当活化指数达到 100%后,继续增加 KH-570,复合发泡鞋底材料的各个物理力学性能变化不大。对于煤系煅烧高岭土和水洗高岭土,KH-570 含量为 1.8 phr 时,复合发泡鞋底材料的各种物理力学性能最佳;对于龙岩煅烧高岭土,KH-570 含量为 0.6 phr 时,复合发泡鞋底材料的各种物理力学性能就已最佳,继续增加 KH-570,其综合性能反而减小。

(5) 无论加入何种改性高岭土,随着高岭土含量的增加,复合发泡鞋底材料的密度均增大,拉伸强度、断裂伸长率及回弹性均降低;改性水洗高岭土和改性煤系煅烧高岭土含量为 20 phr 时,复合发泡鞋底材料的撕裂强度均达到最大,分别为 14.21 kg/cm、12.78 kg/cm,而改性龙岩煅烧高岭土含量为 10 phr 时,其撕裂强度最大,为 9.35 kg/cm。

(6) 每种高岭土经过改性以后,团状或雪花状的晶体片层铺展变大,且变得比较松散,有利于高岭土在玉米淀粉/EVA 复合发泡鞋底材料基体中分散均匀及与基体材料结合。

(7) 玉米淀粉/EVA/高岭土复合发泡鞋底材料内部多为闭孔孔洞,少数为开孔孔洞;高岭土在玉米淀粉/EVA 复合发泡鞋底材料发泡时,起到了成核剂的作用。分别加入三种高岭土后,复合发泡鞋底材料的泡孔数量均增多,泡孔直径均减小,闭孔孔洞均增多,开孔孔洞均减少。

(8) 对玉米淀粉/EVA/高岭土复合发泡鞋底材料拉伸断裂机理探讨如下:刚性高岭土小颗粒均匀分布在复合发泡鞋底材料的泡孔孔壁上,起到辅助布层的作用,在复合发泡鞋底材料受外力作用时,连续的 EVA 基体材料被拉伸,随着拉力的增大,有应力开裂现象,产生裂纹,而均匀分布的细小高岭土颗粒能够阻止裂纹的扩展,从而阻止泡孔孔壁破裂,提高复合发泡鞋底材料的力学性能。

(9) 无论是何种高岭土,经过硅烷偶联剂 KH-570 表面改性以后,均能够微弱降低玉米淀粉/EVA 复合发泡鞋底材料的热稳定性。高岭土在改性之前,龙岩煅烧高岭土复合发泡鞋底材料的热稳定性最好，水洗高岭土复合发泡鞋底材料的热稳定性最差；高岭土改性之后，煤系煅烧高岭土复合发泡鞋底材料的热稳定性最好，水洗高岭土复合发泡鞋底材料的热稳定性最差。

第12章 淀粉接枝改性及其在EVA复合发泡鞋底材料中的应用

12.1 引 言

针对淀粉与 EVA 及其弹性体相容性差的问题,本书第 2 章、第 3 章和第 4 章均采用加入增容剂 EAA 的解决方法。虽然加入 EAA 简单易行,但是,若 EAA 加入量少,则达不到改善相容性的效果,若 EAA 加入量大,由于 EAA 是酸性聚合物,在淀粉/EVA 复合发泡鞋底材料密炼和开炼的过程中,基体材料黏性比较大,易黏辊黏壁;在平板硫化机上进行发泡时,酸性的增容剂 EAA 易使交联剂 DCP 中毒,延缓交联,降低发泡材料的回弹性,甚至造成吐霜现象。故本章对淀粉进行接枝改性,增加淀粉的疏水性,以此来增加淀粉与 EVA 及其弹性体的相容性。

淀粉与乙烯基单体接枝共聚是淀粉改性的重要方法,主要化学接枝方法有溶液法、熔融法、辐射法及乳液法。溶液法和乳液法接枝反应又称湿法接枝反应,是指将参与接枝反应的两种或两种以上的单体分散在适当的分散介质中,在引发剂的作用下借助于搅拌进行接枝反应。熔融法接枝反应一般是在单(双)螺杆或密炼机中进行,高温并在引发剂的作用下进行熔融接枝。此类反应一般为微观非均相反应,只有与单体接触的聚合物才可发生接枝反应,副反应较多,如交联反应、降解反应等。

本章采用两种方法,第一,对淀粉进行湿法接枝改性。考虑到木薯淀粉及玉米淀粉的支链淀粉含量较多,湿法接枝改性效果不佳,故采用可溶性淀粉(分析纯)作为淀粉单体。以去离子水为溶剂,在 60℃下对可溶性淀粉进行接枝乙酸乙烯(VAc)单体,然后将接枝改性后的淀粉用于 EVA 发泡材料中。该方法的优点是接枝共聚物和均聚物无需分离就可直接用于制备复合发泡鞋底材料,缺点是反应过程复杂,产物需要分离出溶剂。第二,由第 9 章和第 10 章可知,玉米淀粉比木薯淀粉更适合制备复合发泡鞋底材料,故选用玉米淀粉为原料,在过硫酸铵和 BPO 双引发剂的作用下,对玉米淀粉进行熔融接枝 EVA 及其弹性体,然后用于 EVA 发泡材料中。该方法的最大优点是不使用溶剂、无需分离溶剂就能应用于生产,且接枝改性产物的加工性能及热性能比较好,用炼塑机进行开炼拉片时不会出现黏辊现象。

12.2　淀粉接枝改性及其 EVA 复合发泡鞋底
材料的制备过程

12.2.1　可溶性淀粉接枝乙酸乙烯的制备

将可溶性淀粉与去离子水按 1∶20 的比例加入装有冷凝管、温度计的三口烧瓶中，搅拌均匀后放在 90℃的油浴锅中，糊化 30 min；将糊化好的可溶性淀粉冷却至 60℃，加入引发剂过硫酸铵，15 min 后，通过滴液漏斗逐滴加入乙酸乙烯单体，恒温搅拌反应 3 h。将得到的可溶性淀粉接枝 VAc 白色乳液冷却至室温，加入适量的无水乙醇沉析、过滤烘干即可得到接枝共聚物粗产物。

将少量的粗产物放在索氏提取器中，用丙酮抽提 24 h，去除接枝聚合物中的均聚物聚乙酸乙烯酯(PVAc)，干燥至恒量，计算其接枝率和接枝效率。

12.2.2　玉米淀粉干法接枝 EVA 及其弹性体的制备

将玉米淀粉与甘油在高速混合机中混合均匀，得到热塑性玉米淀粉 TPS；将 TPS 与 EVA、弹性体、其他助剂、引发剂过硫酸铵和引发剂 BPO 加入密炼机中，在 120℃下进行熔融接枝改性，然后进行炼塑及破碎处理，制备得到玉米淀粉接枝 EVA 及弹性体复合材料。

12.2.3　接枝改性淀粉/EVA 复合发泡鞋底材料的制备

将制备得到的可溶性淀粉接枝 VAc 共聚物、EVA、弹性体 POE、滑石粉及其助剂按一定的比例加入密炼机中塑炼 6 min，温度达到 95～100℃时取出；在炼塑机上加入交联剂 DCP 和发泡剂 AC，开炼拉片，175～180℃进行发泡，制得接枝改性淀粉/EVA 复合发泡鞋底材料。

将玉米淀粉接枝 EVA 及弹性体复合材料、滑石粉及其加工助剂按一定的比例加入密炼机中塑炼 6 min，温度达到 95～100℃时取出；在炼塑机上加入交联剂 DCP 和发泡剂 AC，175～180℃进行发泡。

12.3　淀粉接枝改性及其 EVA 复合发泡鞋底
材料的结构与性能表征

12.3.1　傅里叶变换红外光谱分析

图 12-1 是可溶性淀粉、湿法接枝改性可溶性淀粉的 FTIR 谱图。从图中可以

看出，可溶性淀粉在 3200～3600 cm⁻¹ 之间有一个波峰，即在 3340 cm⁻¹ 处有比较强和宽的吸收峰，此峰为可溶性淀粉 O—H 的伸缩振动峰，说明可溶性淀粉分子间和/或分子内存在着较强的氢键作用；在 2930 cm⁻¹ 及 2878 cm⁻¹ 处出现明显的—CH₃ 中的 C—H 不对称和对称伸缩振动峰；在 1653 cm⁻¹ 处出现—C—O—C 键的伸缩振动峰；在 1357 cm⁻¹、1153 cm⁻¹、1079 cm⁻¹ 为可溶性淀粉葡萄糖单元中葡萄糖骨架的特征吸收峰。对比可溶性淀粉和湿法接枝可溶性淀粉的 FTIR 谱图发现，接枝改性可溶性淀粉不但出现了可溶性淀粉的所有特征吸收峰，在 1746 cm⁻¹ 处还出现了新的特征吸收峰，为 C=O 的伸缩振动峰，这说明，接枝改性可溶性淀粉中存在—OCOCH₃ 基团，说明乙酸乙烯单体可能已经接枝到淀粉大分子链上。

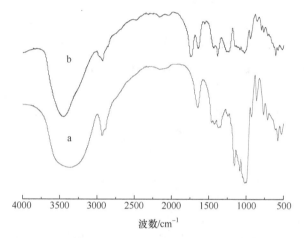

图 12-1　可溶性淀粉及可溶性淀粉接枝改性共聚物的 FTIR 谱图
a. 可溶性淀粉；b. 可溶性淀粉接枝改性共聚物

12.3.2　湿法接枝改性淀粉接枝率和接枝效率分析

实验采用可溶性淀粉与 VAc 单体的浓度配比为 1∶1，均为 0.5 mol/L，反应温度为 60℃，分别考查引发剂浓度和反应温度对可溶性淀粉/VAc 接枝共聚物接枝率(G)及接枝效率(GE)的影响。计算公式如下：

$$G = (W_1 - W_0)/W_0 \tag{12-1}$$

$$GE = (W_2 - W_1)/(W_1 - W_0) \tag{12-2}$$

式中，W_0 为投入反应的可溶性淀粉的质量；W_1 为接枝粗产物质量；W_2 为丙酮抽提去除均聚物后得到的纯接枝共聚物质量。

图 12-2 为引发剂浓度与接枝共聚物接枝率和接枝效率的关系图。由图可知，随着引发剂过硫酸铵浓度的增加，接枝共聚物的接枝率和接枝效率均呈现先增加后减小的趋势，当引发剂过硫酸铵浓度为 7 mmol/L 时，接枝率和接枝效率均达到

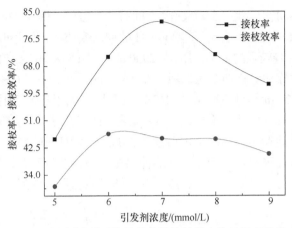

图 12-2　引发剂浓度对接枝共聚物接枝率和接枝效率的影响

最佳值，分别为 81.9%和 45.4%。具体原因可能如下，当反应体系中引发剂浓度较小时，引发剂分解产生的初级自由基被大量的淀粉分子包围，淀粉分子迅速捕获初级自由基形成单体自由基，逐滴滴加单体 VAc 后，单体自由基迅速长大，反应顺利进行。因此随着体系中引发剂浓度的增加，淀粉与引发剂分解产生的初级自由基接触的机会增多，单体自由基的数量增加，故淀粉/VAc 接枝共聚物接枝率和接枝效率均增加；当引发剂浓度进一步增加时，产生的初级自由基进一步增加，单体自由基同样迅速增加，过多的单体自由基一方面可能向引发剂发生链转移反应，导致引发剂迅速诱导分解，降低引发剂的引发效率；另一方面过多的单体自由基会发生笼蔽效应，导致引发剂自我消耗，链终止反应加快，这两方面的因素均使接枝共聚反应不能顺利进行，故淀粉/VAc 接枝共聚物的接枝率和接枝效率降低。

图 12-3 为反应温度与淀粉/VAc 接枝共聚物的接枝率和接枝效率的关系图。由

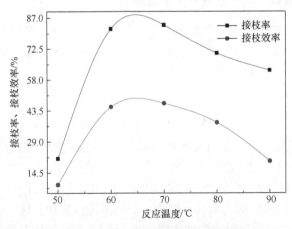

图 12-3　反应温度对接枝共聚反应的影响

图可知，随着反应温度的升高，接枝共聚物的接枝率和接枝效率均呈现先增大后减小的趋势，当反应温度为 70℃时，其接枝率和接枝效率达到最大值，分别为 83.7%及 47.1%。具体原因可能如下，当温度小于 70℃时，升高反应温度，引发剂分解产生初级自由基的生成速率加快，同时，初级自由基与可溶性淀粉分子及单体的扩散加快，产生较多的单体自由基及增长链，故接枝率和接枝效率增加；当温度高于 70℃，虽然链增长加快，但链终止速率更快，同时，链转移反应加快且 VAc 单体自聚合加快，故接枝率和接枝效率减小，其中接枝效率减小幅度更大。

12.3.3　物理力学性能测试

1. 湿法接枝改性淀粉在 EVA 复合发泡鞋底材料中的应用

依据 12.3.2 节中接枝率和接枝效率的数据，本部分湿法接枝改性淀粉的制备条件为：可溶性淀粉与去离子水的配比为 1∶20，引发剂浓度为 6 mmol/L，反应温度为 70℃，反应时间为 3 h。

在实验过程中发现，如果和第 9 章及第 10 章除淀粉外各组分的添加量一样，无论加入多少湿法接枝改性淀粉，在密炼和开炼过程中都黏辊，甚至无法加工，且在硫化后开模的瞬间，复合发泡鞋底材料瞬间膨胀成为很大的板，然后在极短的时间内急剧收缩为与模具一样大的很硬的板或者支离破碎的板。这主要是由于对可溶性淀粉进行湿法接枝改性时，为提高接枝率和接枝效率，可溶性淀粉与 VAc 单体的配比为 1∶1(物质的量)，导致接枝改性后，接枝共聚物的酸性比较大，所以在加工的过程中易黏辊，并且易使交联剂 DCP 中毒，会出现发泡后成为很硬的板或者支离破碎的板。针对这种情况，本章采取措施为增大加工助剂 ZnO 的用量，中合复合发泡鞋底材料体系中多余的酸，提高材料的可加工性及防止交联剂 DCP 中毒。经过反复实验，发现 ZnO 的添加量为 3.75 phr 时复合发泡鞋底材料能够正常发泡。

图 12-4 为湿法接枝改性淀粉含量与复合发泡鞋底材料物理力学性能的关系图。可以明显看出，湿法接枝改性淀粉/EVA 复合发泡鞋底材料的密度均比传统 EVA 发泡材料的密度小，且在湿法接枝改性淀粉添加 40 phr 时达到最小值，为 0.0850 g/cm^3。这说明，对淀粉进行湿法接枝改性后，能够降低材料的密度。密度的降低意味着复合发泡鞋底材料质轻，使用轻便，并且能够降低成本，这就为研究超轻便发泡材料提供了一个方向。另外，复合发泡鞋底材料的断裂伸长率及回弹性与传统 EVA 发泡材料相比，其数值变化不大，说明湿法接枝改性淀粉/ EVA 复合发泡鞋底材料的韧性及弹性比较好。但是，复合发泡鞋底材料的拉伸强度和撕裂强度则急剧降低了。这可能主要是由于复合发泡鞋底材料中各原料的配比没有设计好，虽然 ZnO 的含量增大至 3.75 phr，但与 ZnO 起协同作用的 St、ZnSt

的添加量不合适，即 ZnO、St 和 ZnSt 三者的配比需要重新进一步探讨。另外，发泡剂 AC 及交联剂 DCP 的用量及配比也需要进一步探讨。

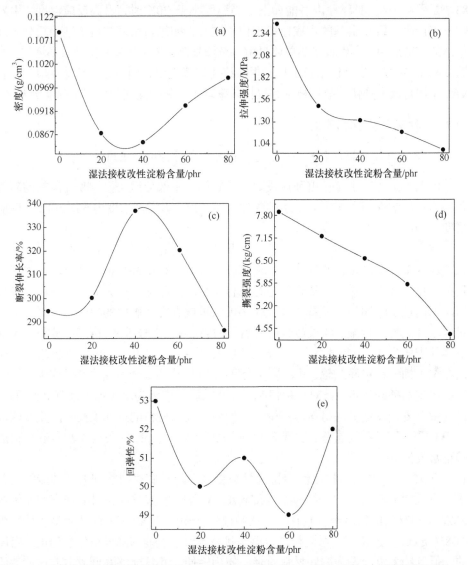

图 12-4　湿法接枝改性淀粉含量对复合发泡鞋底材料密度(a)、拉伸强度(b)、断裂伸长率(c)、撕裂强度(d)和回弹性(e)的影响

2. 干法接枝改性玉米淀粉在 EVA 复合发泡鞋底材料中的应用

在实验的过程中发现，若 EVA 及其弹性体的引发剂 BPO 加入量多，在密炼机中进行熔融接枝时，只有少量的 EVA 及弹性体塑化，且这部分聚合物塑化后马

上交联为一大团，EVA 及弹性体无法完全塑化，故玉米淀粉无法均匀分散到 EVA 基体材料中，少量的玉米淀粉引发剂过硫酸铵更无法与玉米淀粉均匀接触，导致干法接枝共聚失败。另外还有一现象，若引发剂 BPO 加入量多，即便能成功进行干法接枝改性，在复合发泡鞋底材料发泡时也会发泡失败，所以控制 BPO 的加入量是本实验的关键。依据实验操作情况，本部分玉米淀粉干法接枝 EVA 及弹性体的制备条件是，BPO 加入量占总质量的 0.05%，过硫酸铵的加入量为玉米淀粉质量的 0.5%。

图 12-5 为干法接枝改性玉米淀粉含量与复合发泡鞋底材料物理力学性能的关

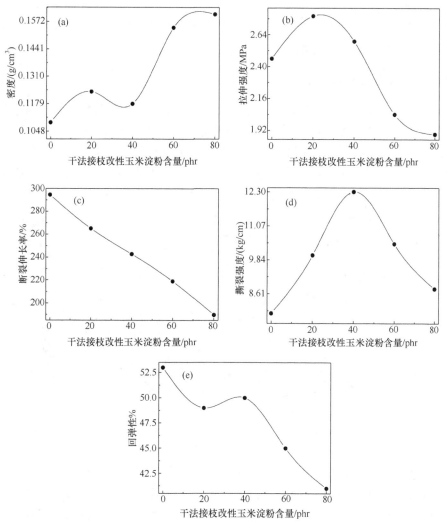

图 12-5　干法接枝改性玉米淀粉含量对复合发泡鞋底材料密度(a)、拉伸强度(b)、断裂伸长率(c)、
撕裂强度(d)和回弹性(e)的影响

系图。由图可知，干法接枝改性玉米淀粉含量为 20 phr 时，复合发泡鞋底材料的拉伸强度最大为 2.78 MPa；当含量为 40 phr 时，其撕裂强度最大，为 12.31 kg/cm；随着干法接枝改性玉米淀粉含量的增加，复合发泡鞋底材料的密度增大，而回弹性则降低。对比上述玉米淀粉对玉米淀粉/EVA 复合发泡鞋底材料物理力学性能的影响章节，可以发现，对玉米淀粉进行干法接枝改性后，复合发泡鞋底材料的拉伸强度及撕裂强度均比未改性前得到了大大的提高，而密度、断裂伸长率及回弹性变化不大。这主要是由于使用双引发剂对玉米淀粉、EVA 及弹性体 POE 高聚物进行接枝改性后，在 EVA、POE 基体中裸露的玉米淀粉颗粒数目急剧减少，玉米淀粉颗粒表面与 EVA、POE 基体产生了架桥，增大了它们之间的黏结力，故干法接枝改性后，复合发泡鞋底材料的拉伸性能和撕裂性能得到了提高。这将在下文环境扫描电镜分析中详细介绍。

12.3.4　环境扫描电镜分析

为了研究湿法接枝改性淀粉、干法接枝改性淀粉在发泡材料基体中的分散、分布情况以及相容性问题，本部分以未加增容剂的玉米淀粉/EVA 复合发泡鞋底材料前驱体、湿法接枝改性淀粉/EVA 复合发泡鞋底材料前驱体及干法接枝改性淀粉/EVA 复合发泡鞋底材料前驱体的液氮脆断面进行环境扫描电镜观察。图 12-6 为复合发泡鞋底材料前驱体的环境扫描电镜照片。

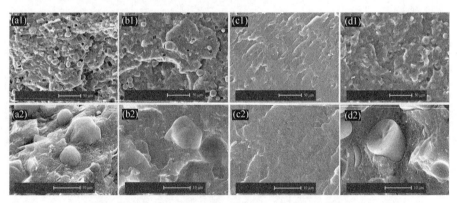

图 12-6　复合发泡鞋底材料前驱体的环境扫描电镜照片

(a1)、(a2) 玉米淀粉/EVA；(b1)、(b2) 玉米淀粉/EVA/EAA；(c1)、(c2) 湿法接枝改性淀粉/EVA；
(d1)、(d2) 干法接枝改性淀粉/EVA

从图 12-6 可以明显看出，未加增容剂的玉米淀粉/EVA 复合发泡鞋底材料前驱体断面上有很多颗粒和凹坑，且颗粒和凹坑分布不均匀，有较强的团聚现象。其中，颗粒为未塑化的玉米淀粉颗粒，凹坑为液氮脆断时玉米淀粉颗粒脱落后留下的孔洞。但是，经干法接枝改性以后，可以明显看出，断面上的颗粒和孔洞减少很多，且这些颗粒和凹坑在 EVA 基体中分布均匀，与图 12-6(b1)和(b2)中添加增容剂 EAA 的断面形貌差不多，这说明即便不加增容剂 EAA，通过双引发剂干法接枝改性，也可以解决玉米淀粉和 EVA 的相容性问题。将干法接枝改性淀粉/EVA 复合发泡鞋底材料前驱体断面放大至 3000 倍，由图 12-6(d2)可以清楚地看到，经过接枝共聚后，玉米淀粉的表面有很多 EVA 及弹性体熔体细丝，这些熔体细丝紧紧地黏附在玉米淀粉颗粒的表面，说明玉米淀粉和 EVA 及弹性体已成功接枝，这种接枝改性使玉米淀粉和 EVA 及弹性体融为一体，二者之间的黏结力进一步增大。故双引发剂引发干法接枝玉米淀粉后，可以提高复合发泡鞋底材料的力学性能，尤其是拉伸性能和撕裂性能，这与 12.3.3 节中干法接枝改性后复合发泡鞋底材料物理力学性能提高的结果相符合。从图 12-6(c1)和(c2)可以明显看出，对可溶性淀粉进行湿法接枝改性后，湿法接枝改性淀粉/EVA 前驱体断面比较光滑，在低倍下看没有大的淀粉颗粒和凹坑，在高倍下看微小的可溶性淀粉颗粒均匀分布在基体材料中，呈现典型的海-岛结构。这说明对可溶性淀粉进行湿法接枝改性，可以大大地提高可溶性淀粉的疏水性能，使其能够更好地分散在基体材料中。

对图 12-6 各种复合材料前驱体断面形貌进行理论分析，湿法接枝改性淀粉/EVA 复合发泡鞋底材料的各种物理力学性能应该最好，而实际实验中发现，湿法接枝改性淀粉/EVA 复合发泡鞋底材料的物理力学性能最差，这主要是由于湿法接枝改性淀粉是酸性淀粉，而酸性能够使交联剂 DCP 中毒，故实际湿法接枝改性淀粉/EVA 复合发泡鞋底材料的物理力学性能比较差。这启示我们需要进一步地探讨湿法接枝改性淀粉/EVA 复合发泡鞋底材料的配方组成。

12.3.5　热重分析

图 12-7 为可溶性淀粉接枝前后的 TG 曲线和 DTG 曲线。如图 12-7(a)所示，可溶性淀粉在 50～130℃之间有质量损失，这部分质量损失是可溶性淀粉内部游离态的水分损失造成的。这是由于可溶性淀粉在空气中极易吸水。可溶性淀粉真正的起始分解温度为 255℃，低于木薯淀粉和玉米淀粉的起始分解温度，其终止分解温度为 420℃，275～340℃，最大热失重为 68.14%。从 DTG 曲线上可以看出，可溶性淀粉的最大热失重速率温度为 308℃。对可溶性淀粉进行接枝改性后，在 70～130℃，接枝改性可溶性淀粉的质量损失为 2.1%，远低于可溶性淀粉的 4.9%，这可能主要是接枝改性后，可溶性淀粉的极性大大降低，提高了其疏水性。接枝改性可溶性淀粉的真正起始分解温度为 220℃，220～290℃为一个分解区间，这部分质量损失主要为均聚物乙酸乙烯酯分解造成的，其中包含可溶性淀粉的初步分解带来的质量损失，并且，从 DTG 曲线上可以读出，在 230℃时热失重速率最快，此台阶的质量损失最大，达 54.21%；290～360℃为一个分解区间，这部分

质量损失主要为可溶性淀粉接枝乙酸乙烯共聚物中的乙酸乙烯与淀粉大分子接枝共价键断裂引起的，其中包含未接枝的可溶性淀粉的分解，在 330℃热失重速率最快；360～480℃为一个分解区间，这部分主要是未接枝的可溶性淀粉葡萄糖骨架断裂引起的质量损失，即未接枝淀粉的炭化分解，在 435℃热失重速率达到最大值。对比图 12-7(a)和(b)发现，湿法接枝改性淀粉的分解历程复杂，且其初始分解温度低于原可溶性淀粉的初始分解温度。这主要是由于湿法接枝改性初期对可溶性淀粉进行糊化的过程其实是破坏其晶体结构的过程，增大了可溶性淀粉的无定形区，即增大了可溶性淀粉的可反应度；另外，乙酸乙烯酯单体接枝到可溶性淀粉大分子的分子链上，作为支链单独存在，这在一定程度上也破坏了可溶性淀粉晶体的完整性。

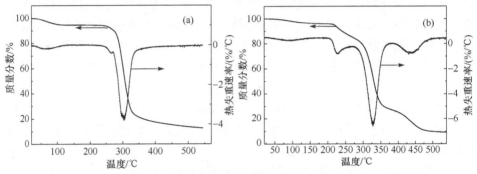

图 12-7　可溶性淀粉(a)、接枝改性可溶性淀粉(b)的 TG 和 DTG 曲线

　　为了研究接枝改性淀粉/EVA 复合发泡鞋底材料在热环境中发生的化学变化及分解历程，对干法接枝改性玉米淀粉/EVA 进行热重分析(由于湿法接枝改性淀粉/EVA 复合发泡鞋底材料的物理力学性能不佳,其配方设计和工艺设计都需要进一步改进，故未进行湿法接枝改性淀粉/EVA 复合发泡鞋底材料的热重分析)。

　　图 12-8 为接枝改性玉米淀粉/EVA 复合发泡鞋底材料的 TG 和 DTG 曲线。复合发泡鞋底材料的初始分解温度为 270℃，270～380℃为一个分解区间，在此区间内，复合发泡鞋底材料质量损失为 20.01%，并且最大热失重速率温度为 320℃；在 425～488℃的分解台阶内，复合发泡鞋底材料的质量损失最大，为 63.67%，并且最大热失重速率温度为 465℃。对玉米淀粉进行双引发干法接枝改性后，接枝改性玉米淀粉/EVA 复合发泡鞋底材料的初始分解温度为 280℃，280～380℃之间为一个分解区间，复合发泡鞋底材料的质量损失为 23.05%，最大热失重速率温度为 310℃;420～495℃为第二分解区间，复合发泡鞋底材料质量损失为 62.78%，最大热失重速率温度为 468℃。综上可得出如下结论，对玉米淀粉进行干法接枝改性可以提高复合发泡鞋底材料的初始分解温度，从而提高复合发泡鞋底材料的热稳定性。

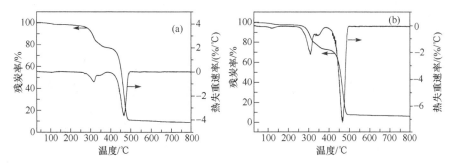

图 12-8　玉米淀粉/EVA 复合发泡鞋底材料(a)和接枝改性玉米淀粉/EVA 复合发泡鞋底材料(b)
的 TG 和 DTG 曲线

12.4　本　章　小　结

(1) 在可溶性淀粉接枝乙酸乙烯的 FTIR 谱图中出现了 C═O 的特征吸收峰，说明可溶性淀粉可能已与乙酸乙烯单体成功地发生了接枝反应。

(2) 随着引发剂过硫酸铵浓度的增加，湿法接枝共聚物的接枝率和接枝效率均呈现先增加后减小的趋势，当引发剂过硫酸铵浓度为 6 mmol/L 时，接枝率和接枝效率均达到最佳值，分别为 81.9%和 45.4%。

(3) 随着反应温度的增加，湿法接枝共聚物的接枝率和接枝效率均呈现先增大后减小的趋势，当反应温度为 70℃时，其接枝率和接枝效率达到最大值，分别为 83.7%及 47.1%。

(4) 湿法接枝改性的最佳条件为：可溶性淀粉与去离子水的配比为 1∶20，引发剂浓度为 6 mmol/L，反应温度为 70℃，反应时间为 3 h。

(5) 湿法接枝改性淀粉/EVA 复合发泡鞋底材料的密度均比传统 EVA 发泡材料的密度小，当湿法接枝改性淀粉为 40 phr 时，密度最小，为 0.0850 g/cm³。但湿法接枝改性淀粉复合发泡鞋底材料的拉伸强度和撕裂强度均低于未接枝改性淀粉的复合发泡鞋底材料。

(6) 干法接枝改性玉米淀粉/EVA 复合发泡鞋底材料的拉伸性能及撕裂性能均比未改性的玉米淀粉/EVA 复合发泡鞋底材料的好，其最大拉伸强度为 2.78 MPa，最大撕裂强度为 12.31 kg/cm。

(7) 湿法接枝改性及双引发干法接枝改性均可提高淀粉与 EVA 的相容性，尤其是湿法接枝改性，其复合发泡鞋底材料前驱体的断面比较光滑，相界面模糊。

(8) 湿法接枝改性淀粉的热稳定性低于原可溶性淀粉；干法接枝改性玉米淀粉/EVA 复合发泡鞋底材料的热稳定性高于未改性的玉米淀粉/EVA 复合发泡鞋底材料。

第13章　EVA/木粉/HDPE 复合发泡材料

13.1　引　言

从环保角度出发，EVA/木粉/HDPE 环保型鞋材的研究被联系到木塑复合材料，因为木塑复合材中塑料基部分包括 PE、PP、PVC、ABS 等热塑性塑料，或其他热固性材料。由木粉和 HDPE 组合而成的铺板材料也极为普遍，也早已有了相关研究。木粉中含有大量羟基和酚基，极性较强，与 HDPE 相容性较差，有研究指出，EVA 可以作为相容剂，提高两者相容性。在该理论研究背景下，以 EVA 为主、木粉和 HDPE 为辅的发泡材料的研究成为可能。

本章通过以 EVA、HDPE、木粉和热塑性弹性体 POE 为基体材料，与发泡剂 AC、交联剂 DCP 和润滑剂等添加剂熔融共混，通过模压交联发泡制备了新型 EVA 鞋底发泡材料。考查了不同组分配比、木粉粒径和偶联剂对复合材料性能的影响。

13.2　EVA/木粉/HDPE 复合发泡材料的制备过程

13.2.1　木粉改性

将木粉置于鼓风干燥箱内，在 90℃下干燥 24 h，然后将木粉与钛酸酯偶联剂在 80℃下于高混机中搅拌 12 min，钛酸酯的含量为 0%～4%。

13.2.2　熔融共混

将 EVA、HDPE、木粉及其他添加剂物理搅拌均匀，使用转矩流变仪，在 135℃和 60 r/min 条件下熔融共混 10 min，然后重复以上过程 5 次。

13.2.3　开炼

将开炼机加热至 90℃左右，然后加入发泡剂 AC 和交联剂 DCP 进行开炼拉片，待开炼均匀后将片材切至 15 mm×10 mm×1.5 mm 大小。

13.2.4　模压

在 175℃和 14 MPa 条件下将切片模压交联发泡 9 min，然后泄压得到发泡板材。

13.3　EVA/木粉/HDPE 复合发泡材料的结构
与性能表征

13.3.1　熔体流动速率分析

图 13-1 是木粉含量和粒径对熔体流动速率的影响。由图可知，随着木粉(200 目)含量从 0 phr 增至 40 phr，熔体流动速率从 2.36 g/10 min 降低到 1.37 g/10 min。此外，随着木粉颗粒粒径从 80 目增加至 325 目，熔体流动速率从 2.58 g/10 min 降低到 1.64 g/10 min。木粉颗粒有着一定的表面活化能，随着木粉颗粒的变小，其比表面积增加，活化能也增加，这样使得体系的黏度增加，从而降低了熔体流动速率。而且粒径的减小会使得木粉对高分子相的附着力大于重力作用，也使得熔体流动速率降低。一方面，黏度的增加使得熔融对于发泡剂分解产生的气体抑制增强，使得泡孔变得较小，有利于力学强度的提高，降低发泡材料的弹性和柔软度。另一方面，熔体流动速率的降低，提高了注塑成型的难度。黏度的增加会增加发泡材料的热膨胀系数。

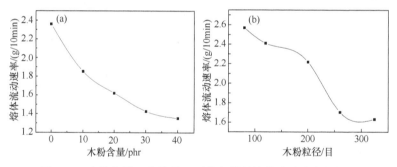

图 13-1　木粉含量(a)和粒径(b)对前驱材料熔体流动速率的影响

13.3.2　傅里叶变换红外光谱分析

木粉包括三种成分：纤维素、半纤维素和木质素，三种成分的 FTIR 谱图如图 13-2 所示，相应的官能团列于表 13-1。可以观察到，三种成分的官能团大多是由烯烃、酯键、苯环、酮和羟基等组成，如—OH($3600\sim3000$ cm^{-1})、C=O($1700\sim1730$ cm^{-1}、$1510\sim1560$ cm^{-1})、C—O—C(1232 cm^{-1})、C—O—(H)(~1050 cm^{-1})等。然而，三种成分仍旧表现出不同的红外结构：纤维素的—OH 和 C—O 基团的吸光度最高，半纤维素的 C=O 基团吸光度比纤维素高。对比纤维素和半纤维素，木质素在指纹区($1830\sim730$ cm^{-1})的红外吸光度更为复杂，表明木质素具有更多包含—O—CH$_3$、C—O—C 和苯环 C=C 伸缩振动的化合物。

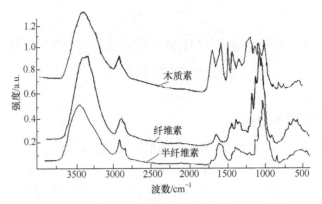

图 13-2　纤维素、半纤维素和木质素的 FTIR 谱图

表 13-1　三种成分的主要官能团

波数/cm^{-1}	官能团及振动形式	化合物
3600～3000 (s)	—OH 伸缩	酸、甲醇
2860～2970 (m)	C—H$_n$ 伸缩	烷基、脂肪族
1700～1730 (m), 1510～1560 (m)	C=O 伸缩	酮 羰基
1632 (m)	C=C	苯环
1613 (w), 1450 (w)	C=C 伸缩	芳香族骨架
1470～1430 (s)	O—CH$_3$	甲氧基
1440～1400 (s)	—OH 弯曲	酸
1402 (m)	CH 弯曲	碳-氢
1232 (s)	C—O—C 伸缩	芳基-烷基醚
1215 (s)	C—O 伸缩	苯酚
1170 (s), 1082 (s)	C—O 伸缩和 C—O 变形	吡喃糖环骨架
1108 (m)	—OH 协同	C—OH
1060 (w)	C—O 伸缩和变形	C—OH (醇)
700～900 (m)	C—H	芳香氢
700～400 (w)	C—C 伸缩	长碳链

注：s 代表强峰，m 代表中等强峰，w 代表弱峰。

钛酸酯偶联剂种类较多，其分子式如下所示：

$$\underbrace{(R^1—O)_m}_{\text{亲植物纤维相}} —— Ti —\underbrace{(—O—X—R^2—Y)_n}_{\text{亲塑料基体相}} \tag{13-1}$$

式中：$1 \leqslant m \leqslant 4$，$m+n \leqslant 6$，$R^1$ 为短链烷基；R^2 为长链烷烃(芳烃)基；X 为含有 C、N、S、N 等元素的基团；Y 为烃基、氨基、环氧基、双键等基团。

图 13-3 是原木粉和钛酸酯偶联剂改性木粉的 FTIR 谱图。对比曲线 a 和 b 可知，改性木粉在 2860~2970 cm^{-1} 区域分裂出另外两个峰，即出现四种 C—H 伸缩振动峰，与钛酸酯长链烷基结构吻合，证明钛酸酯已经成功负载到木粉表面。其原因为钛酸酯偶联剂亲木粉相与木粉的羟基基团作用，在木粉表面形成单分子膜。

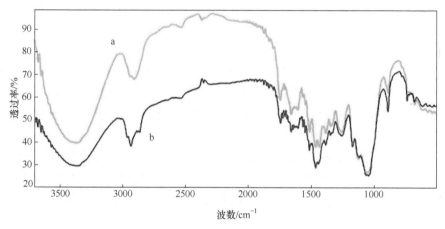

图 13-3　原木粉、钛酸酯改性木粉 FTIR 谱图
a. 原木粉；b. 钛酸酯改性木粉

13.3.3　热重分析

图 13-4 为木粉、HDPE、偶联剂和木粉粒径对复合材料热稳定性的影响。如图，所有曲线都包含两个失重过程。第一个过程(300~400℃)是由于 EVA 酯键分解以及木粉纤维素、半纤维素分解。在氮气条件下，木粉热降解温度范围较宽，为 250~500℃，其中半纤维素热分解发生在 250~350℃，纤维素热分解发生在 250~500℃。第二个过程(400~500℃)是因为高分子热裂解。对比图 13-4 中曲线 a、b 可知，不考虑最终残渣量，加入 HDPE 后，EVA/HDPE 共混材料在第一个失重阶段质量损失和失重速率明显地增加，表明 HDPE 大幅降低了体系的热稳定性。图 13-4 中曲线 d 表明，在木粉的作用下失重速率相较曲线 b 有所缓和，且残渣量提高，这说明木粉增加了体系的热稳定性。而且对比曲线 c、d 发现，钛酸酯偶联剂对木粉改性后，热稳定性进一步提高。这主要是由于经过改性的木粉，与高分子塑料基体的黏结更紧密，从而减少了受热的表面积。在复合材料加工温度范围以内(＜180℃)，质量损失仅为 0.35%，这可能是水分的挥发。对比图 13-4 中曲线 e、f、g 发现，随着木粉粒径的增大，质量损失和热失重速率减小，且残余量增加，表明木粉粒径的降低会在一定程度上降低热稳定性。

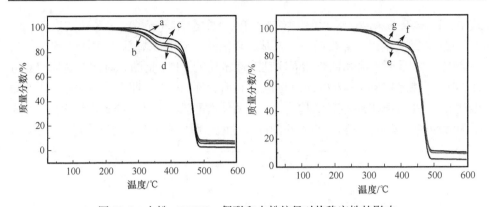

图 13-4　木粉、HPDE、偶联和木粉粒径对热稳定性的影响

a. EVA；b. EVA/HDPE；c. EVA/HDPE/改性木粉；d. EVA/HDPE/木粉；e. 325 目；f. 200 目；g. 120 目

为了详细表征 HDPE、木粉、钛酸酯偶联剂对体系热稳定性的影响，T_5、T_{25}、T_{50}、T_{75}(质量损失为 5%、25%、50%、75%时的温度)和 T_d(初始分解温度)列于表 13-2 中。从表 13-2 样品 a、b 可知，添加的组分 HDPE 对热稳定性的影响是最大的，分解温度从 283℃降低至 47℃，T_5、T_{25} 降低也较多。样品 d、e、f 对比表明，随着木粉粒径的增加，热稳定性呈下降趋势。样品 c、d 对比表明，偶联剂在很小程度上对热稳定性有所提高。

表 13-2　复合材料的 TGA 相关数据

样品	T_d/℃	T_5/℃	T_{25}/℃	T_{50}/℃	T_{75}/℃
a	283	350	447	461	470
b	47	304	434	460	473
c	58	330	444	461	473
d	54	322	441	460	471
e	64	335	446	463	474
f	225	342	447	463	474

13.3.4　差示扫描量热法分析

在 TG、DTG 曲线上，300℃以下观察不到明显的热过程，但在 DSC 曲线上出现了明显的峰。在图 13-5 曲线 a 上，47℃对应的峰是 EVA 的结晶熔融峰，83℃和 95℃处出现的峰是 EVA 和 EAA 的熔融峰。如图 13-5 中曲线 a、b 和 c 所示，当 EVA 中 VA 含量相对较低时，会存在两种结晶。106℃位置的峰是 HDPE 的熔融峰，与 EVA 形成两个单独的峰，说明相容性不是非常好，但此温度值(106℃)远低于 HDPE 的结晶或熔融温度(116℃)，说明 HDPE 与 EVA 具有一定的相容性。有研究表明，EVA 和 HDPE 的晶区是不相容的，但在无定形区可部分相容。图 13-5

曲线 b、c 较为相似是因为木粉在 300℃以下除了水分丢失，并无明显热过程。

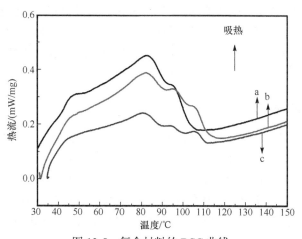

图 13-5　复合材料的 DSC 曲线
a. EVA；b. EVA/HDPE；c. EVA/HDPE/WF9(325 目)

13.3.5　X 射线衍射分析

图 13-6 为 EVA 及其共混物的 XRD 图谱。复合材料结晶度对模压阶段发泡气体的溶解度和分散性有较大的影响，进而会对发泡材料的泡孔形貌产生影响。在聚合物基体中，发泡气体能在无定形区完全扩散，但在晶区内扩散程度非常小。在 EVA 基体中加入 HDPE 后，所有峰的强度明显提高，图 13-6 中曲线 c 表明共混物的结晶度大幅提高，这可能是因为 HDPE 与 EVA 等相之间形成共晶区。加入木粉后，体系的结晶能力明显下降，如图 13-6 中曲线 b 所示。虽然木粉能够帮助塑料组分成核结晶，但木粉自身结构也会阻碍晶体的增长。例如，在剑麻纤维/

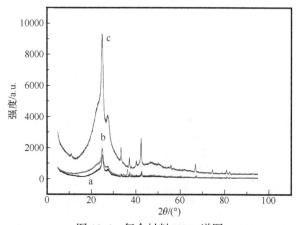

图 13-6　复合材料 XRD 谱图
a. EVA；b. EVA/HDPE/木粉；c. EVA/HDPE

聚丙烯复合材料中，当剑麻纤维的含量低于 20%时，剑麻纤维有利于结晶，但当含量超过 20%时，会由于纤维阻碍了聚丙烯分子链运动而导致结晶度降低。类似的现象也出现在山杨纤维/HDPE 复合材料中，随着纤维含量从 10%提高至 40%，复合材料的结晶度呈下降趋势。EVA/HDPE/木粉共混物结晶度略高于纯 EVA，这既有利于发泡，又可在一定程度上改善力学性能。

13.3.6　环境扫描电镜分析

图 13-7 和图 13-8 为原木粉和前驱材料的 ESEM 照片，由图可以分析各个组分的相容性以及木粉的分散情况。由图 13-7(a)可知，木粉粒径大小尺寸并不均一，这对材料力学性能会有一定影响。对比图 13-7(b)和(c)，HDPE 加入 EVA 基体中后，没有出现明显的相界，表明两者具有较好的相容性，类似研究结果表明，当 EVA 为基体(占 70%)，HDPE 为分散相(占 30%)时，两相均为连续相，相容性较好。

图 13-7　原木粉和前驱材料的 ESEM 图
(a) 原木粉；(b) EVA；(c) EVA/HDPE

由图 13-8 可知，平行于拉伸方向的木粉纤维被高分子塑料基体包埋得很好，而垂直取向的木粉与塑料基体的间隙过大，这对力学性能有严重的影响。图 13-8(a1)和(b)表明，随着木粉颗粒粒径降低，间隙缩小。当木粉通过偶联剂改性时相容性得到了进一步提高，如图 13-8(c)所示。对比图 13-8(a2)、(c)发现，木粉颗粒较小时分散性更好；但当木粉含量增加至 40 phr 时出现明显的团聚，分散性变差，如图 13-8(d)所示。

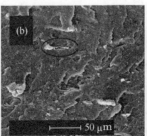

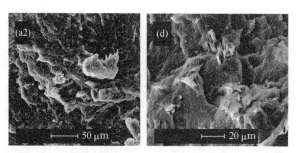

图 13-8　EVA/HDPE/木粉复合发泡材料的 ESEM 图

(a1)和(a2) 120 目原木粉；(b) 120 目改性木粉；(c) 20 phr 木粉；(d) 40 phr 木粉

图 13-9 和图 13-10 为 EVA、EVA/HDPE 和 EVA/HDPE/木粉复合发泡材料的泡孔结构图。几乎所有微孔都是闭孔结构的，仅少数是开孔结构。由图 13-9(a)和(b)可知，EVA 和 EVA/HDPE 的泡孔呈"双峰态"分布：在少量大泡孔之间分布着大量的小泡孔。形成这种分布形态的原因是缺少成核剂以及发泡剂分布并不十分均匀。但类似的泡孔分布形态在 EVA/HDPE/木粉复合发泡材料中也出现了，如图 13-9(c1)和(c2)所示，原因可能是当木粉颗粒较大且缺少偶联剂时，木粉与聚合物两相界面分离，无法很好地抑制气体扩散，出现穿孔等现象，进而导致泡孔变大。但当木粉经偶联剂改性后，该种分布情况得到明显改善，如图 13-9(d1)和(d2)所示。一方面，偶联剂能够与木粉羟基形成氢键，削弱了木粉分子间的相互作用，提高了木粉在高分子基体中的分散性；另一方面，偶联剂的长链烷基与高

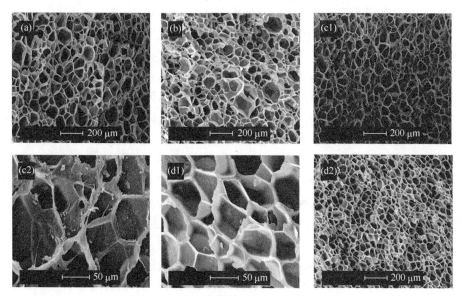

图 13-9　复合发泡材料断面 ESEM 照片

(a) EVA；(b) EVA/HDPE；(c1)和(c2) EVA/HDPE/120 目原木粉；(d1)和(d2) EVA/HDPE/120 目改性木粉

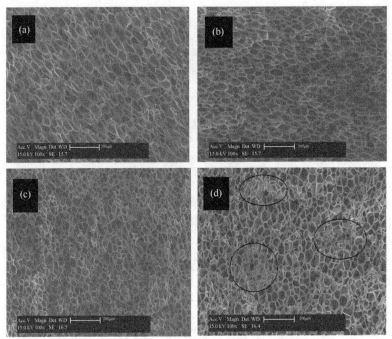

图 13-10   EVA/HDPE/木粉复合发泡材料断面 ESEM 照片
(a) 325 目原木粉；(b) 325 目改性木粉；(c) 40 phr HDPE；(d) 40 phr 改性木粉

分子基体形成更多交联点，增加了木粉与高分子基体的相容性。较紧密的结合可以有效地减少泡孔穿孔和合并。但这种泡孔分布情况应无法避免，通过分析可知，由于木粉可作为成核剂，类似无机纳米填料，在发泡过程中，均相成核与异相成核同时发生。由于木粉分布不可能完全不均匀，导致在高分子基体中形成了富木粉区和贫木粉区。在木粉分布较多区域，能量较高的异相成核占主要地位，即使两种成核过程都争夺气体成核；而在木粉分布较少的区域，两种成核过程也同时发生，但异相成核作用被削弱。这意味着一定量的气体支撑不同数量的核进行增长，即核数量越少，泡孔越大，反之亦然。此结果同之前报道的 EVA/碳纳米管复合发泡材料一致。

HDPE、木粉、偶联剂对泡孔密度几乎没有影响，而当木粉被 2%偶联剂改性后，泡孔密度提高了近 5 倍，泡孔粒径降低了近 50%，并且平均孔壁厚度从 8.287 μm 降低至 5.283 μm，这证明偶联剂对复合发泡材料的性能影响很大。虽然 HDPE 单独对泡孔密度、孔径大小和平均孔壁厚度影响较为明显，但是 EVA/HDPE 复合发泡材料的孔径大小和泡孔分布都不均匀，这使得泡孔密度和孔径的改变没有实际意义。

当未改性木粉颗粒粒径由 120 目降低至 325 目时，木粉与高分子基体的相容性得到改善，泡孔密度提高，而且泡孔大小均一性更好，如图 13-10(a)所示。当 325 目原木粉经过钛酸酯处理后，泡孔密度进一步提高，如图 13-10(b)所示。当木粉含量一定时，提高 HDPE 含量至 40 phr，如图 13-10(c)所示，泡孔密度又再次提高。但当改性木粉含量增加至 40 phr 时可以看到部分泡孔过密，如图 13-10(d)所示。

13.3.7　力学性能分析

1. 拉伸强度

图 13-11～图 13-15 分别为木粉含量(325 目)、HDPE 含量和钛酸酯含量对复合发泡材料的拉伸强度、压缩永久形变、密度、回弹性和邵氏硬度 C 的影响，所有数据均同纯 EVA 发泡材料比较。待测 EVA/木粉/HDPE 复合发泡材料分别被记为 EVA- 20P-xW-0T、EVA-xP-20W-0T 和 EVA-20P-20W-xT，x 视作一个份数变量，其范围标记在 x 轴上，P 代表 HDPE，W 代表木粉，T 代表钛酸酯。例如，EVA-20P-20W-xT 表示该 EVA/木粉/HDPE 复合材料中 HDPE 含量为 20 phr、木粉含量为 20 phr，偶联剂含量为变量，变化范围是 0%～4%。

图 13-11 为不同组分配比复合材料的拉伸强度图。由图可知，当 EVA 仅与 HDPE 共混时(EVA-20P-0W-0T)，HDPE 对拉伸强度的提升很小。当 EVA 仅与木粉共混发泡时(EVA-0P-20W-0T)，拉伸强度由 1.69 MPa 提高到 2.31 MPa。当木粉与 HDPE 共同作用在 EVA 基体中时(EVA-20P-20W-0T)，复合发泡材料的拉伸强度提高到 2.73 MPa，而当木粉经偶联剂改性后(EVA-20P-20W-xT)，复合发泡材料的拉伸强度可继续提高到 2.91 MPa。HDPE/EVA 复合材料可能因结晶度过高，均相成核不均匀，导致泡孔大小不均，进而导致拉伸强度的提高不明显。木粉本身并不具备优异的力学性能，散性较差，且与塑料基体的相容性也不好，只能起到成核剂的作用，对拉伸强度的提高有限。木粉调节了 EVA/HDPE 复合材料的结晶度，偶联剂改善了木粉与聚合物基体的界面黏结，HDPE 则提高了复合材料的熔体强度，三者综合改善了 EVA 发泡材料的拉伸强度。EVA/木粉/HDPE 发泡材料

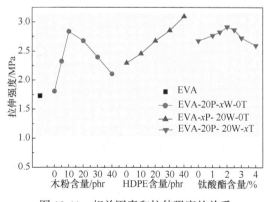

图 13-11　相关因素和拉伸强度的关系

的拉伸强度随着木粉含量的增加先提高而后降低，在 10 phr 时达到最大值。随着含量的增加，木粉的分散性会变差，如图 13-11 所示，成核效果削弱，导致泡孔尺寸和分布不均，进而拉伸强度降低。当木粉和 HDPE 含量一定时(均 20 phr)，拉伸强度随偶联剂含量的增加也是先增大后减小，最佳含量为 2%(以木粉质量为基础)。一定量的偶联剂可以加强木粉相与高分子基体之间的相互作用，但木粉表面包覆的偶联剂分子层数过多时，木粉与塑料相之间的相互作用反倒会被削弱。

2. 永久压缩形变

图 13-12 为不同组分配比复合材料的永久压缩形变图。由图可知，HDPE、木粉和偶联剂含量对永久压缩形变也有明显的影响，最大值与最小值之间相差约 10 个百分点。当木粉含量在 0～20 phr 时，永久压缩形变随木粉含量的增加而减少。当木粉含量高于 20 phr 时，永久压缩形变随木粉含量的增加而增加，木粉的弹性模量高于一般的塑料，少量木粉可以增加基体的弹性模量，从而减小压缩形变。木粉含量较高时，弹性回复会减弱，因而永久压缩形变就会变大。图中 HDPE 曲线上出现一个 30 phr 的转折点，推测是由于 HDPE 含量过高时，结晶度相应增加，孔壁变得稍有硬脆，在较大压力下容易坍塌而丧失少量弹性回复能力。影响发泡材料永久压缩形变的主要因素是材料的弹性模量和弹性回复，而多元共混物中，不同组分对材料的弹性模量和弹性回复的影响不同，因此永久压缩形变的变化情况较为复杂。

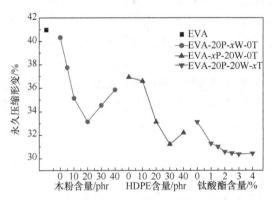

图 13-12　相关因素和永久压缩形变的关系

3. 密度

图 13-13 为不同组分配比 EVA/木粉/HDPE 复合发泡材料的密度测试结果。如图所示，EVA/木粉/HDPE 复合发泡材料的密度随着木粉、HDPE 和钛酸酯偶联剂含量的增加呈现增大的趋势。因为木粉的成核作用，泡孔数量增加，进而导致泡

孔孔径变小，且 HDPE 增加了基体的熔体强度，钛酸酯使得木粉与塑料基体连接更紧密，使发泡气体溢出的阻碍变大，使得泡孔孔径变小，即发泡倍率缩小，进而密度增加。

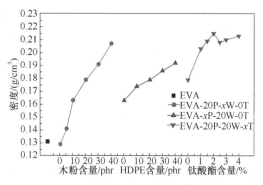

图 13-13　相关因素和密度的关系

4. 回弹性

图 13-14 为不同组分配比 EVA/木粉/HDPE 复合发泡材的回弹性测试结果。由图可知，HDPE 和木粉会降低发泡材料的回弹性。由于发泡材料泡孔尺寸变小，弹性随着木粉、HDPE 用量的增加而逐渐降低。钛酸酯偶联剂对发泡材料弹性的影响很小，最大值与最小值仅相差 3%。

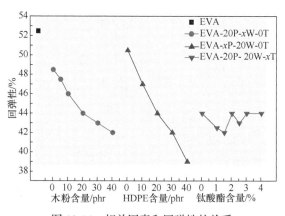

图 13-14　相关因素和回弹性的关系

5. 邵氏硬度 C

图 13-15 为不同组分配比 EVA/木粉/HDPE 复合发泡材料邵氏硬度 C 测试结果。EVA/木粉/HDPE 复合发泡材料的邵氏硬度 C 随着木粉和 HDPE 含量的增加而增加，钛酸酯含量为 2%时邵氏硬度 C 达到最大值。

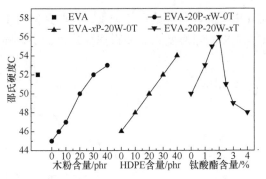

图 13-15　相关因素和邵氏硬度 C 的关系

6. 木粉粒径对复合材料的影响

为研究木粉粒径对材料物理性能的影响，在确定木粉、HDPE 和钛酸酯偶联剂对材料的影响规律后，选择一个较好的配方：EVA-20P-20W-2%T，即木粉和 HDPE 的用量为 20 phr，钛酸酯为 2%。再改变木粉的粒径大小，从 325 目增加至 80 目，测试的拉伸强度、永久压缩形变、密度、回弹性、邵氏硬度 C 结果如图 13-16 所示。

EVA/木粉/HDPE 复合发泡材料的密度随着木粉粒径的变大而降低。当木粉颗粒变大，木粉的成核效果减弱，导致泡孔密度降低和泡孔尺寸变大，进而材料密度降低。虽然发泡材料的弹性随着木粉颗粒变大而减小，但是影响不大。当木粉

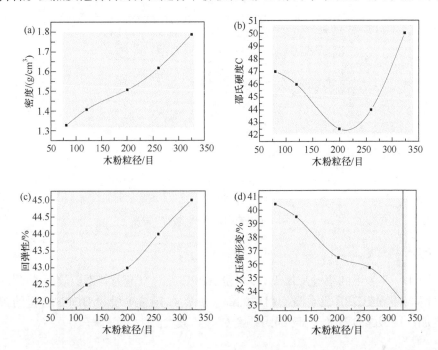

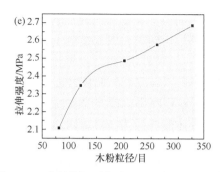

图 13-16　木粉粒径对复合材料性能的影响
(a) 密度；(b) 邵氏硬度 C；(c) 回弹性；(d) 永久压缩形变；(e) 拉伸强度

颗粒粒径为 200 目时发泡材料邵氏硬度 C 达到最小值。发泡材料的拉伸强度随着木粉颗粒变大而减小。由于木粉纤维的无规取向和不联系性，其本身并不具备很好的补强效果。当木粉颗粒较小时，其比表面积较大，有较高的表面活化能，提高了木粉与塑料基体的交联密度，因此当木粉颗粒越小时发泡材料的拉伸强度越高。

13.4　本 章 小 结

(1) 在偶联剂改性木粉的 FTIR 谱图中出现了四种 C—H 振动峰，表明钛酸酯偶联剂已经成功地负载到木粉表面。

(2) 当 HDPE 单独加入 EVA 共混发泡时，由于 HDPE 的高度线性结构和高结晶度，发泡剂产生的气体在基体中扩散不均匀，从而导致发泡材料泡孔大小和分布不均，对拉伸强度的提高作用并不明显。

(3) 当木粉单独加入 EVA 共混发泡时，由于木粉能够起到成核剂的作用，提高了泡孔密度，降低了孔径和平均孔壁厚度，使得材料的性能得到提高。但由于本身物理性能的局限，木粉没有好的补强效果，使得力学性能不能进一步提高。

(4) 当木粉和 HDPE 共同作用在 EVA 基体中时，EVA/木粉/HDPE 复合发泡材料的性能得到很大的提高，但是熔体流动速率降低，加工流动性变差。木粉含量为 10 phr、HDPE 含量为 40 phr 时，拉伸强度达到最大值。木粉含量为 20 phr、HDPE 含量为 30 phr 时，永久压缩形变达到最小值；复合材料的密度和邵氏硬度 C 均随 HDPE 和木粉含量的增加而增加，弹性随两者含量的增加而减少。当木粉含量为 10 phr、HDPE 含量不超过 30 phr 时，拉伸强度、永久压缩形变、硬度、密度和弹性综合性能是最好的。

(5) 偶联剂能够明显改善木粉与高分子基体的相容性，尤其当木粉颗粒较大时，提高了 EVA/木粉/HDPE 复合发泡材料的性能。当偶联剂含量为 2%时，EVA/

木粉/HDPE 复合发泡材料的拉伸强度达到最大值；压缩永久形变随偶联剂的增加而减少；密度和邵氏硬度 C 达到最大值；弹性回复达到最小值。偶联剂对密度的影响十分明显。

(6) 随着木粉粒径的减小，EVA/木粉/HDPE 复合材料熔体流动速率变小，加工流动性变差；随着木粉粒径减小，拉伸强度提高，永久压缩形变变小，弹性和密度增加，邵氏硬度 C 在木粉粒径为 200 目时达到最小值。

(7) HDPE 和木粉降低了 EVA 发泡前驱材料的热稳定性；木粉粒径的减小会进一步降低热稳定性；偶联剂使 EVA/木粉/HDPE 发泡前驱材料的热稳定性有所提高。

第14章　EVA/淀粉/HDPE 复合发泡材料

14.1 引　言

可降解的淀粉基材料在近年来受到了广泛关注。首先，这种材料能被加工成具有可观物理和化学性能的产品；其次，这种材料提高了农产品和其他可再生资源的利用率；最后，淀粉也能有效减少原材料的成本。淀粉最初在塑料行业的应用，包括聚氨酯发泡、聚氯乙烯薄膜、聚乙烯醇等合成的流延膜等。随着合成聚合物价格的提升，淀粉在 20 世纪 70 年代开始填充到聚烯烃材料中。而加入聚合物中的传统填料(碳酸钙、滑石粉、金属氢氧化物等)会增加复合材料的密度，作为填料的一种，淀粉也不例外。这样会使得一定体积下消耗更多的材料。为了解决这个问题，淀粉也开始应用到发泡材料领域。

EVA 的极性特点使其与淀粉有较好的相容性，且 EVA/淀粉发泡模压交联发泡技术较成熟。本章通过 EVA、淀粉、HDPE 和 POE 等为基体材料，与发泡剂、交联剂和润滑剂等添加剂共混，通过模压方式制备了 EVA/淀粉/HDPE 复合鞋底发泡材料。探讨不同组分配比的复合材料，使 EVA/淀粉/HDPE 复合材料具有更好的泡孔结构和性能。

14.2 EVA/淀粉/HDPE 复合发泡材料的制备过程

14.2.1 淀粉增塑

将淀粉置于鼓风干燥箱内，在 70℃下干燥 24 h，然后再将 10%(相对淀粉质量)甘油与淀粉在高速混合机下共混 10 min，得到均匀的增塑淀粉。

14.2.2 熔融共混

将 EVA、HDPE、淀粉及其他添加剂物理搅拌均匀，使用转矩流变仪，在 135℃和 60 r/min 条件下熔融共混 10 min，然后重复以上过程 5 次。

14.2.3 开炼

开炼机加热至 90℃左右，然后加入发泡剂 AC 和交联剂 DCP 进行开炼拉片，将开炼均匀后的片材切至 15 mm×10 mm×1.5 mm 大小。

14.2.4 模压

将所切片材放入模具中，在 175℃和 14 MPa 条件下模压交联发泡 9 min，然后泄压得到发泡板材。

14.3 EVA/淀粉/HDPE 复合发泡材料的结构 与性能表征

14.3.1 傅里叶变换红外光谱分析

图 14-1 是木薯淀粉和增塑木薯淀粉的 FTIR 图。对比图中曲线 a 和曲线 b，3360 cm^{-1} 处的羟基伸缩振动峰更宽，说明甘油削弱了木薯淀粉分子间的氢键作用，EVA 和淀粉的主要光谱带和对应官能团列于表 14-1。

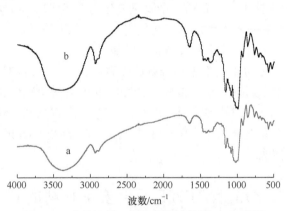

图 14-1 木薯淀粉、增塑木薯淀粉的 FTIR 谱图

a. 木薯淀粉；b. 增塑木薯淀粉

表 14-1 EVA 和淀粉的主要光谱带和对应官能团

EVA		淀粉	
波数/cm^{-1}	官能团	波数/cm^{-1}	官能团
1016	C—O 伸缩	900~1250	C—O 伸缩
1235	C—O 伸缩	1245	O—H 弯曲
1369	C—H 弯曲	1325~1445	C—H 弯曲
1460	C—H 弯曲	1460	O—H 弯曲
1735	C=O 伸缩	1650	O—H 弯曲
2850	C—H 伸缩	2920	C—H 伸缩
2915	C—H 伸缩和反对称	3300	O—H 伸缩

14.3.2 热重分析

图 14-2 为不同组分复合材料的热重曲线图。四种发泡前驱材料随温度升高，都主要包含两个主要失重过程(曲线 c 和 d 在 100℃前的质量损失应该是水分流失)。第一个失重过程(250～400℃)主要是因为 EVA 和淀粉发生分解。在 250～300℃脱酰(乙酸分解)，350～400℃生成双键小分子，300～350℃为淀粉分解温度范围。第二个分解过程(400～500℃)为乙烯乙炔共聚物及其他高分子裂解。

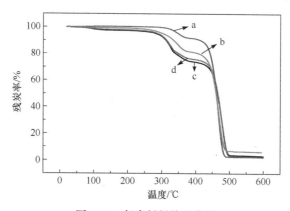

图 14-2 复合材料热重曲线

a. EVA；b. EVA/HDPE；c. EVA/淀粉；d. EVA/淀粉/HDPE

为详细表征淀粉和 HDPE 对复合材料热稳定性的影响，T_d、T_5、T_{25}、T_{50}、T_{75}(分别为分解温度、质量损失为 5%、25%、50%和 75%时所对应的温度)列于表 14-2。

表 14-2 复合材料的 TGA 相关数据

样品	T_d/℃	T_5/℃	T_{25}/℃	T_{50}/℃	T_{75}/℃
EVA	283	350	447	461	470
EVA/HDPE	47	304	434	460	473
EVA/淀粉	28	283	373	464	480
EVA/淀粉/HDPE	42	289	412	465	479

由表 14-2 可知，HDPE 和淀粉都会降低材料的热稳定性，尤其是当淀粉单独与 EVA 共混时。当温度达到 100℃时质量损失为 1.33%，这可能是由淀粉吸潮，受热水分流失导致，而在 180℃时(鞋材加工最高温度)，质量损失达到 2.1%。

14.3.3 X 射线衍射分析

图 14-3 为 EVA 及其复合发泡前驱材料的 XRD 图谱，其主峰参数列于表 14-3。

由图表可知，EVA 材料中加入淀粉(含量为 40%)后，半峰宽增加，峰强度减弱，如图 14-3 曲线 b 所示，这说明体系结晶能力下降且晶粒变小。在 EVA/淀粉体系中加入 HDPE 后，如图 14-3 曲线 c 所示，半峰宽变小，峰强度变强，复合材料晶粒变大且结晶度有所增加。

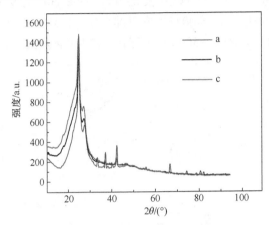

图 14-3　发泡前驱材料 XRD 图谱

a. EVA；b. EVA/淀粉；c. EVA/淀粉/HDPE

表 14-3　发泡前驱材料的 XRD 主峰参数

样品	2θ/(°)	层间距/Å	半峰宽/(°)	峰强度/a.u.
EVA	24.98	4.13	0.722	864
EVA/淀粉	24.7	4.18	0.740	520
EVA/淀粉/HDPE	24.8	4.16	0.703	608

木薯淀粉粒径约为 20 μm，作为填料可以充当成核剂，能够影响聚合物的结晶性。在聚对二氧环己酮(PPDO)/淀粉复合材料中[101]，当淀粉含量为 5%时，复合材料结晶度最高；当淀粉含量达到 10%或 20%时，淀粉就会削弱塑料组分的自结晶性。但对聚己内酯(PCL)/淀粉/纳米黏土复合材料[102]的研究发现，淀粉含量高达 40%时还能增加 PCL 的结晶度，而且淀粉的成核作用要强于纳米黏土。这都证明了淀粉在特定含量下能够提高聚合物材料的结晶性。对比图 14-3 和表 14-3 中的 EVA 和 EVA/淀粉可知，加入 40 phr 淀粉后 EVA/淀粉复合材料的结晶能力弱于纯 EVA。这说明淀粉对 EVA 结晶能力的影响应该是先促进后抑制。一方面，淀粉含量较高，自身结构阻碍了晶体增长，降低了结晶度；另一方面，淀粉分子量高于 EVA 和 HDPE，且在增容剂的作用下，与 EVA、HDPE 及其他相形成大量官能团，支化程度增加，结晶度降低。HDPE 则会增加复合材料的结晶度。

晶体材料的变形主要依赖内部位错运动实现，而晶粒的晶界对位错运动是有阻碍作用的, 晶粒越小, 晶界在材料中所占比例越高, 对位错运动的阻碍作用也就越强, 宏观表现为材料强度增加。即淀粉、HDPE 对材料强度和韧性都有提高作用。

14.3.4　力学性能分析

1. 拉伸强度和撕裂强度

图 14-4、图 14-5 分别为淀粉和 HDPE 含量对复合材料拉伸强度和撕裂强度的影响。复合发泡材料的泡孔密度和孔径大小对物理性能有直接的影响。由图可知, 复合材料的拉伸强度和撕裂强度随淀粉含量的增加而先增大后减小, 当淀粉含量为 20 phr 时强度达到最大值。在不含 HDPE 的配方中, 加入 20 phr 淀粉, 拉伸强度从 1.62 MPa 提高到约 2.6 MPa, 撕裂强度从 8 N/mm 提高到近 12 N/mm, 涨幅近 50%。当淀粉含量超过 20 phr 时, 强度下降。这可能是因为当淀粉含量在 20 phr 以内时, 其分散性和成核作用较好, 泡孔密度增加且泡孔大小均匀, 使发泡材料力学性能得到提高。当淀粉含量较高时(＞20 phr), 其分散性变差, 发生团聚, 而淀粉分子间的苷键作用较弱, 相与相之间的应力转移变差, 拉伸强度和撕裂强度降低。EVA/淀粉复合发泡材料的拉伸强度和撕裂强度随着 HDPE 含量的增加而增加。当 HDPE 含量从 0 phr 增加至 30 phr 时, 拉伸强度从 2.6 MPa 增加到 3.6 MPa, 撕裂强度从 11.5 N/mm 提高到约 15 N/mm。超过 30 phr, HDPE 对复合材料强度的提高就不明显了, 原因可能是随着 HDPE 含量的增加, 聚合物基体强度虽然得到了提高, 但复合材料结晶度也增加, 发泡剂气体的溶解和扩散变得不均匀, 导致均相成核不均[103-105], 泡孔结构变差, 类似第 13 章关于 EVA/HDPE 复合材料力学性能的变化。在淀粉和 HDPE 的共同作用下, EVA 发泡材料的拉伸强度和撕裂强度可提高近 100%。

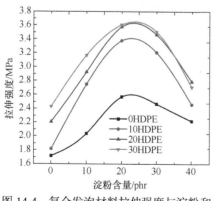

图 14-4　复合发泡材料拉伸强度与淀粉和
HDPE 含量的关系

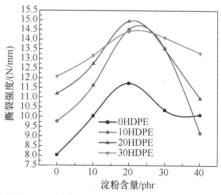

图 14-5　复合发泡材料撕裂强度与淀粉和
HDPE 含量的关系

2. 断裂伸长率

图 14-6 为淀粉和 HDPE 含量对复合材料断裂伸长率的影响。由图可知,淀粉和 HDPE 作用在 EVA 基体中会降低材料的断裂伸长率。这说明淀粉和 HDPE 在一定程度上降低了复合发泡材料的韧性。HDPE 的硬脆性比 EVA 强,在拉伸过程中材料表现出更强的脆性破坏,导致断裂伸长率降低。类似研究结果[104]也表明,淀粉填充的聚合物比纯聚合物的脆性更强。当 HDPE 和淀粉含量均处于 0~30 phr 时,断裂伸长率变化不大。

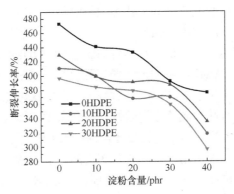

图 14-6　复合发泡材料断裂伸长率与淀粉和 HDPE 含量的关系

3. 永久压缩形变

图 14-7 为淀粉和 HDPE 含量对复合材料永久压缩形变的影响,由图可知,淀粉和 HDPE 均有利于降低复合发泡材料的永久压缩形变。当淀粉含量从 0 phr 增加至 20 phr,复合发泡材料的永久压缩形变下降较快,类似于 EVA/木粉/HDPE 复合发泡材料永久压缩形变的变化规律。当淀粉含量超过 20 phr 时,永久压缩形变变化不大。随着 HDPE 含量的增加,永久压缩形变先减小后增加。可能是因为 HDPE

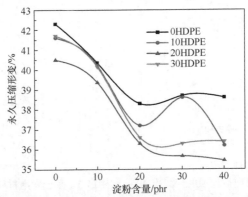

图 14-7　复合发泡材料永久压缩形变与淀粉和 HDPE 含量的关系

的加入提高了材料的弹性模量，加强了形变阻碍，永久压缩形变率降低。但当HDPE 含量过高时，材料结晶度变高，使得泡孔孔壁较为硬脆，在发泡过程中，因承受高压而发生泡孔坍塌或合并现象，导致弹性回复能力降低，进而导致压缩形变增加。

4. 密度

图 14-8 为淀粉和 HDPE 含量对复合材料密度的影响。由图可知，淀粉和 HDPE 都会增加 EVA 发泡材料的密度。在不含 HDPE 的配方中，随着淀粉从 0 phr 增加至 40 phr，EVA 发泡材料的密度从 1.53 g/cm³ 增加至 1.75 g/cm³。随着 HDPE 含量的增加，密度也逐渐增加，最高可达 2.2 g/cm³(鞋材行业对鞋底密度最低要求为2.2 g/cm³)。淀粉密度为 1.6 g/cm³，相对于密度不到 1 g/cm³ 的塑料来说，密度较高，因此淀粉会增加复合材料的密度。而 HDPE 加入复合材料中，会提高复合材料的熔体强度，加强对发泡气体扩散的抑制，导致泡孔变小，因此也会增加复合材料密度。

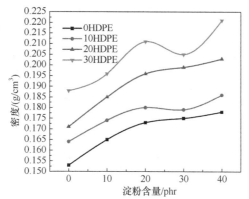

图 14-8　复合发泡材料密度与淀粉和 HDPE 含量的关系

5. 回弹性

图 14-9 为淀粉和 HDPE 含量对复合材料回弹性的影响。由图可知，淀粉对发泡材料的弹性影响较小，而 HDPE 对复合发泡材料的弹性影响较大。随着 HDPE 含量从 0 phr 增加至 30 phr，复合发泡材料的弹性由约 50%下降至约 35%(鞋材行业对鞋底回弹性的最低要求为 35%)。

6. 邵氏硬度 C

图 14-10 为淀粉和 HDPE 含量对复合材料邵氏硬度 C 的影响。由图可知，淀粉对复合材料的邵氏硬度 C 影响较小，HDPE 对复合材料的邵氏硬度 C 影响较大，可由 45 增加至 54。HDPE 材料本身比 EVA 较为硬脆，因此会提高材料的邵氏

硬度 C。

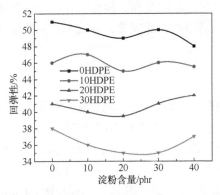

图 14-9　复合发泡材料回弹性与淀粉和 HDPE 含量的关系

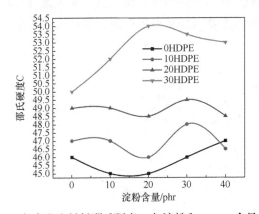

图 14-10　复合发泡材料邵氏硬度 C 与淀粉和 HDPE 含量的关系

14.3.5　环境扫描电镜分析

　　图 14-11 为 EVA/淀粉/HDPE 发泡前驱材料脆断表面形貌图，对比了在有无增容剂 EAA 情况下，淀粉与塑料基相互作用情况，以及淀粉含量增加前后分散性的差距。由图 14-11(b)可知，复合材料中淀粉与塑料基相容性差，相连接处空隙较大，这些空隙为发泡剂产生的气体提供了流动通道，在高压下，导致这些空隙被气体进一步扩大，最终可能产生泡孔穿孔或合并现象。这严重影响了复合发泡材料的力学性能。在加入 EAA 增容后，如图 14-11(a)所示，淀粉颗粒与塑料基体作用力明显加强，间隙缩小，从断面看，出现部分淀粉颗粒断裂，而不仅是塑料基体断裂，因此断面淀粉空洞减少，力学性能得到提高。对比图 14-11(c)及(d)，当淀粉含量从 20 phr 增加到 40 phr 时，淀粉分散性变差，但团聚现象并不明显。因此淀粉比木粉有较好的分散性。

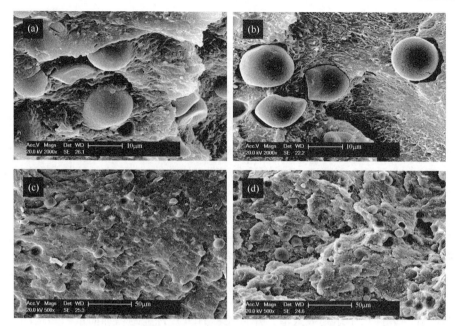

图 14-11　EAA 对复合材料相容性的影响：(a) 有 EAA，(b) 无 EAA；淀粉含量对其
分散性的影响：(c) 20 phr，(d) 40 phr

图 14-12 为不同 HDPE 含量的 EVA/淀粉/HDPE 复合发泡材料泡孔结构图。由图可知，所有泡孔也几乎都是闭孔结构，少数为开孔结构。对比 EVA/木粉/HDPE 复合发泡材料，泡孔"双峰态"分布程度减小，这也解释了为什么 EVA/淀粉/HDPE 复合发泡材料具有较好的力学性能。其可能的原因是淀粉颗粒较小，且形状规则，在塑料基体中的分散性和成核效果要好于木粉。随着 HDPE 的加入以及其含量的增加，如图 14-12(a)~(c)所示，复合发泡材料泡孔密度变大，泡孔孔径减小。这在一定程度上能够提高复合发泡材料的力学性能。

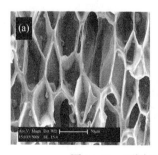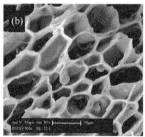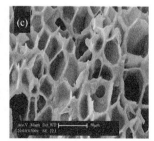

图 14-12　不同 HDPE 含量的复合发泡材料的环境扫描电镜照片
(a) 0 phr；(b) 10 phr；(c) 30 phr

14.4　本章小结

(1) 在 EVA/淀粉/HDPE 复合材料的 ESEM 照片中观察到淀粉仍呈颗粒状，表明在加工过程中淀粉并没有凝胶化(糊化)，适用于 EVA 发泡工艺。

(2) HDPE 会大大提高 EVA 复合材料的结晶度，不利于发泡，淀粉能够有效调节 EVA/HDPE/淀粉复合材料的结晶能力，从而影响材料的加工性能和力学性能。

(3) 淀粉在 EVA/淀粉/HDPE 体系中起到成核剂的作用，有效地提高了泡孔密度和泡孔大小均一性。

(4) HDPE 在淀粉作用的基础上，能够进一步提高泡孔密度和泡孔大小均一性。

(5) 对比 EVA/木粉/HDPE 复合发泡材料，EVA/淀粉/HDPE 复合发泡材料的微孔双峰态分布并不明显，即后者泡孔结构更为致密整齐，宏观上表现为有更好的力学性能。

(6) 力学性能数据表明，淀粉含量为 20 phr 时复合发泡材料的拉伸强度、撕裂强度和断裂伸长率达到最大值，并且随着 HDPE 含量的增加而进一步提高。但 HDPE 含量超过 30 phr 时，以上性能变化就不大了。当淀粉含量从 0 phr 增加至 20 phr，永久压缩形变逐渐降低，淀粉含量超过 20 phr 时，永久压缩形变变化不大，且随着 HDPE 含量的增加，永久压缩形变先减小后增加。EVA/淀粉/HDPE 复合发泡材料的密度随着淀粉和 HDPE 含量的增加而增加。复合发泡材料的弹性受淀粉影响不大，但会随着 HDPE 含量的增加而减小。复合发泡材料的邵氏硬度 C 也主要随 HDPE 含量的增加而增加。

第15章 淀粉/木粉复合发泡材料

15.1 引 言

伴随着大量石油化工塑料产品,产生了越来越多的废弃塑料,而这也成为环境污染的重要原因。尽管塑料回收在一定程度上减少了土埋量,但回收对某些应用来说不太实际,也不经济,如包装材料。在很多领域(如低强度包装、手术、卫生等),耐用的高强度聚合物仅短期使用,这很浪费,且会导致不必要的污染。这些都引发了对环境友好型可降解塑料的研究兴趣。

天然纤维/塑料复合材料主要由一种塑料基体(主要是聚烯烃)结合木纤维制成,如木塑复合材料。近几年,大量研究致力于使用天然聚合物,如淀粉、聚乳酸和聚羟基脂肪酸等,去替代无法降解的塑料基体。

最受欢迎的可降解塑料制品的原材料之一就是淀粉,天然可再生,易取得,成本低。虽然淀粉并不是热塑性塑料,但使用增塑剂后,如甘油、水、多元醇或聚酯等,在高温和剪切力条件下很容易熔融流动,使其可以适用于注塑、挤出和吹塑成型。然而淀粉基材料有缺点,如因吸水而导致长期稳定性不好、加工性差。

一种有效改善淀粉某些性能的方法就是加入木质纤维素共混,木质纤维素可以是任何包含木质素和纤维素的材料,如木材、木材残渣、农产品残渣、草等。TPS 和木质纤维素聚合物已经有很多相关报道。目前已有研究包括不同类型的木质纤维素填料,如纤维素纤维[105, 106]、纤维素粉末[107]、棉绒纤维[106]、剑麻纤维[108-110]、亚麻纤维[111, 112]和芒草纤维[113]。以上材料都能和淀粉相容,且有效提高了拉伸强度和弹性模量,降低了复合材料的吸水性。

本章主要探讨云杉木木粉、松木木粉、白杨木木粉、山毛榉木粉和 TPS 复合材料的热性能、吸水性和力学性能,以及研究木粉含量和粒径对以上性能的影响。希望将淀粉/木粉复合材料的应用范围扩大。

15.2 淀粉/木粉复合发泡材料的制备过程

15.2.1 干燥

将四种木粉和淀粉置于电热恒温鼓风机中,在 80℃条件下干燥 24 h。

15.2.2　淀粉增塑

将淀粉和 10%甘油置于高速混合机中，高速搅拌 15 min。

15.2.3　熔融共混

将木粉和 TPS 搅拌均匀，使用转矩流变仪，在 150℃和 60 r/min 条件下密炼 10 min。共混均匀后，通过热液压机压缩成型，制备复合板材。压缩温度为 180℃，时间为 10 min。

15.3　淀粉/木粉复合发泡材料的结构与性能表征

15.3.1　力学性能分析

1. 拉伸强度

木粉(WF)加入 TPS 基体后，拉伸强度从 2 MPa 提高到 17.5 MPa，弹性模量从 10 MPa 升高到 960 MPa，断裂伸长率不断下降。

如图 15-1 所示，木粉含量从 0 增加至 50%时，复合材料的拉伸强度保持线性上升；当木粉含量达到 60%时，拉伸强度开始下降。对于白杨木木粉和云杉木木粉，含量为 50%时拉伸强度分别提高了 7 倍和 9 倍。加入木粉能够提高拉伸强度的原因是淀粉和木质纤维材料具有化学相似性，进而导致粉料界面间较强的作用力。这种较强的附着力在加压条件下，使聚合物基体到木粉颗粒间有更好的应力转移，从而提高拉伸强度。当木粉含量较少时断裂横截面有足够的淀粉基体，木粉可以很好地分散和穿插在里面；但当木粉含量较高时(60%)，横截面淀粉相对减少，木粉与淀粉的作用面积减少，木粉开始团聚，于是拉伸强度开始下降[114]。

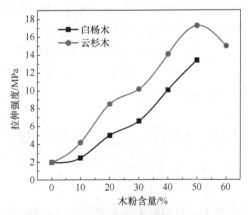

图 15-1　木粉含量对拉伸强度的影响

2. 弹性模量

如图 15-2 所示，木粉含量的增加也提高了复合材料的弹性模量，直到木粉含量为 50%。当白杨木木粉和云杉木木粉含量为 50%时，弹性模量分别提高了 42 倍和 47 倍。这种提高可能是因为淀粉是塑性材料，而木粉具有高弹性模量，两者掺杂，强化了热塑性淀粉的塑性基体，提升了复合材料的弹性模量。

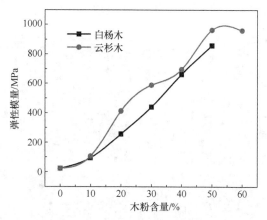

图 15-2　木粉含量对弹性模量的影响

3. 断裂伸长率

如图 15-3 所示，断裂伸长率随着木粉含量的增加而降低，尤其当木粉含量从 0 到 10%时，下降最多最快，当超过 10%时下降速率减慢。这可以解释为热塑性淀粉是可塑性的，在压力下会有流动趋势(使尺寸变大)，而基体中木质纤维材料能减缓这种趋势，使材料变得硬脆。

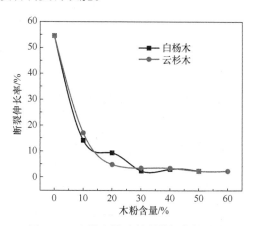

图 15-3　木粉含量对断裂伸长率的影响

15.3.2　环境扫描电镜分析

　　图 15-4 为热塑性淀粉和热塑性淀粉/云杉木木粉复合材料脆断面的照片。纯热塑性淀粉表现出平滑的横断面,如图 15-4(a)所示。但随着基体中木粉含量的增加,形貌发生变化,变得越来越粗糙,如图 15-4(b)~(d)所示。由图可知,木粉能够较均匀地分散在淀粉基体中,且两相之间有较好的界面黏结,尤其当木粉含量较高时。这也是当木粉含量较高时力学性能较好的原因。

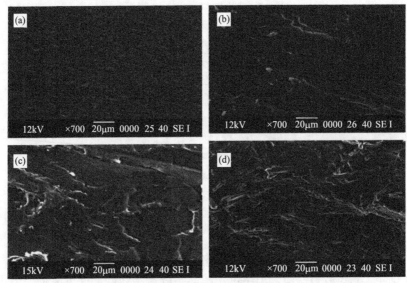

图 15-4　不同含量的木粉/热塑性淀粉复合材料脆断面的 ESEM 照片

(a) 0; (b) 20%; (c) 30%; (d) 50%

　　表 15-1 列出了不同种类的木粉/热塑性淀粉复合材料的力学性能数据[木粉含量为 50%(质量分数),200 目]。结果表明,云杉木木粉对复合材料的力学性能提升最大,其次是松木木粉,再次是山毛榉木粉,最后是白杨木木粉。这与木材的特定轴向、弯曲强度有关。

表 15-1　不同木粉复合材料力学性能的平均值及标准差(括号内)

材料种类	拉伸强度/MPa	弹性模量/MPa	断裂伸长率/%
TPS-云杉木木粉(50%)	17.3 (±1.4)	954 (±24)	2.1 (±0)
TPS-松木木粉(50%)	15.5 (±0.6)	933 (±33)	2.1(±0)
TPS-白杨木木粉(50%)	14.6 (±1.5)	887 (±84)	2.0 (±0)
TPS-山毛榉木粉(50%)	13.3 (±0.5)	845 (±71)	1.9 (±0)

　　表 15-2 为木粉粒径大小对复合材料力学性能的影响。木粉粒径的增加,从

325 目到 120 目，降低了复合材料的拉伸强度，但对弹性模量和断裂伸长率影响不大。很明显地，木粉颗粒越小，越能更好地分散在淀粉基体中，较大的接触比表面积，使得相界面黏结更紧密，力学性能更好。

表 15-2　不同粒径的云杉木粉复合材料的力学性能平均值及标准差(括号内)

材料种类	拉伸强度/MPa	弹性模量/MPa	断裂伸长率/%
TPS-云杉木木粉(325 目)	18.3 (± 0.7)	997 (± 50)	2.1 (± 0)
TPS-云杉木木粉(260 目)	17.5 (± 1.0)	951 (± 24)	2.0 (± 0)
TPS-云杉木木粉(200 目)	15.2 (± 0.7)	991 (± 11)	1.9 (± 0)
TPS-云杉木木粉(120 目)	14.3 (± 1.2)	1042 (± 72)	2.0 (± 0)

15.3.3　吸水性分析

图 15-5 和图 15-6 展示了分别在相对湿度为 33%和 95%的环境下，随着时间的增加，木粉含量对淀粉吸水性的影响。由图 15-5 可知，在 33%的相对湿度环境中，复合材料在 30 天内仅吸收少量的水分(2.5%～6%)，但 30 天后几乎还保持着同样的吸水速率。当复合材料达到平衡湿量时(33%的相对湿度)对吸水性的测试有助于分析复合材料的吸水性。但从 30 天的低吸水量来看，在干燥的条件下复合材料较为稳定。由图 15-6 可知，在 95%的相对湿度环境中，复合材料吸收相当高含量的水分(35%～55%)，且在 1～2 天内达到最大吸收，超过这段时期，复合材料失水较少，而纯热塑性淀粉样品失水较多。吸水过程中，所有样品均出现类似的膨胀现象。

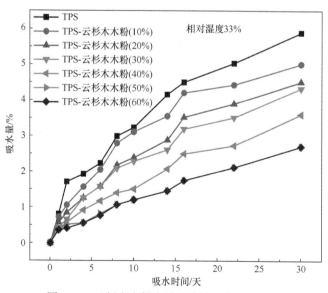

图 15-5　云杉木木粉含量对淀粉吸水性的影响

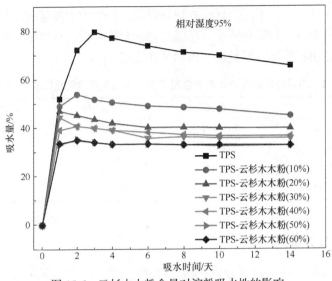

图 15-6　云杉木木粉含量对淀粉吸水性的影响

木粉导致热塑性淀粉吸水量下降的原因是：相比淀粉和甘油，木粉的结晶性和木质素成分使其吸水性较差。还有一种解释是两种组分在加工过程中相互作用，因此其表面可以吸收水分的羟基数减少。复合材料吸水达到饱和后质量下降可能是因为甘油溶解，这有待继续研究。图 15-5 和图 15-6 表明复合材料不宜长期处于潮湿环境中。

图 15-7 为四种木粉在 95%相对湿度环境下的吸水性。存在较为明显的差异可

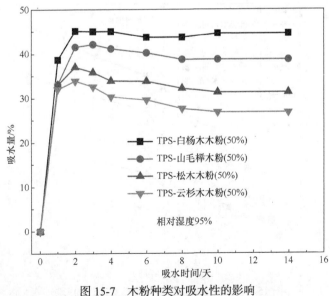

图 15-7　木粉种类对吸水性的影响

能是因为四种木粉中纤维素、半纤维素和木质素含量不同。其中半纤维素亲水性最强，木质素厌水性最强。木质素在软木中含量较高(云杉木 28%～30%，松木 27%～29%)，在硬木中含量较低(山毛榉 21%～23%，白杨木 18%～21%)；而半纤维素在软木中含量较低(云杉木 25%～27%，松木 25%～28%)，在硬木中含量较高(山毛榉 30%～35%，白杨木 33%～36%)；纤维素含量都基本相同(44%～46%)。

15.3.4　热稳定性分析

图 15-8 为热塑性淀粉/云杉木木粉复合材料的热重图，其中木粉含量(质量分数)为 10%～60%。质量损失曲线表明，木粉含量的增加能够在一定程度上提高淀粉的热稳定性。图 15-9 为热塑性淀粉、云杉木木粉和两者共混物(云杉木木粉含量为 50%)的 DTG 曲线图。在热塑性淀粉曲线上 220～225℃处的一个较小的分解峰是因为甘油发生分解；在 340～345℃的大峰则是淀粉的分解峰。云杉木粉分解温度范围是 250～500℃，热失重速率在 370℃左右达到最大值。

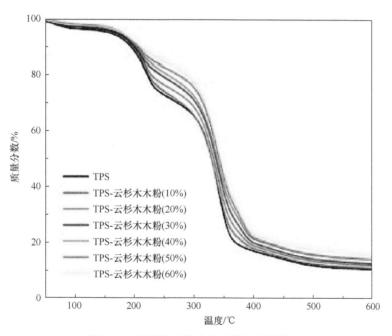

图 15-8　云杉木木粉含量对热稳定性影响

15.3.5　土埋降解分析

依据 ISO 846 标准进行土埋降解测试，土埋时间为 2 个月和 10 个月。

表 15-3 为热塑性淀粉/木粉复合材料土埋后质量损失结果，结果表明纯热塑性淀粉降解最快。随着木粉含量增加，降解速率减慢。

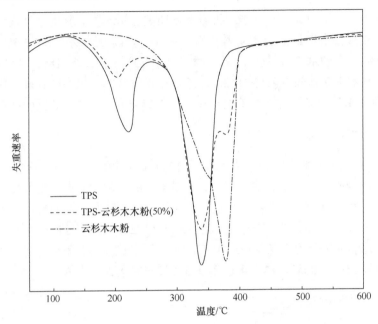

图 15-9　TPS、云杉木木粉和 TPS-云杉木木粉复合材料 DTG 曲线图

表 15-3　TPS 和 TPS-云杉木木粉复合材料土埋 2 个月和 10 个月后的质量损失

复合物类型	质量损失/%	
	2 个月	10 个月
TPS	7.01	45.21
TPS-云杉木木粉(30%)[a]	5.58	36.39
TPS-云杉木木粉(50%)[a]	5.52	32.03
TPS-松木木粉(50%)[a]	1.68	30.08
TPS-山毛榉木粉(50%)[a]	5.86	44.22
TPS-白杨木木粉(50%)[a]	2.63	32.01
TPS-云杉木木粉(325 目)[b]	5.43	28.86
TPS-云杉木木粉(80~200 目)[b]	7.11	37.4

a. 木粉粒径为 260 目；b. 木粉含量为 50%。

　　四种木粉中，山毛榉最能加快淀粉的降解速率，松木对淀粉的降解速率影响最小。这很难通过木粉的化学组成来解释，因为部分真菌分解纤维素和半纤维素速率快于木质素，而部分真菌分解木质素速率较快。然而据记载[115]，山毛榉是以上四种木材中最易受感染的，抗感染最强的是松木。

　　木粉粒径对复合材料的降解也有一定影响，当木粉颗粒较大时(80~200 目)

其复合材料降解速率也较快,原因应该是比表面积更大,有更多空间让真菌生长。

由于真菌的生长极大依赖木粉和复合材料中的水分,当复合材料含水量低于20%时,几乎不发生降解反应,但当水含量较高时,降解速率较快。复合材料降解的重要性可以归为两点:产品用途和处理方法。对于前者,复合材料只要不在潮湿的环境中长期使用,是可以满足长久耐用要求的;对于后者,复合材料能够很好地进行废弃处理,减缓环境压力。最后,不同真菌和不同环境对降解性能的影响还有待进一步的研究。

15.4 本章小结

(1) 木粉与淀粉都具有低成本的特点,且两者有很好的相容性,两者按比例掺杂形成了廉价的可降解复合材料。

(2) 木粉掺杂进淀粉中,能够有效地提高热塑性淀粉的拉伸强度、弹性模量和热稳定性。木粉降低了热塑性淀粉的断裂伸长率、吸水率和降解速率,且随着木粉含量的增加影响变大。

(3) 木粉种类不同,其化学组成(纤维素、半纤维素和木质素比例)也不同,进而造成性能的差异。云杉木和杨木使得复合材料具有较好的力学性能、热稳定性、吸水性和较低的降解率。山毛榉易感染,最易降解。

(4) 木粉颗粒大小对复合材料的性能也存在一定影响。当木粉颗粒从 80 目降低至 325 目,会提高其复合材料的拉伸强度,降低生物降解率和吸水性,但对复合材料热稳定性、弹性模量和断裂伸长率没有明显影响。

第 16 章　K-GO/EVA 复合发泡材料

16.1　引　言

EVA 是单体乙烯和单体乙酸乙烯酯通过本体聚合(最主要)、乳液聚合或溶液聚合得到的高分子聚合物。发泡材料所用的 EVA 中乙酸乙烯酯的质量分数通常为 16%～26%，其余为乙烯。EVA 材料均具有良好的柔弹性和减震性能，通常用于运动设备填充物、薄膜、绝缘光缆外皮、软质坐垫材料和发泡制品等行业。为了适应更广泛的应用环境，研究出一种具有良好力学性能、功能性的 EVA 发泡材料显得十分重要。

泡孔的均匀尺寸和密度会影响 EVA 发泡材料的力学性能，常选用纳米无机填料或者有机填料进行复合增强，这同时也能影响泡孔成核和生长。常用的无机助剂主要包括有机改性蒙脱土(OMMT)、$CaCO_3$、TiO_2 等，为了达到一定的改性效果，通常需要较大的添加量。GO 是一种二维纳米碳材料，它不仅具有优异的力学性能，而且由于表面存在的一些含氧基团，容易与极性聚合物基体复合，并提高聚合物材料的性能。GO/聚合物复合材料已逐渐应用于阻燃材料、运动鞋材、生物医学和超级电容器等领域。

目前将 GO 用于 EVA 发泡制品的研究还鲜有报告，因为相比于在其他精细领域的广泛应用，EVA 发泡属于规模较大的传统生产工艺，面临着助剂的高消耗、高成本，以及生产过程中不可避免的分散不均问题。本章选用硅烷偶联剂 KH-550 对自制的 GO 进行化学接枝处理，制备出石墨烯的衍生物 K-GO，并将其通过转矩流变仪与其他物料共混，制得 K-GO/EVA 功能发泡材料。通过 FTIR、XRD、XPS、FESEM 分析表征 K-GO 化学接枝效果、表面特征和发泡材料脆断截面泡孔的大小分布；利用邵氏硬度 C、回弹性等测试讨论 K-GO 对 EVA 发泡塑料机械性能的影响，这对未来 EVA/石墨烯复合发泡材料的进一步开发有重要意义。

16.2　K-GO/EVA 复合发泡材料的制备过程

16.2.1　GO 的制备

采用改性 Hummers 法制备 GO：将 3 g 石墨加到 360 mL 浓硫酸和 40 mL 磷酸的混合酸中，保持 0～5℃下冰浴搅拌，3 h 内分 4 批缓慢地加入 18 g 高锰酸钾，保持温度低于 35℃,然后升温至 50℃并搅拌 12 h,待冷却至室温,缓慢加入 400 mL 冰水,再缓慢滴加 30 vol%(体积分数)过氧化氢至溶液变成金黄色,再加入 100 mL 的 5vol%盐酸,静置整夜,去除上清液,用去离子水离心洗涤沉淀至上清液为中性,最后经冷冻干燥制得 GO。

16.2.2　改性 GO 的制备

称量 200 mg 所制备的干燥 GO 分散于 200 mL 无水乙醇中,超声 1.5 h 形成均匀分散液,随后加入一定量的盐酸以调节体系 pH = 3～4;称取 800 mg KH-550 超声分散于 50 mL 无水乙醇中,随后加入上述分散液,待混合体系搅拌均匀后,将体系升温至 60℃反应 20 h;然后用去离子水洗涤多次以去除体系中未反应完全的 KH-550 并调节体系至中性,最后经冷冻干燥制得改性氧化石墨烯 K-GO。

16.2.3　改性 GO/EVA 复合发泡材料的制备

将转矩流变仪预热至 105℃,按照表 16-1 发泡配方将 EVA、碳酸钙、AC、DCP、ZnO、ZnSt、St、K-GO 等原料加入转矩流变仪内腔(工艺流程如图 16-1 所示),于 15 r/min 转速下熔融混炼 12～15 min,转速逐渐提升至 40 r/min,取出物料。

表 16-1　EVA 发泡基本配方

基本填料	EVA	碳酸钙	AC	DCP	ZnO	ZnSt	St	K-GO
份数/phr	90～100	15～30	3.2	1.2	1.5	1.2	1.5	0～1.5

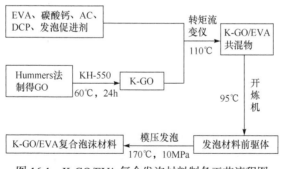

图 16-1　K-GO/EVA 复合发泡材料制备工艺流程图

将转矩流变仪中取出的混合物迅速转移至双辊开炼机,在 95℃下进行打薄拉片 5 min,拉成厚度为 1～3 mm 的薄片,裁剪成 12 cm×12 cm 的正方形片材。

将平板硫化机预热至 170℃,准确称取一定量裁剪后的片材,放入模具中于温度 170℃、压力 15 MPa 下模压交联发泡,随后置于冷水中冷却定型,制备得 K-GO/EVA 复合发泡材料。室温下冷却 3 h,裁剪后进行各性能测试与表征。

16.3　K-GO/EVA 复合发泡材料的结构与性能表征

16.3.1　傅里叶变换红外光谱分析

图 16-2 为 GO 和 K-GO 的对比傅里叶变换红外谱图。曲线 a 是 GO 的特征谱图，1633 cm^{-1} 处的吸收峰对应 GO 中碳骨架 C=C 的伸缩振动峰，在 3445 cm^{-1} 处有 O—H 的宽伸缩振动吸收峰，它的出现归因于 GO 表面的羟基和可能的吸附水，同时在 1052～1384 cm^{-1} 之间也出现了相应的 C—O 和羧酸 O—H 的相互作用的强特征吸收峰，在 1716 cm^{-1} 处出现了 C=O 的伸缩振动峰，这些峰的出现表明 GO 中含有大量亲水性的羟基和羧基等基团。相比于 GO，K-GO 在 2922 cm^{-1} 和 1112 cm^{-1} 处出现了新的特征吸收峰。其中 2922cm^{-1} 处为—CH$_3$、—CH$_2$ 的伸缩振动吸收峰，同时，原 1052 cm^{-1} 处的羟基吸收峰消失，而在 1112 cm^{-1} 处出现了新的 Si—O—C 的伸缩振动吸收峰。这些新吸收峰表明改性 GO 表面存在有机物，即 GO 与 KH-550 发生了化学反应。通过分散性实验可以发现相对于 GO，K-GO 在有机溶剂甲苯中有更好的分散性，这是因为 GO 与 KH-550 发生化学反应，改善了 GO 的亲油性，这也为其在 EVA 复合材料中的应用创造了条件。

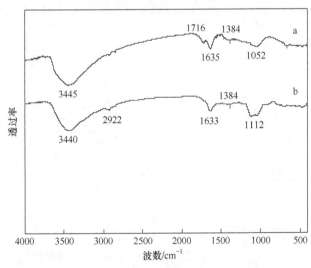

图 16-2　GO 和 K-GO 的傅里叶变换红外光谱图
a. GO；b. K-GO

16.3.2　X 射线衍射分析

图 16-3 为 NG、GO 和 K-GO 的 XRD 图谱。从 NG 的曲线明显发现，$2\theta = 26.5°$

处存在一个强大、尖锐的特征峰，表明其具有高度规整的结构，计算得到层间距约为 0.35nm，而观察 GO 的曲线上可以看出原先的特征峰消失，在 $2\theta = 10.7°$ 处出现新峰，和 NG 曲线相比该峰相对宽化，说明通过化学插层的方法，大量石墨片层被剥离，破坏了原来晶体结构的规整度，GO 表面与边缘含氧基团的存在以及水分子嵌入片层里，一起致使层间距变大，$d = 0.84\ nm$。

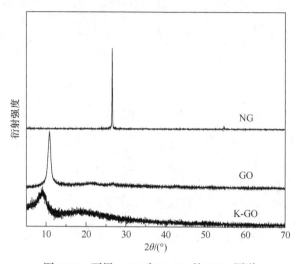

图 16-3　石墨、GO 和 K-GO 的 XRD 图谱

从 K-GO 曲线可看出，原来 $2\theta = 10.8°$ 左右的特征峰移向小角度，在 $2\theta = 9.1°$ 处出现一个相对宽而弱的峰，表明硅烷分子和烷基链已经成功接枝到 GO 片材的表面上，导致了层间距的增加，同时结构无序性增加，衍射峰更加宽化，计算得到 d 约为 0.98 nm。还可以发现，在 $2\theta = 20.8°$ 处出现一个低强度的宽峰，这是部分硅烷和含氧官能团相互作用的结果。

16.3.3　改性氧化石墨烯表面形貌场发射扫描电镜分析

图 16-4 为 GO 和经过 KH-550 改性后的 K-GO 的表面形貌 FESEM 照片。从图 16-4(a)和(b)能够容易发现 GO 层数较少，表面相对简单，含有一些褶皱的片层结构，这是因为各种形态下的石墨烯纳米片都具有二维晶体固有的不稳定性。而图 16-4(c)和(d)中 K-GO 表面片层的形态发生了变化，同时粗糙度增加，这是因为其与偶联剂 KH-550 发生了反应，接入了更多的含氧官能团。从图 16-5 可以得到，该样品含有 C、O、N、Si 元素，其中 N 元素和部分的 Si 元素来源于硅烷偶联剂，这也验证了上述表征，进一步说明了 KH-550 成功地接枝到 GO 上形成 K-GO。

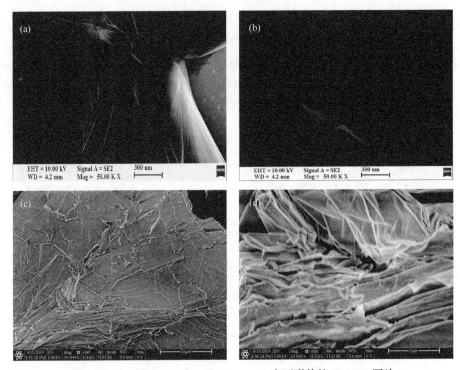

图 16-4　GO[(a)、(b)]和 K-GO[(c)、(d)]表面形貌的 FESEM 照片

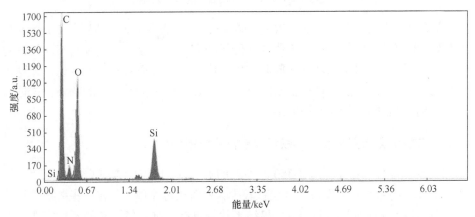

图 16-5　负载偶联剂的 K-GO 的 EDS 图

图 16-6 为不同 K-GO 添加量下的 EVA 复合发泡材料的 FESEM 照片。复合发泡材料的内部泡孔多为闭孔泡孔，与传统 EVA 发泡泡孔结构相似。当 K-GO 的含量为 0.3 phr 时，材料的内部泡孔大小均一性和泡孔的数量没有大的变化，这是因为 K-GO 相对于超细碳酸钙的含量偏少，发泡体系主要以碳酸钙作为泡孔成核剂，同时 KH-550 的改性有效提高了 GO 与 EVA 基体之间的相容性和分散性。

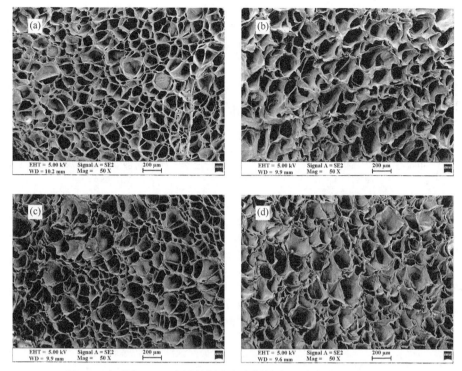

图 16-6　不同 K-GO 含量的复合发泡材料表面形貌的 FESEM 照片

(a) 0 phr；(b) 0.3 phr；(c) 0.6 phr；(d) 1.2 phr

　　当 K-GO 的含量达到 1.2 phr 时，泡孔的平均尺寸变大，可能是因为过量的部分 K-GO 未分散均匀起到了一定黏附作用，引起成核剂碳酸钙和发泡剂 AC 的聚集，导致泡孔尺寸的增大，降低了发泡质量。

16.3.4　X 射线光电子能谱分析

　　图 16-7 为 GO 和 K-GO 的 XPS 谱图。图 16-7(a)、(c)分别为 GO 和 K-GO 的全谱图，从中可以看到，两种物质都含有碳元素和氧元素，且对比文献中 NG 的全谱图，O/C 比值显著增加，说明改进 Hummers 法成功地使石墨片层上接枝了含氧基团。对两种样品进行分峰处理，从图 16-7(b)、(d)中可以发现均含有大量的 C—C、C═C(284.8 eV)，C—O(286.3 eV 和 287.1 eV)，以及少量的 C═O(288.5 eV)，说明表面的含氧基团包括羟基、羧基等。不过对比图 16-7(b)和(d)，明显看到 C—O 包括 C—O—H 和 C—O—C 相比于 C—C 减少了很多，这是因为其与偶联剂 KH-550 中的硅烷键发生反应而损耗，验证了 GO 与偶联剂之间的紧密联系。

　　此外，在 K-GO 的全谱图上出现了 Si 2p 和 Si 2s 峰，进一步说明其含有 Si 元素，充分发生了反应。

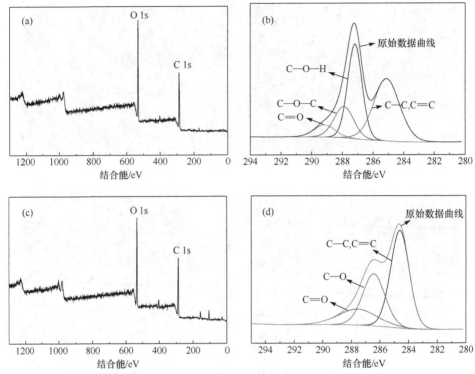

图 16-7　GO(a)和 K-GO(c)的全谱图；GO(b)和 K-GO(d)的 C 1s 分峰图

16.3.5　热重分析

图 16-8 为不同 K-GO 添加量下的 EVA 复合发泡材料的 TG 曲线图。如图所示，本章制备的 EVA 发泡材料从室温到 800℃有三个分解阶段。第一阶段的初始分解温度和终止分解温度分别是 310℃和 410℃，在 360℃时达到最大热失重速率，这是由 EVA 乙酸乙烯酯链段中酯键的分解产生的，质量损失为 8.31%；第二阶段的初始分解温度和终止分解温度分别是 410℃和 490℃，在 460℃时达到最大热失重速率，这是由发泡材料中高分子链段的断裂分解产生的，质量损失为 60.32%；第三阶段的初始分解温度和终止分解温度分别是 650℃和 750℃，在 710℃时达到最大热失重速率，因为此阶段超细碳酸钙高温逐渐分解，质量损失为 7.87%。从图中可以看出，K-GO 含量越多，复合发泡材料在相同温度下最终的质量损失越高，这是因为 K-GO 片层上有机基团的分解，同时过量的 GO 影响了材料的整体发泡质量，产生的炭层无法组织基体燃烧和隔绝氧气。总体上来看，少量 K-GO 的加入对复合发泡制品的热稳定性没有明显影响[116-119]。

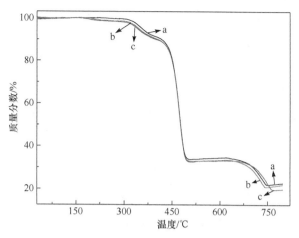

图 16-8 K-GO/EVA 发泡材料的 TG 曲线
a. 0 phr；b. 0.6 phr；c. 1.2 phr

16.3.6 物理力学性能测试

图 16-9(a)和(b)给出了 GO 改性 EVA 复合发泡材料和 K-GO 改性 EVA 复合发泡材料的拉伸断裂强度曲线和断裂伸长率曲线。由图能够发现，随着 GO 含量的提高，复合发泡材料的拉伸性能整体呈下降趋势，这是因为 GO 表面能大且存在

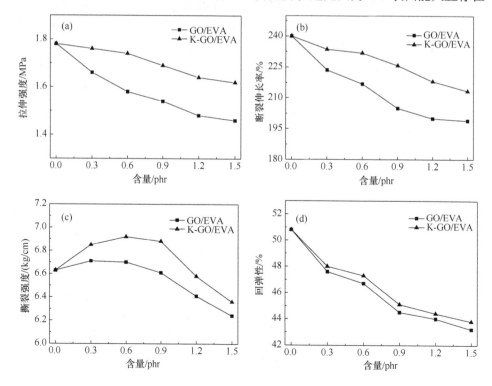

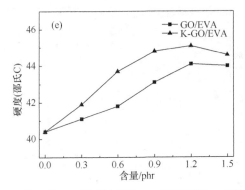

图 16-9   EVA 发泡材料的拉伸强度(a)、断裂伸长率(b)、撕裂强度(c)、回弹性(d)和邵氏硬度 C(e)
随 GO、K-GO 含量的变化曲线

氢键作用，易在 EVA 基体中发生堆积而分散不均匀，且与 EVA 基体相容性差，
导致部分材料物理上存在缺陷，受到外力时，缺陷部分成为应力集中点，从而降
低了发泡片材的拉伸强度和断裂伸长率。

　　与 GO/EVA 复合发泡材料相比，K-GO 的填充量在 0.2%～0.7%之间时，复合
发泡材料的拉伸性能达到相对稳定，较 GO 填充复合材料有了明显提高，这是由
于硅烷偶联剂提高了填料界面黏合力，改进了 GO 与 EVA 基体间的相容性与分散
性，可以发挥石墨烯的增强效果。但是随着 K-GO 含量的再次增加，过量的 K-GO
发生团聚导致应力集中，使得复合材料的拉伸性能下降。由撕裂强度曲线可以看
出，K-GO 能够在一定范围内提升复合发泡材料的撕裂强度和邵氏硬度 C。当
K-GO 添加量为 0.6 phr 时，复合发泡材料的拉伸强度、拉伸断裂强度和回弹性能
基本保持稳定，撕裂强度达到最大，邵氏硬度 C 也有一定的增加，可视为较理想
的添加量。

16.4   本 章 小 结

　　本章使用改进的 Hummers 法制备 GO，选用硅烷偶联剂 KH-550 对 GO 进行
化学接枝处理，制备出 GO 的衍生物 K-GO，并将其作为功能纳米填料，通过转
矩流变仪与其他物料共混，获得 K-GO/EVA 复合发泡材料。通过 FTIR、XRD、
XPS 分析表征化学接枝效果；利用同步热分析仪测试并分析添加纳米填料前后
EVA 发泡材料的热稳定性；通过 FESEM 分析 GO 和 K-GO 的表面形貌，还有发
泡材料脆断截面泡孔的形态；通过回弹性、邵氏硬度 C 等测试分析 K-GO 对 EVA
复合发泡材料的基本物理力学性能的影响。结果如下。

　　(1) XRD 和 FTIR 分析结果表明，所制备的 GO 剥离得比较彻底，层间距 d
在 0.84nm 左右，表面含有羟基、羧基和环氧基等含氧官能团，通过反应硅烷偶联剂 KH-550 成功插层到了 GO 上形成了 K-GO,硅烷部分破坏了 GO 的周期性结构,同时硅烷分子和烷基链接枝到 GO 表面,导致了层间距进一步增大。

(2) FESEM 分析结果表明, K-GO 表面片层的形态发生了变化,褶皱更加明显,粗糙度增加,成功接入更多的含氧官能团。复合发泡材料的内部泡孔多为闭孔泡孔,与传统 EVA 发泡泡孔结构相似。当 K-GO 的含量为 0.3 phr 和 0.6 phr 时,材料的内部泡孔大小均一性和泡孔的数量没有大的变化,当 K-GO 的含量达到 1.2 phr 时,泡孔的平均尺寸变大,说明部分 K-GO 未分散均匀起到了一定黏附作用,引起成核剂碳酸钙和发泡剂 AC 的聚集,导致泡孔尺寸的增大。

(3) XPS 分析结果表明,两种石墨烯衍生物都含有碳元素和氧元素,且对 NG 的全谱图分析表明,O/C 比值显著增加。对 C 1s 的分峰处理表明,改性后 K-GO 中 C—O—H 和 C—O—C 相比于 C—C 减少了很多,验证了其与偶联剂 KH-550 中的硅烷键发生的损耗反应。

(4) TG 分析结果表明,K-GO/EVA 发泡材料从室温到 800℃有三个分解阶段,随着 K-GO 添加量的增大,最终的质量损失也逐渐增大,过量的 GO 影响了材料的整体发泡质量,产生的炭层无法阻止基体燃烧和隔绝氧气。但是一定 K-GO 的加入并不会明显影响复合发泡制品的热稳定性。

(5) 力学性能测试表明,对于 K-GO/EVA 组样品,在低添加量下复合发泡材料的拉伸强度、拉伸断裂强度和回弹性能基本保持稳定,邵氏硬度 C 和撕裂强度得到了一定的提高。但当 K-GO 的添加量过量,超过 0.9 phr 时,复合发泡材料的综合力学性能会由于石墨烯的团聚出现下滑。K-GO 的最优添加量为 0.6 phr。

第 17 章 RGO-CB/EVA 复合发泡材料

17.1 引 言

EVA 发泡材料与聚丙烯、聚氯乙烯、聚苯乙烯和聚氨酯等发泡材料相比，有着较好的弹性、耐磨性和缓冲减震性，并且其制品绿色环保，具有可降解性，广泛应用在包装、体育用品、建筑等行业。因为聚合物的共性，EVA 材料具有很高的绝缘性，极易在产品表面聚集电荷，不能及时传导消除，造成安全隐患，会带来火灾，更严重可能会发生爆炸，从而给人们带来巨大的损失。因此改进其抗静电性能具有重要意义。

石墨烯是一种特殊的二维(2D)碳纳米材料。因为卓越的电学性能、良好的化学和力学性能，其已成为广大学者的研究重点。然而，石墨烯和聚合物之间的表面能相当大，它倾向于聚集以降低表面能。因此，均匀分散和有效的界面应力转移成为有效加固的主要挑战。为了使石墨烯在聚合物中具有纳米分散性，聚合物复合溶液的原位聚合、原料溶液混合和凝聚等制备方法都有不错的改进效果，但普遍存在效率低、成本高、不利于大规模应用的弊端。或者对石墨烯进行表面改性，以增强填料和聚合物之间的黏合力，但在这种情况下，改性剂有时会改变石墨烯的固有性质。混合纳米粒子的制备是石墨烯纳米分散在聚合物基体中的一种新方法。通过这种方法，可以减弱纳米粒子之间的强吸附，并且可以发挥各种纳米粒子的协同效应。

本章将氧化石墨烯 GO 与炭黑 CB 进行溶液混合，随后选用对苯二胺 PDD 作为还原剂在悬浮液中原位还原，处理产物制得 RGO-CB 杂化物，然后作为抗静电剂运用于 EVA 制得功能 EVA 发泡材料。探究石墨烯的还原程度、杂化物的表面形貌结构及其对 EVA 复合发泡材料机械性能和抗静电性能的影响。

17.2 RGO-CB/EVA 复合发泡材料的制备过程

17.2.1 GO 的制备

采用改性 Hummers 法制备 GO：将 3 g 石墨加到 360 mL 浓硫酸和 40 mL 磷酸的混合酸中，保持 0~5℃下冰浴搅拌，3 h 内分 4 批缓慢地加入 18 g 高锰酸钾，保持温度低于35℃,然后升温至50℃并搅拌12 h,待冷却至室温,缓慢加入400 mL冰水,再缓慢滴加30 vol%过氧化氢至溶液变成金黄色,再加入100 mL的5vol%盐酸,静置整夜,去除上清液,用去离子水离心洗涤沉淀至上清液中性,最后经冷冻干燥制得GO。

17.2.2　RGO-CB 杂化物的制备

将17.2.1节制备的200 mg GO室温下于300 mL水中搅拌2 h,然后将1.0 g CB加入GO溶液中,继续搅拌2 h以形成CB/GO混合物的均匀悬浮液;将3.0 g的PPD加入75 mL乙醇中超声30 min,并加入上述悬浮液中;将悬浮液在120℃的油浴下搅拌并回流24 h;获得RGO-CB 杂化物;将获得的RGO-CB 杂化物抽滤、离心数次,置于真空烘箱中干燥;干燥的杂化物研磨成粉末作为复合抗静电剂。

17.2.3　RGO-CB/EVA 复合发泡材料的制备

将转矩流变仪预热至105℃,按照实验设计配方(表17-1)将 EVA、RGO-CB、AC、DCP、ZnO、ZnSt、St 等原料加入转矩流变仪内腔(如图 17-1 流程所示),于15 r/min 转速下熔融混炼 12～15 min,转速逐渐提升至 40 r/min,取出物料。

表 17-1　RGO-CB/EVA 发泡基本配方

配方	EVA	RGO-CB	AC	DCP	ZnO	ZnSt	St
份数/phr	90～100	0～15	3.2	1.2	1.5	1.2	1.5

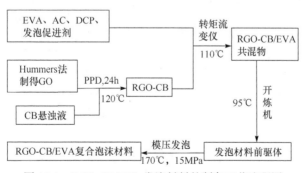

图 17-1　RGO-CB/EVA 发泡材料的制备工艺流程图

将转矩流变仪中取出的混合物迅速转移至双辊开炼机,在95℃下进行打薄拉片 5 min,拉成厚度为 1～3 mm 的薄片,裁剪成 12 cm×12 cm 的正方形片材。

将平板硫化机预热至 170℃,准确称取一定量裁剪后的片材,放入模具中于温度170℃、压力 15 MPa 的条件下模压交联发泡,随后置于冷水中冷却定型,制备得 K-GO/EVA 复合发泡材料。室温下冷却 3 h,裁剪后进行各性能测试与表征。

17.3　RGO-CB/EVA 复合发泡材料的结构与性能表征

17.3.1　X 射线衍射分析

　　XRD 是研究纳米材料和纳米填料在聚合物基质中分散的有效方法。图 17-2 显示了干燥的 NG、CB、GO 和 RGO-CB 杂化物的 XRD 图谱。从 NG 的曲线可以看出，在 $2\theta=26.3°$ 处有一个强大、尖锐且对称的衍射峰，说明其具有高度规整的晶体结构，计算得到层间距约为 0.35nm。在石墨被氧化之后 $2\theta=26.3°$ 处特征峰消失，在 $2\theta=10.9°$ 处出现一个新的衍射峰，和 NG 曲线相比该峰相对宽化，说明通过化学插层还原的方法，NG 剥离得很彻底，破坏了原来晶体结构的规整度，GO 表面与边缘含氧基团的存在以及层间水分子嵌入片层结构里，共同致使层间距变大。观察到 CB 的宽衍射峰位于 $2\theta=24.4°$ 处，这反映了其典型的非晶结构。

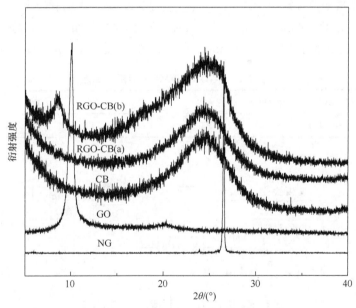

图 17-2　NG、CB、GO 和 RGO-CB 的 XRD 图谱
(a) RGO/CB=1/10；(b) RGO/CB=3/10

　　对于混合 CB-RGO 杂化物，当 CB 和 RGO 质量比为 10∶1 时，仅观察到 CB 的宽衍射峰，这意味着 RGO 片已经剥离成单层或几层，其中 CB 充当屏障并防止还原氧化石墨烯(RGO)片层重新包装。随着 RGO 负载量的增加，在 CB 和 RGO 之比为 10∶3 的曲线处观察到出现在 $2\theta=7.4°$ 处的小的衍射峰，对应于 $d=1.2$ nm 的层间距，其大于 GO 的层间距。这可能是因为当 RGO 负载继续增加时，石墨

烯片层的某些部分没有完全分离，但仍有一些 CB 颗粒插入 RGO 层，这扩大了夹层的间距。

17.3.2　场发射扫描电镜分析

图 17-3 是干燥的 CB、GO 和 RGO-CB、表面形貌的 FESEM 照片。观察图 17-3(a)可以看到，CB 表面倾向于随机的团聚分布。图 17-3(b)是改性 Hummers 所制得的 GO 表面形貌图，可以看出典型的石墨烯片层的褶皱。图 17-3(c)和(d)是原位还原所制得的 RGO-CB 杂化物表面形貌，可以观察到单层或几层的 RGO 片，其中大小不一的 CB 团聚物吸附在其表面上。对于 RGO-CB 杂化物，在进一步放大后在图 17-3(d)中可以观察到石墨烯的皱纹，可以认为沉积在石墨烯平面上的 CB 颗粒有效地阻止了 RGO 片材在干燥后重新团聚，作为简单的复合纳米填料的制备，为实现石墨烯在 EVA 基体中的功能化应用提高了可能。

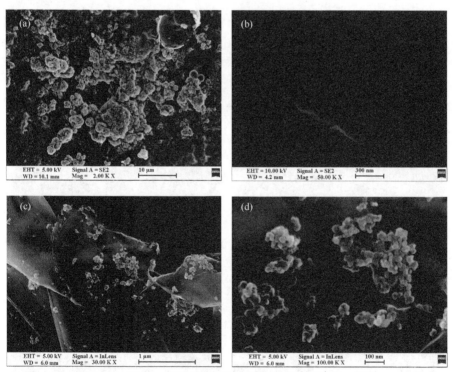

图 17-3　CB(a)、GO(b)和 RGO-CB[(c)、(d)]的 FESEM 照片

将干燥的 RGO-CB 杂化填料和 EVA 通过双辊开炼机与 SBR 混合拉片，通过 FESEM 观察 RGO-CB 在 SBR 基质中的分散条件。如图 17-4 所示，除了 CB 填料之外，从复合材料的横截面可以观察到从 EVA 基质中拉出的一些 RGO-CB 片材，结合图 17-3(c)进一步证实了石墨烯片在 EVA 基质中的均匀分散。结果表明，基于

RGO-CB 填料的制备，可以通过简单的机械混合方法获得石墨烯片的均匀分散，与溶液混合法制备石墨烯/聚合物复合材料相比，机械混合方法更简单、环保。

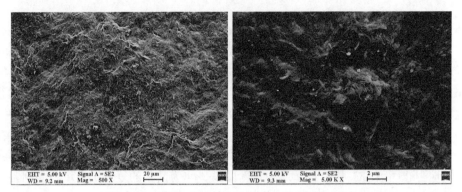

图 17-4   RGO-CB/EVA 共混物表面的 FESEM 照片

图 17-5 为不同杂化物添加量下 RGO-CB/EVA 复合发泡材料的 FESEM 照片镜图。复合发泡材料的内部泡孔多为闭孔泡孔，与传统 EVA 发泡泡孔结构相同。

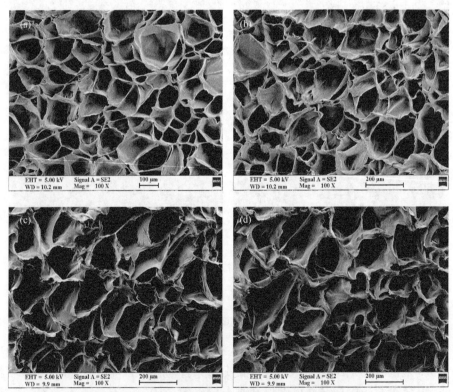

图 17-5   RGO-CB/EVA 复合发泡材料的 FESEM 照片
(a) 0 phr；(b) 6 phr；(c) 12 phr；(d) 15 phr

添加 6 phr 和 12 phr RGO-CB 时，泡孔尺寸稳定性变差，图 17-5(d)出现了部分泡孔并孔和穿孔的现象，可以认为随着 CB-RGO 的添加增多，熔体黏度逐渐增加、流动缓慢，从而使得 AC 产生的 N_2 无法再均匀逸散，这导致了泡孔的不均匀。此外，石墨烯和 CB 表面可能存在一些羟基和羧基等极性基团，与 EVA 基体的界面黏结力较差，导致界面分离，产生了泡孔并孔和穿孔现象。当杂化物的添加量达到 15 phr 时，得到的复合发泡材料出现大量尺寸不一的气孔，明显影响了材料的综合性能。

17.3.3　抗静电性能表征

图 17-6 为 CB/EVA 复合发泡材料或 RGO-CB/ EVA 复合发泡材料的体积电阻率测试图[取对数值 $\lg \rho_V$]。从 CE/EVA 曲线可以看出，当 CB 含量较低时，随着 CB 含量的增加，复合发泡材料的体积电阻率降低并不明显，CB 从 0 phr 增加到 12 phr 时，体积电阻率从 14.0 下降到 12.1，不过随着 CB 含量继续增加，复合发泡材料电阻率出现了相对明显的下降，当 CB 含量达到 15 phr 时，体积电阻率为 10.2，这是因为当 CB 比例较低时，在发泡材料中无法形成连续相，只有掺杂作用，无法组成导电系统，当 CB 添加量到一定数值后，CB 颗粒间距变小，由之前相对孤立状态变成部分连续相的存在，甚至产生了导电网络结构，这种体积电阻率在一个很窄的范围内突变的现象称为渗滤现象，此时的导电填料含量称为渗滤阈值。由 CB/EVA 曲线可以推断纯 CB/EVA 复合发泡材料的渗滤阈值为 15 phr 左右，要想具备良好的抗静电性，需要超过 15 phr 的添加量。

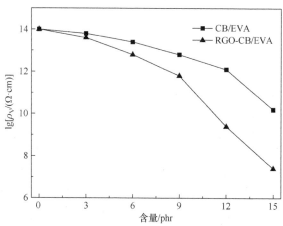

图 17-6　CB/EVA 复合发泡材料及 RGO-CB/EVA 复合发泡材料的体积电阻率

比较 CB/EVA 和 RGO-CB/EVA 两条曲线，可以发现在相同的添加量下，RGO-CB/EVA 复合发泡材料的体积电阻率始终低于 CB/EVA 材料，且随着添加量的缓慢增大，曲线的差距逐渐拉开，并且在添加了 9～12 phr 之间有一个突降的转折点，降低了体系的渗滤阈值。当添加量达到 15 phr，$\lg\rho_V$ =7.6，表现出合格的抗静电性。这归功于石墨烯固有的高导电率，以及石墨烯吸附在炭黑表面，在导电网络中能够促进电荷高效的转移，所以较改性前有更好的抗静电性。

17.3.4　热重分析

图 17-7 为 RGO-CB/EVA 复合发泡材料的 TG 曲线。可以发现，由于没有碳酸钙的加入，只有两个明显的质量损失阶段，依旧分别对应了 310～410℃间的酯键分解和 410～490℃之间的链段的裂解。同时可以观察到，随着 RGO-CB 添加量的提高，在 480℃至最终温度下的质量损失逐渐降低。说明了 RGO-CB 组分的加入可以显著增加该抗静电复合发泡材料的热稳定性。

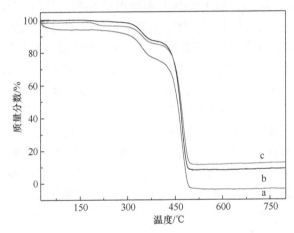

图 17-7　RGO-CB/EVA 复合发泡材料的 TG 曲线
a. 0 phr；b. 6 phr；c. 12 phr

17.3.5　物理力学性能测试

图 17-8 是多种份数的 CB 或 RGO-CB(RGO：CB=1：10)复配抗静电剂运用于 EVA 发泡复合材料的拉伸强度、断裂伸长率、撕裂强度、回弹性和邵氏硬度 C 曲线图。从拉伸强度曲线和断裂伸长率曲线可以看出，当只加入 CB 时，复合发泡材料的拉伸强度和断裂伸长率随着 CB 含量的增加整体呈下降趋势，这是因为 CB 本身为刚性的纳米填料，与 EVA 的相容性不好，在 EVA 基体中容易分散不均匀，形成应力集中点，引起拉伸强度下降。在 CB 添加量达到 12 phr 时拉伸强度达到最低，随后随着 CB 用量的增大拉伸强度小幅上升，起到一定的补强作用。

而应用 RGO-CB 复合填料时，可以发现拉伸性能有明显的改进，始终高于 CB 组。同样使用 9 phr 的添加量下，复合发泡材料的断裂伸长率从 190% 增加到 200%，拉伸强度从 1.78 MPa 增加到 2.08 MPa，说明有效地发挥了石墨烯的增强效果。

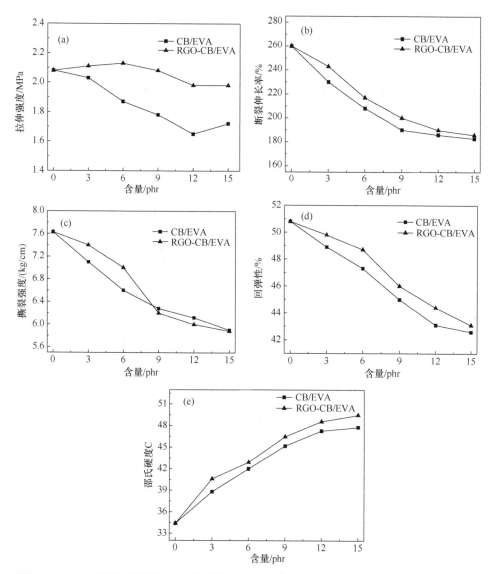

图 17-8　EVA 材料的拉伸强度(a)、断裂伸长率(b)、撕裂强度(c)、回弹性(d)和邵氏硬度 C(e)
随 CB、RGO-CB 含量的变化曲线

从撕裂强度曲线可以发现，当填料添加量大于等于 12 phr 时，RGO-CB 组的表现略低于单一 CB 组，这可能是因为基体中存在一些堆叠的 RGO，并且 RGO 片不分散，在一定程度上损害了石墨烯对 EVA 的增强作用。

从邵氏硬度 C 曲线可以看出，两种 EVA 复合发泡材料的邵氏硬度 C 均随着填料用量的增加而增大，这是因为 CB 和 GRO 在加工过程中均能使得熔体流动性变差，体系黏度增大，从而导致泡孔孔径不均匀，密度增加。

17.4　本 章 小 结

本章首先通过简单的溶液超声混合程序制备 GO-CB 悬浮液，然后用 PPD 对 GO 进行还原，最终得到干燥的 RGO-CB 杂化物，作为复配抗静电剂并通过常用的发泡加工方法将其运用于 EVA 基体中，制得抗静电高强度 EVA 复合发泡材料。通过 XRD 和 FESEM 分析了 RGO-CB 在 EVA 中的微观结构和分散情况，通过电阻率测试分析了 CB 和杂化物对材料导电能力的影响；利用邵氏硬度 C、回弹性等测试讨论了 RGO-CB 对 EVA 发泡塑料机械性能的影响。得出以下结论。

(1) XRD 表明经过原位还原，GO 片剥离得比较彻底，破坏了原晶体的规整度，被 PPD 成功还原。当 RGO 负载增大时，石墨烯片层的某些部分没有完全分离，有一些 CB 颗粒插入 RGO 层，这扩大了夹层的间距。

(2) FESEM 分析表明，相对于 CB 和 GO 原本各自的形貌，制备的 RGO-CB 复合填料中，CB 沉积在 RGO 表面充当屏障，起到了防止 RGO 在干燥后重新团聚的作用。

(3) 泡孔结构的 FESEM 结果表明，复合发泡材料的内部泡孔多为闭孔泡孔，当填料使用量大于 12 phr 并逐渐增大时，泡孔大小均一性变差，甚至出现破孔穿孔，随着 RGO-CB 的添加增多，熔体黏度逐渐增加、流动缓慢，从而使得 AC 产生的 N_2 无法再均匀逸散，这导致了泡孔的不均匀。此外，石墨烯和 CB 表面可能存在一些羟基和羧基等极性基团，与 EVA 基体的界面黏结力较差，导致界面分离。

(4) 体积电阻率曲线表明，单一 CB 填料在 15 phr 添加量以内只能有限地提高复合材料的体积电阻率，与 CB/EVA 相比，RGO-CB/EVA 的电阻率大幅减小，当添加量达到 15 phr，$\lg\rho_V$ =7.6，表现出合格的抗静电性。这归功于石墨烯固有的高导电率，以及 CB 颗粒吸附在石墨烯片层上，在导电网络中能够促进电荷高效的转移，所以较改性前有更好的抗静电性。

(5) 热重分析结果表明，随着 RGO-CB 含量的增加，等温下特别是 480℃之后，复合发泡的质量损失明显降低。因此，RGO-CB 杂化物的加入在一定程度上提高了该抗静电发泡的热稳定性。

(6) 力学性能结果表明，由于 CB 为刚性纳米填料，复合发泡的拉伸强度等数值随 CB 的增加而明显下降，相比于 CB/EVA 组，RGO 的引入提高了复合发泡材料的拉伸强度、断裂伸长率和邵氏硬度 C，当添加量为 10 phr 时可以兼顾综合力学和抗静电性能的平衡。

第18章 表面负载 RGO-TiO₂ 的 EVA 复合发泡材料

18.1 引　　言

以室内环境为例，很多室内装修材料含有超过健康标准的二甲苯、甲苯、甲醛(CH_2O)和丙酮等挥发性有机物(VOC)，对人体有长期的健康危害，而作为应用最为广泛的有机发泡材料之一，EVA 发泡产品自然被人们提出了更多的产品性能的要求，因此研究出一种具有光催化自清洁功能、使用范围广泛且健康无毒的 EVA 发泡材料就显得十分重要。

TiO_2 被认为是一种优良的半导体光催化材料，因为它具有氧化能力强、化学性质稳定无毒、催化效率高的特点。但 TiO_2 是一种宽带隙半导体，只吸收在日光中占很少一部分的紫外光，限制了其在室内的使用，同时其光生电子空穴对的复合率很高。为提高 TiO_2 光催化效率，需对 TiO_2 进行修饰改性，以降低其带隙宽度，或者降低电子空穴对的复合率。例如，采用金属离子掺杂(Fe、Cu)、非金属掺杂(N、F)、表面染料敏化等方法来降低带隙宽带。近年来，学者发现将半导体光催化剂 TiO_2 与不同形态、结构的炭材料(如 CNT、CB、EG、GO 等)复合是一种有效提高 TiO_2 光催化活性的途径之一。最初用来修饰 TiO_2 的碳材料是纳米 CB。

以异丙醇钛为钛源，葡萄糖为还原剂，通过一步水热法制备 RGO-TiO₂，将经过多巴胺表面处理后的 EVA 发泡片材浸入 RGO-TiO₂ 溶液中，得到表面负载 RGO-TiO₂ 薄膜的 EVA 发泡材料，通过 FESEM、XRD、EDS 等分析考查 GO、RGO-TiO₂ 和负载催化剂后的 EVA 表面形貌、晶型特征，通过对罗丹明 B(RhB) 的光催化降解实验，探究催化剂对 EVA 发泡材料光催化性能的影响。

18.2 表面负载 RGO-TiO₂ 的 EVA 复合发泡材料的制备过程

18.2.1 RGO-TiO₂ 制备

将 1 mL 异丙醇钛加入 5 mL 无水乙醇中，然后在搅拌条件下缓慢滴入 5 mL 含 4 mg 氯化铵的水溶液，得到 A 部分；将 50 mg GO 加入 50 mL 去离子水中超声处理 30 min, 然后以 1000 r/min 高速搅拌 1 h, 再加入 100 mg 葡萄糖和 1 mL 氢氧化铵, 得到 B 部分; 将 A 部分和 B 部分混合, 再将混合物放入高压釜中, 在 140℃下加热 6 h; 还原反应结束后, 产物用纯水和乙醇洗涤, 并在 90℃下干燥 6 h, 得 RGO-TiO$_2$。

18.2.2 表面负载 RGO-TiO$_2$ 的 EVA 复合发泡材料制备

(1) 将提前制备好的 EVA 发泡材料(以表 18-1 中配方按照图 18-1 中的工艺流程制备)剪切成一定的形状, 浸没于去离子水中超声 20 min, 洗涤 4 h 备用。称取 0.3 g 三羟甲基氨基甲烷, 溶于 250 mL 去离子水中作为缓冲溶液, 称取 0.5 g 的盐酸多巴胺加入缓冲溶液中, 调节 pH=8.5 左右, 得到聚多巴胺(DPA)溶液。将之前的 EVA 发泡材料浸没于 DPA 溶液中, 室温下磁力搅拌 24 h, 反应结束后, 将发泡片材取出, 用去离子水多次冲洗干净, 70℃下真空干燥箱烘干 5 h, 得到 DPA 负载的 EVA 发泡片材。

表 18-1　RGO-CB/EVA 复合发泡材料基本配方

	EVA	AC	DCP	ZnO	ZnSt	St
份数/phr	90~100	3.2	1.2	1.5	1.2	1.5

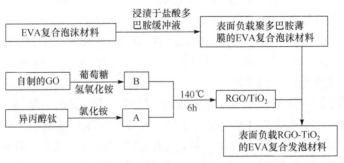

图 18-1　负载 RGO-TiO$_2$ 的 EVA 发泡材料的制备工艺流程图

(2) 称取一定质量的 RGO-TiO$_2$ 置于 200 mL 去离子水中, 室温下磁力搅拌 1 h, 得到均匀的复合物分散液, 将步骤(1)得到的 EVA 发泡片材浸没到该分散液中, 30 min 下超声振荡 3 h, 将发泡片材取出, 用去离子水水洗多次后置于真空干燥箱内 70℃烘干 5 h, 得到表面负载 RGO-TiO$_2$ 的 EVA 发泡材料。裁剪后进行各种测试标准。

18.3　表面负载 RGO-TiO₂ 的 EVA 复合发泡材料的结构与性能表征

18.3.1　傅里叶变换红外光谱分析

图 18-2 是测得的 GO、RGO-TiO₂ 的 FTIR 谱图。可容易地从 GO 曲线发现其在 3445 cm^{-1}、1716 cm^{-1}、1052～1384 cm^{-1} 区间以及 1630 cm^{-1} 附近都有特征峰出现。在 3445 cm^{-1} 处有 O—H 的宽伸缩振动吸收峰，它的出现归因于 GO 表面的羟基和可能的吸附水，1630 cm^{-1} 处的吸收峰对应 GO 中碳骨架 C═C 的伸缩振动峰，1052～1384 cm^{-1} 之间也出现了相应的 C—O 和羧酸 O—H 的相互作用的强特征吸收峰，1716 cm^{-1} 处出现了 C═O 的伸缩振动峰，这些峰的出现表明 GO 中含有大量亲水性的羟基和羧基等基团。对比 GO 和 RGO-TiO₂ 两条曲线，可以看出1716 cm^{-1}(C═O 键)和 1052～1384 cm^{-1} 区间(C—O 键与 O—H 键)的吸收峰减弱，说明经过葡萄糖的还原处理后，GO 成功被还原成石墨烯，而且 1630 cm^{-1}(C═C键)处的吸收峰还在，说明材料保留了 GO 的碳骨架。同时很容易可以看到 RGO-TiO₂ 谱线在低于 1000 cm^{-1} 出现新的低频峰带，造成该低频峰的原因是 Ti—O—C 的骨架振动，其存在证实了复合材料中 RGO 和 TiO₂ 间紧密的化学联系。

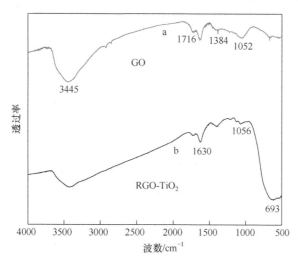

图 18-2　GO 和 RGO-TiO₂ 的 FTIR 图
a. GO；b. RGO-TiO₂

18.3.2　X 射线衍射分析

图 18-3 是 NG、GO、RGO 和 RGO-TiO₂ 的 XRD 图谱。从 NG 的曲线明显发

现，$2\theta = 26.5°$处存在一个强大、尖锐的特征峰，表明其具有高度规整的结构，计算得到层间距约为 0.35nm，而观察 GO 的曲线可以看出原先的特征峰消失，在 $2\theta = 10.7°$处出现新峰，和 NG 曲线相比该峰相对宽化，说明通过化学插层的方法，大量石墨片层被剥离，破坏了原来晶体结构的规整度，GO 表面与边缘含氧基团的存在以及水分子嵌入片层里，一起致使层间距变大，$d=0.84$ nm。观察 RGO 曲线可以看出，在 $2\theta = 24.5°$处出现一个宽化的强峰，证实了 RGO 的形成，其层间距略高于良好有序的石墨，表明在 RGO 中存在一些残留的含氧官能团，破坏了原来石墨晶体结构的规整度。观察 RGO-TiO$_2$ 的曲线可以看出，在 2θ 为 25.6°、37.7°、48.4°、54.4°、62.6°、68.5°、75.4°处出现的主要衍射峰分别指向了锐钛矿的(101)、(004)、(200)、(105)、(204)、(116)、(215)晶面，而 RGO 在 24.5°处的衍射峰被 TiO$_2$ 在 25.6°处的衍射峰所屏蔽，因此在复合物中没有能够发现 RGO 峰。

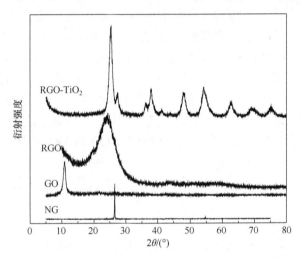

图 18-3　NG、GO、RGO 和 RGO-TiO$_2$ 的 XRD 图谱

18.3.3　表面形貌分析

图 18-4 为 EVA 发泡材料和表面负载 RGO-TiO$_2$ 的 EVA 复合发泡材料的表面形态。观察可得，普通的 EVA 发泡材料在室内光照下显现出浅黄白色，且分布均匀无异色。而表面负载 RGO-TiO$_2$ 的 EVA 复合发泡材料，表面整体显现灰黑色，这是因为 EVA 发泡材料含有羟基等含氧官能团，会与溶液中的多巴胺和 RGO 产生吸附作用，在表面逐渐形成不透光的薄膜，同时 RGO 本身呈黑色。

18.3.4　场发射扫描电镜分析

图 18-5 为 GO 和 RGO-TiO$_2$ 的 FESEM 照片，观察图 18-5(a)可以看到 GO 表面微米级的褶皱，对比图 18-5(a)可以看出图 18-5(b)中 TiO$_2$ 纳米颗粒吸附在 RGO

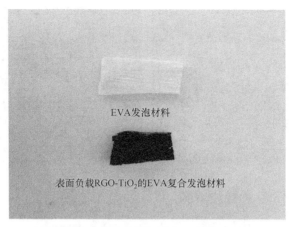

EVA发泡材料

表面负载RGO-TiO₂的EVA复合发泡材料

图 18-4　EVA 发泡材料和表面负载 RGO-TiO₂ 的 EVA 复合发泡材料的照片

片层上，两者通过界面接触的方式紧密相接在一起，同时可以发现，TiO_2 主要聚集在 RGO 的褶皱与外缘处，这是因为大量的含氧官能团都存在于褶皱处与外缘处，容易与 TiO_2 纳米粒子发生相互作用。此外，可以认为大量的微米级褶皱为 TiO_2 和 RGO 接触提供了较大的比表面积，充分发挥 RGO 优异的导电性能，从而更好地抑制光激发 TiO_2 产生地电子-空穴对复合。

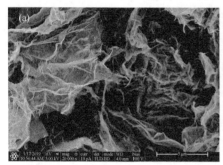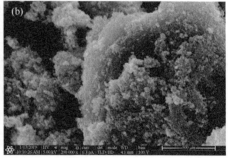

图 18-5　GO(a)和 RGO-TiO₂(b)表面的 FESEM 照片

图 18-6 为 EVA 发泡材料、表面负载 DPA 的复合发泡材料和表面负载 RGO-TiO₂ 的复合发泡材料的 FESEM 照片，观察可得，未负载催化剂的 EVA 发泡材料表面比较平整，与之相比，负载 PDA 的发泡材料表面存在一层覆盖物，并且呈现出些许裂纹，这是因为 DPA 薄膜在形成和后续烘干过程中发生了脱水、收缩等作用。观察图 18-6(c)可以发现，材料表面存在一些未团聚的 RGO-TiO₂ 催化剂，这是由于聚多巴胺和 RGO-TiO₂ 之间的氢键作用，复合催化剂能够组装在发泡材料的表面。

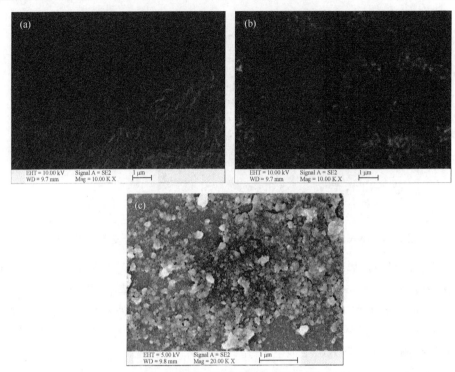

图 18-6　EVA 发泡材料(a)，表面负载 DPA 的复合发泡材料(b)，负载 RGO-TiO₂ 的复合发泡
材料(c)的 FESEM 照片

18.3.5　RGO-TiO₂ 的光催化降解分析

图 18-7 为 RGO-TiO₂ 和 TiO₂ 在可见光照射下对 RhB 的降解曲线，c_0 取溶液在

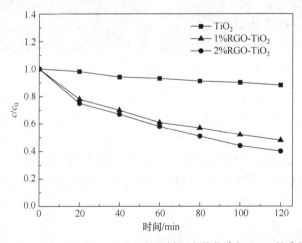

图 18-7　RGO-TiO₂ 和 TiO₂ 在可见光照射下光催化降解 RhB 的降解曲线

黑暗中 30～60 min 而达到吸附-解吸附平衡时的浓度，c 为可见光照射下的剩余溶液浓度。可以发现，TiO_2 对于 RhB 吸附作用很小，在 120 min 时降解率仅为 10.2%，与其相比，RGO 的加入显著增加了复合催化剂对 RhB 染料的吸附性，随着反应的进行，染料的转化率整体呈现逐渐减小的趋势，且复合 2% RGO 的催化剂吸附效果更好，在 100 min 时降解率达到 56%。这是因为 RGO 的加入提高了 RhB 染料的光吸收强度和光吸收范围；并且 RGO 优异的导电性增大了光生电子的转移速率，从而抑制了电子-空穴对的重新复合。

18.3.6　表面负载 RGO-TiO₂ 的 EVA 复合发泡材料的光催化降解分析

图 18-8 为表面负载不同催化剂的 EVA 发泡材料在可见光照射下对 RhB 的降解曲线，c_0 取溶液在黑暗中 30～60 min 而达到吸附平衡时的浓度，c 为可见光照射下的剩余溶液浓度。可以发现，未负载催化剂和仅负载 TiO_2 的 EVA 发泡材料对于 RhB 几乎没有降解，仅负载 TiO_2 时在 6 h 内降解率仅为 4.1%，这是因为 TiO_2 的带隙较高，在可见光下利用率很低。与其相比，RGO 的加入显著增加了发泡片材对 RhB 染料的降解，虽然其光催化降解效率低于 RGO-TiO_2，但完全可以满足其作为自清洁 EVA 发泡材料的基本要求。

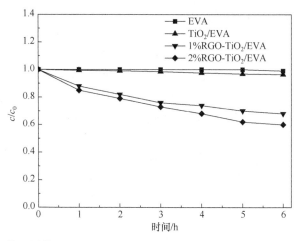

图 18-8　表面负载不同催化剂的 EVA 发泡材料在可见光照下光催化降解 RhB 的降解曲线

18.4　本章小结

以异丙醇钛为钛源，葡萄糖为还原剂，通过一步水热法制备 RGO-TiO$_2$，通过多巴胺进行表面处理得到表面负载 RGO-TiO$_2$ 的 EVA 发泡材料，考查 GO、RGO-TiO$_2$ 和负载催化剂后的 EVA 表面形貌特征及其对 RhB 的光催化降解能力。

(1) 傅里叶变换红外光谱分析表明，经过一步水热法制备还原的 RGO-TiO$_2$ 复合催化剂，GO 得到充分的还原，保留了 GO 的碳骨架，同时 Ti—O—C 的振动吸收峰证实了复合材料中 RGO 和 TiO$_2$ 间紧密的化学联系。

(2) X 射线衍射分析表明，TiO$_2$ 出现的主要衍射峰指向了锐钛矿晶型，RGO 在 24.5° 左右的衍射峰被 TiO$_2$ 在 25.6° 处的衍射峰所屏蔽，因此在复合物中没有能够发现 RGO 峰。

(3) 表面形貌分析表明，EVA 发泡材料表面经过盐酸多巴胺自聚合以及 RGO-TiO$_2$ 的吸附作用后，在表面形成不透光的薄膜，所以表面颜色整体由浅黄白色变为灰黑色。

(4) 场发射扫描电镜分析表明，TiO$_2$ 纳米颗粒有效地分散在 RGO 片层上，两者通过界面接触的方式紧密相接在一起，在 RGO 的褶皱与外缘处含有的含氧官能团容易与 TiO$_2$ 纳米粒子发生相互作用。大量的微米级褶皱为 TiO$_2$ 和 RGO 接触提供了较大的比表面积，充分发挥 RGO 优异的导电性能，从而更好地抑制光激发 TiO$_2$ 产生的电子-空穴对复合。通过多巴胺的自聚合成膜以及聚多巴胺和 RGO-TiO$_2$ 之间的氢键作用，复合催化剂能够组装在发泡材料的表面。

(5) 光催化降解分析表明，可见光照射下复合催化剂对 RhB 的光催化降解性能比 TiO$_2$ 显著提高，在 100 min 时降解率达到 56%，并且负载于 EVA 发泡片材表面后，虽然其光催化降解效率低于 RGO-TiO$_2$，但完全可以满足其作为自清洁 EVA 发泡材料的基本要求。RGO 的加入提高了 RhB 染料的光吸收强度和光吸收范围；且 RGO 优异的导电性增大了光生电子的转移速率，从而抑制了电子-空穴对的重新复合。

第 19 章 总 结

19.1 抗静电 CB-EG/EVA 复合材料制备

以 EVA 为基体材料、POE 为弹性体、EAA 为增容剂，以 AC 为发泡剂、DCP 为交联剂以及 St、ZnO、ZnSt 为加工助剂，通过熔融共混、塑化开炼、硫化发泡实验工艺制备了 EVA 复合发泡材料。通过添加复配阻燃剂 EG 和 APP 制备得到无卤阻燃 EG-APP/EVA 复合发泡材料；通过对木薯淀粉增塑处理得到 TPS，TPS 作为成炭剂与 EG、APP 组成复配阻燃剂制备得到无卤阻燃 EG-APP-TPS/EVA 复合发泡材料；通过 MPOP 对 EG 进行二次插层得到新型阻燃剂 MPOP-EG，并将其应用于 EVA 复合发泡材料中制备得无卤阻燃 MPOP-EG/EVA 复合发泡材料；通过酞酸酯偶联剂 NDZ-101 对 CB 进行表面处理得到改性 CB，以改性 CB 和 EG 为防静电剂制备得到防静电 CB-EG/EVA 复合发泡材料。

(1) 对比了三种复配阻燃剂组合的阻燃效果(EG 分别与 MH、ATH 和 APP 复配)。结果表明，EG 与 APP 复配时，复合发泡材料发泡状态和阻燃效果都是最好的。当阻燃剂添加总量为 30%、EG/APP=1/4 时，EG-APP/EVA 复合发泡材料综合性能(阻燃性能、物理力学性能以及热稳定性能)最好，其极限氧指数可达 28.1%，垂直燃烧达到 V-1 级别，无熔滴，质量损失为 0.122 g；物理力学性能中拉伸强度、断裂伸长率、撕裂强度、回弹性、密度以及邵氏硬度 C 分别可达到 2.61 MPa、148.39%、9.2 N/mm、37.6%、0.20408g/cm^3 和 50；最大热失重时的温度升高以及最大热失重速率降低，在 500℃和 600℃时残炭率分别达到 16.97%和 13.35%，相比提高了 10 个百分点以上，表明复配阻燃剂起到减慢 EVA 复合发泡材料分解速率以及改善材料阻燃性能的良好作用。

(2) 傅里叶变换红外光谱分析表明，EG-APP/EVA 复合发泡材料中碳链随着温度的升高而逐渐断裂且残炭中存在着聚芳烃，降解过程中产生了磷酸根离子使得材料发生无规则降解从而减少了可燃性气体并促进了材料脱水炭化，提高了成炭量。TG-Mass 以及 FESEM 分析结果表明，EG、APP 在气相和固相中可起到良好的协同阻燃作用。

(3) 增塑剂丙三醇对木薯淀粉进行高速混合表面处理，能够部分破坏或削弱原木薯淀粉分子间的氢键作用，降低其结晶度从而减弱极性，达到增塑的效果。

(4) 通过 L$_9$(3^3)正交实验优化配方设计，结果发现，当添加 6% EG、24% APP、

8% TPS 时，EG-APP-TPS/EVA 复合发泡材料综合性能(物理力学性能、阻燃性能以及热稳定性能)最好，物理力学性能中拉伸强度和断裂伸长率分别达到最大值 3.35 MPa、211.35%，密度取得最小值 0.18022g/cm³，撕裂强度、回弹性和邵氏硬度 C 分别为 15.87 N/mm、47%和 61；其极限氧指数达 26.8%，垂直燃烧可达到 V-0 级别；相比于 EG-APP/EVA 复合发泡材料，EG-APP-TPS/EVA 复合发泡材料最大热失重速率降低 0.39 个百分点，所对应的温度升高 3.7℃，表明成炭剂 TPS 的加入减慢了 EVA 复合发泡材料的热分解速率，在 500℃和 600℃时残炭率可提高 5 个百分点左右，分别为 24.4%、17.6%，残炭率的提高通常伴随着阻燃性能的提高。

(5) TG-Mass 以及 FESEM 分析结果表明，成炭剂 TPS 的加入促进了复合发泡材料燃烧时脱水成炭反应，形成了"蠕虫状"及"发泡状"炭层所组成的更加致密且厚实的残炭，能够更好地起到隔热、隔氧作用，EG、APP、TPS 三者分别在气相和固相中起到的协同阻燃效果优于 EG 和 APP。

(6) 耐水性实验结果表明，添加淀粉的复合发泡材料都有一定的析出率并且阻燃性能、力学性能都会有一定程度的下降。然而添加热塑性淀粉的 EG-APP-TPS/EVA 复合发泡材料析出率只有 0.9%，虽然 LOI 下降了 0.8 个百分点，但 UL-94 等级仍保持 V-0 级别，拉伸强度、撕裂强度以及断裂伸长率仅分别下降 0.23 MPa、0.52 N/mm、7.07 个百分点，表明丙三醇的增塑处理可降低复合发泡材料的吸水率从而提高耐水性能。降解性实验结果表明，含 0% TPS 和 8% TPS 的 EG-APP-TPS/EVA 复合发泡材料土壤掩埋 1~3 个月后失重率都有所增加，后者的上升幅度远大于前者。含 8% TPS 的复合发泡材料掩埋 3 个月后失重率可达 4.186%，光学显微镜下材料的表面变得不平整，有凹坑以及霉菌繁殖，从土壤中挖出的试片形状和色泽变化较大，表明 TPS 的加入能够促进复合发泡材料较好地生物降解，且随着掩埋时间的延长，降解程度增大。

(7) 相比于 EG 红外曲线，MPOP-EG 出现了几个 MPOP 红外曲线上有的特征吸收峰：3120 cm⁻¹、1680 cm⁻¹、1390 cm⁻¹、1060 cm⁻¹；相比于 EG 的 XRD 图谱，MPOP-EG 的衍射峰强度变小、峰形变宽以及衍射角向左偏移至 2θ=25.42°、53.93°，同时结合 MPOP-EG 的 FESEM 照片可以说明 MPOP 已成功插层至 EG 炭层间制备得到了新型阻燃剂 MPOP-EG，其起始膨胀温度约为 180℃，膨胀体积可达 295 mL/g，分别比 EG 低了 20℃和增大了 45 mL/g。

(8) 阻燃剂 MPOP-EG 添加量一定时，增大插层剂 MPOP 的量可显著改善 MPOP-EG/EVA 复合发泡材料的阻燃性能。当 EG/MPOP=1/0.4 时，添加 30%阻燃剂 MPOP-EG 的 MPOP-EG/EVA 复合发泡材料 LOI 可达到 26.3%，垂直燃烧为 V-0 级别，其阻燃效果分别优于相同添加量的 EG、APP 阻燃剂。而其物理力学性能同 EG/EVA 复合发泡材料类似，因为添加量相同又都是属于"片层状"碳材料，其拉伸强度、断裂伸长率、撕裂强度、回弹性、密度以及邵氏硬度 C 分别为 3.10 MPa、208.35%、13.54 N/mm、50.8%、0.11510g/cm³ 和 48，虽然比未添加阻燃剂的纯 EVA 复合发泡材料有一定程度的降低，但还是可以满足某些应用领域的要求，如包装行业。

(9) 阻燃剂 MPOP-EG 的热分解趋势同 EG、MPOP 一致，升温至 790℃时残炭率可达 50.88%，且残余产物应该是热稳定性较高的物质，表明 MPOP-EG 具有良好的耐热氧性。相比于纯 EVA、EG/EVA 复合发泡材料，MPOP-EG/EVA 复合发泡材料起始热分解温度($T_{5\%}$)延后至 341.0℃，最大热失重时温度提高至 470.8℃且最大热失重速率降低为 1.74%/℃，在 600℃时的残炭率可达 24.37%，这都表明了 MPOP-EG 能够很好地减慢 EVA 复合发泡材料的热分解速率从而显著地改善其阻燃性能。MPOP-EG 可能的阻燃机制为：MPOP-EG 在受热条件下发生膨胀，包括 EG 的物理膨胀和 MPOP 的化学膨胀。其中物理膨胀是 EG 受热后由"片层状"结构膨胀成"蠕虫状"结构，形成具有物理阻隔性的膨胀炭层，不与 EVA 基体发生化学反应；而化学膨胀是 MPOP 受热分解形成酸源聚磷酸和气源三聚氰胺，酸源与炭源(EVA 树脂及其部分分解后形成的含多羟基物质)酯化进而脱水炭化，形成的炭化产物在气源的作用下膨胀成"发泡状"炭层。

(10) 采用酞酸酯偶联剂 NDZ-101 对炭黑进行表面处理，随着偶联剂用量的增加，炭黑 DBP 吸油值呈现先快速后较为缓慢上升的趋势。当偶联剂用量为 1.5%时，炭黑 DBP 吸油值为 197.0 mL/100g，相比未处理提高了 5.0 mL/100g。

(11) 综合防静电性能、阻燃性能以及物理力学性能分析，当添加防静电剂 20%可膨胀石墨和 10%改性炭黑时，CB-EG/EVA 复合发泡材料综合性能最好，其体积电阻率[lg(ρ_V)]为 8.92，体积电阻在 $10^8 \Omega \cdot cm$ 级别，达到材料的防静电效果；其拉伸强度、断裂伸长率、撕裂强度、回弹性、密度以及邵氏硬度 C 分别为 4.38 MPa、210.04%、12.64 N/mm、42.5%、0.17041g/cm³ 和 41.4；其极限氧指数可达 25.8%且垂直燃烧达到 V-1 级别，表明可膨胀石墨和改性炭黑存在着较好的协同阻燃作用。

(12) 热重分析表明，添加 20%可膨胀石墨和 10%改性炭黑的 CB-EG/EVA 复合发泡材料热分解时，起始分解温度延后至 370.5℃，第 2 个热失重峰的温度向较高温度移动至 477.2℃，并且两个热失重峰对应的最大热失重速率分别下降为 0.11%/℃和 1.67%/℃，而 600℃时残炭率为 34.19%，相比未添加防静电剂的纯 EVA 复合发泡材料提高了 32.58 个百分点，表明可膨胀石墨和改性炭黑的添加提高了 EVA 复合发泡材料的热稳定性。这是因为"片层状"可膨胀石墨吸收大量的热量膨胀成"蠕虫状"，形成具有隔热、隔氧作用的膨胀炭层，而炭黑粒子分散在复合发泡材料内部，阻碍了热量传递到材料内部，起到隔热作用。

19.2　抗菌 EVA/淀粉复合材料制备

通过对抗菌粉的改性，制得改性抗菌粉，采用共混的方法制备了含纳米银系抗菌粉的 EVA/淀粉复合发泡材料。研究了不同改性剂对抗菌粉的改性效果，以及添加改性抗菌粉的复合发泡材料的性能，包括熔体流动性能、热稳定性能、微观结构、力学性能和抗菌性能。通过对 EVA/淀粉复合发泡材料的表面处理，用原位还原法制备了表面负载纳米银的 EVA/淀粉复合发泡材料。研究了不同条件对负载银含量的影响、复合发泡材料的表面形貌、元素分布、晶体类型和抗菌性能。以双组分导电填料作为抗静电剂，采用共混的方法制备了炭黑、碳纤维双组分抗静电 EVA/淀粉复合发泡材料。研究了复合材料的熔体流动性能、热稳定性能、微观结构、导电性能和力学性能。

(1) 复合材料中无论是否添加碳纤维，熔体流动速率都随着炭黑含量的增加而降低。炭黑含量较低时，炭黑单组分填充复合材料的熔体流动速率较低，当炭黑含量上升后，炭黑、碳纤维双组分填充复合材料的熔体流动速率较低。随着炭黑以及碳纤维含量的增加，在相同温度下复合发泡材料的失重减少。因此，炭黑和碳纤维的加入能在一定程度上增加复合发泡材料的热稳定性。

(2) 当炭黑的含量较低时，炭黑在基体中分散比较孤立，难以形成连续的导电网络，随着炭黑含量的继续增加，炭黑形成了部分连续相，这种连续相的结构有利于电子在表面的迁移，碳纤维的加入能够贯通这些部分连续相炭黑，起到一定的桥接作用，因而降低了材料的表面电阻率。炭黑和碳纤维的加入使得复合发泡材料的泡孔尺寸稳定性变差，存在一些较大尺寸的泡孔，出现了部分泡孔并孔和穿孔的现象。当炭黑含量较低时，增加炭黑的用量对材料的电阻率下降效果并不明显，当达到一定值后，继续增加炭黑用量，材料的表面电阻率显著下降，出现"渗滤"现象。而在相同的炭黑填料含量下，炭黑、碳纤维双组分填充的复合发泡材料表面电阻率始终小于炭黑单组分。

(3) 复合发泡材料的邵氏硬度 C、密度和回弹性均随着炭黑含量的增加而增加，碳纤维的加入对邵氏硬度 C、密度和回弹性的影响不大。这是因为炭黑加入后，复合发泡材料形成的泡孔孔径不均匀，增大了复合发泡材料的密度和邵氏硬度 C，降低了回弹性。复合发泡材料的拉伸强度和撕裂强度随着炭黑含量的增加先降低后上升，这说明当炭黑含量达到一定值后，继续增加炭黑含量能够起到一定的补强作用。而加入碳纤维组分的复合发泡材料补强效果并不明显。复合发泡材料的断裂伸长率均随着炭黑含量的增加显著下降。

(4) 对比三种偶联剂对纳米银系抗菌粉改性的效果，钛酸酯偶联剂的活化指数最高,在 2 phr 时已经达到 100%,因此改性效果最好。红外光谱分析结果中,对比未改性的抗菌粉,用铝酸酯和钛酸酯偶联剂改性的抗菌粉均出明显的亚甲基吸收峰,表明经偶联剂改性,抗菌粉表面已经出现了有机化作用,而硅烷偶联剂的改性效果较弱。无论何种偶联剂改性抗菌粉,熔体流动速率都随着偶联剂用量的增加而增加,其中钛酸酯偶联剂对熔体流动速率增加的效果最为明显。经过钛酸酯偶联剂改性的抗菌粉的复合发泡材料在 400℃以下的失重率较高。但是与未添加抗菌粉的复合发泡材料相比,500℃以上的残余碳含量更高。当偶联剂改性抗菌粉后,复合材料中抗菌粉与基体之间界面黏合力增加,两者相容性得到提升。复合发泡材料的泡孔尺寸随着抗菌粉的加入明显减小,这是由于抗菌粉的添加增加了异相成核作用,并且偶联剂改性抗菌粉后,泡孔尺寸更加均一,穿透和并孔明显减少。

(5) 力学性能结果分析表明,未改性抗菌粉的加入,使得复合发泡材料的综合力学性能降低,随着偶联剂的加入,拉伸性能和撕裂性能得到提高,其中,含有 2 phr 钛酸酯偶联剂抗菌粉的复合发泡材料的综合力学性能最佳,含量超过 2 phr 时,力学性能有所下降。这是由于 2 phr 钛酸酯的加入,已经使得抗菌粉活化指数达到 100%,抗菌粉表面被完全有机化,继续增加钛酸酯用量,不会增加新的活性点,反而增加了抗菌粉表面以范德瓦耳斯力相结合的偶联剂分子层数,这使得抗菌粉与基体的黏结作用有所减弱。

(6) 抗菌性能结果表明,未添加抗菌粉的复合发泡材料不具有抗菌性,含钛酸酯改性抗菌粉的 EVA/淀粉复合发泡材料具有良好的抗菌能力。菌落计数得出抗菌试样对两种细菌的抗菌率均超过 99%。

(7) 盐酸多巴胺处理后,淀粉/EVA 复合发泡材料从亮白色变为深褐色。淀粉/EVA 复合发泡材料表面十分平整光滑,没有明显裂纹。用盐酸多巴胺缓冲液处理后,复合发泡材料表面明显负载上一层厚度均匀的薄膜,表面出现由于收缩作用产生的几十纳米宽度的裂纹。经硝酸银处理后,复合发泡材料薄膜表面形成尺寸均一(粒径约为 20 nm)、均匀分布的纳米级颗粒。通过对比硝酸银处理前后复合发泡材料表面的能量色散 X 射线光谱得出:处理前,材料表面只含有 C、O 两种元素,处理后,能谱中出现银的特征峰,扫描区域内银元素分布均匀,其表面含量为 8.49%。用多巴胺处理后的复合发泡材料出现 N 3d 结合能峰,说明聚多巴胺薄膜已经成功负载在材料表面。用硝酸银处理后的复合发泡材料中,在 368.2 eV 处出现了 Ag 3d 结合能峰,并且 Ag $3d_{3/2}$ 和 Ag $3d_{5/2}$ 结合能峰值相差 6 eV,这与银单质的数据完全相符,证明了复合发泡材料表面负载上了银单质。X 射线衍射结果表明,经硝酸银处理后,XRD 衍射花样中在 38.1°和 44.3°处出现明显的衍射峰,这对应着银的晶体衍射峰,同样证明银元素以单质形式存在。

(8) 通过改变盐酸多巴胺和硝酸银的浓度,发现当浓度很低时,复合发泡材料中的银含量随着两者浓度的增加迅速增加，当浓度超过一定值后，银含量增加缓慢。这是由于当盐酸多巴胺浓度达到一定值后，材料表面已经完全负载上一层聚多巴胺薄膜，继续增加盐酸多巴胺用量，只会增加薄膜厚度，不会增加附着和反应的活性点。而硝酸银含量增长到一定值后，材料表面继续增多的银颗粒由于和薄膜的作用力较弱，在后处理过程中产生了大量脱落。

(9) 表面负载聚多巴胺薄膜的复合发泡材料对细菌具有一定的抑制效果，但是这种效果远没有达到对抗菌材料的性能要求。而表面负载纳米银的复合发泡材料对大肠杆菌和金黄色葡萄球菌的抗菌效果明显，抗菌率分别超过 98% 和 99%。

19.3　TPS/EVA 复合材料制备

通过甘油增塑木薯淀粉和玉米淀粉制得 TPS，并将 TPS 加入 EVA 鞋底发泡材料中，成功制备了木薯淀粉/EVA 复合发泡鞋底材料及玉米淀粉/EVA 复合发泡鞋底材料；通过硅烷偶联剂 KH-570 和 KH-550 对三种高岭土(煤系煅烧高岭土、水洗高岭土、龙岩煅烧高岭土)进行表面改性，并将改性后的高岭土作为玉米淀粉/EVA 复合发泡鞋底材料的无机填料和泡孔成核剂，成功地制备了玉米淀粉/EVA/高岭土复合发泡鞋底材料；通过对可溶性淀粉进行湿法接枝改性及对玉米淀粉进行双引发干法接枝改性，并尝试着将两种接枝改性淀粉在不加增容剂的条件下加入 EVA 复合发泡鞋底材料中，制备接枝改性淀粉/EVA 复合发泡鞋底材料。

(1) 增塑剂的加入能够部分破坏及削弱木薯淀粉及玉米淀粉分子间的氢键作用，并降低其极性，达到增塑的效果。

(2) 通过 $L_9(3^4)$ 正交实验优化配方设计，发现：对于木薯淀粉/EVA 复合发泡鞋底材料，不同的配方对邵氏硬度 C、密度影响不大；配方 6 的综合力学性能最好，其密度最小为 0.0996 g/cm³；拉伸强度和回弹性最大，分别达 2.23 MPa 和 53%；弹性体 POE 和滑石粉对其物理力学性能影响均很显著，EAA 影响次之，甘油影响最小。对于玉米淀粉/EVA 复合发泡鞋底材料，不同的配方对密度影响不大，但对邵氏硬度 C、拉伸强度、断裂伸长率、撕裂强度及回弹性有较大的影响；配方 8 的综合力学性能最好，其拉伸强度、断裂伸长率和回弹性最大，分别达 2.52 MPa、290.96% 和 58%。配方 6 和配方 9 的综合力学性能次之；滑石粉对其物理力学性能的影响最大，弹性体 POE 和增容剂 EAA 影响次之，甘油影响最小。其中，EAA 和滑石粉对其邵氏硬度 C 和撕裂强度影响显著；弹性体 POE 和滑石粉对其拉伸性能和回弹性影响显著。

(3) 对于木薯淀粉/EVA 复合发泡鞋底材料，随着木薯淀粉含量的增加，其密度增大，而拉伸强度、断裂伸长率及回弹性均降低，尤其是拉伸强度，未加入木

薯淀粉时，拉伸强度为 2.46 MPa，加入 20 phr 木薯淀粉后，拉伸强度急剧下降至
1.7 MPa，其撕裂强度则在木薯淀粉含量为 20 phr 时达到最大值，为 8.65 kg/cm；
加入木薯淀粉后，材料的邵氏硬度 C 急剧下降，但木薯淀粉含量从 20 phr 增加到
80 phr，其邵氏硬度 C 变化不明显。无论木薯淀粉含量为多少，复合发泡鞋底材
料内部多为闭孔孔洞，少数为开孔孔洞。木薯淀粉的加入能够有效地降低复合发
泡鞋底材料内部孔洞的大小，提高孔洞的数量。熔体流动速率分析表明，木薯淀
粉的加入，能够急剧地降低复合发泡鞋底材料的熔体流动速率，当木薯淀粉从
0 phr 增加至 80 phr 时，其 MFR 从 1.74 g/10 min 降低至 0.05 g/10 min。

随着发泡剂 AC 含量的增加，发泡材料的邵氏硬度 C、密度、拉伸强度、断
裂伸长率及撕裂强度均呈下降趋势，而回弹性则呈上升趋势。综合考虑，AC 含
量为 6.2~7.2 phr 之间时，复合发泡材料的综合物理力学性能最佳。

随着交联剂 DCP 含量的增多，复合发泡鞋底材料的邵氏硬度 C、拉伸强度、
断裂伸长率、撕裂强度及回弹性均呈现先增大后降低的趋势，而密度则一直增大。
综合考虑，DCP 含量为 0.7 phr 时，复合发泡鞋底材料的综合物理力学性能最佳。

随着滑石粉含量的增多，复合发泡鞋底材料的拉伸性能、撕裂性能及回弹性
均降低；其撕裂强度则先增大后减小，当滑石粉含量为 10 phr 时，撕裂强度达到
最大，为 8.52kg/cm；其邵氏硬度 C 呈现先减小后增大的趋势，当滑石粉含量为
10 phr，其邵氏硬度 C 最小为 29；加入滑石粉以后，随着滑石粉含量的增加，其
密度一直增加。熔体流动速率分析表明，当滑石粉从 0 phr 增加至 40 phr 时，其
熔体流动速率从 0.35 g/10 min 降低至 0.03 g/10 min，说明滑石粉的加入增大了发
泡体系的黏度，继而增加了复合发泡鞋底材料加工的难度。

(4) 对于玉米淀粉/EVA 复合发泡鞋底材料，随着玉米淀粉含量的增加，其拉
伸强度、断裂伸长率均降低；其密度、撕裂强度及回弹性呈现先上升后下降的趋
势，在玉米淀粉含量为 20 phr 时，撕裂强度和回弹性均达到最大值；并且，随着
玉米淀粉含量的增多，其熔体流动速率逐渐减小，当玉米淀粉从 0 phr 增加到
80 phr 时，熔体流动速率从 1.74 g/10 min 降低到 0.6 g/10 min。

随着发泡剂 AC 含量的增加，其硬度、密度、拉伸强度均降低，而其断裂伸
长率和撕裂强度则呈现先上升后降低的趋势，回弹性则呈现一直上升的趋势。综
合考虑，AC 含量为 6.2 phr 时，复合发泡鞋底材料的综合物理力学性能最佳。

随着交联剂 DCP 含量的增多，其邵氏硬度 C、密度增大，但其拉伸性能、撕
裂性能及回弹性则先升高后降低。综合来看，当 DCP 含量为 0.9 phr 时，复合发
泡鞋底材料的断裂伸长率、撕裂强度及回弹性达到最大值，分别为 261.94%、9.46
kg/cm 及 54%，此时的拉伸强度为 1.94 MPa，综合物理力学性能最佳。

随着滑石粉含量的增多，其邵氏硬度 C、密度呈现上升趋势；而拉伸强度、
断裂伸长率、回弹性呈现下降趋势；并且，随着滑石粉含量的增加，其熔体流

动速率逐步降低，当滑石粉从 0 phr 增加到 80 phr 时，其熔体流动速率从 1.14 g/10 min 降低至 0.72 g/10 min。

(5) 增容剂 EAA 的加入能够大大减少木薯淀粉及玉米淀粉/EVA 复合发泡鞋底材料前驱体断面上的颗粒和凹坑数量，提高两种淀粉与 EVA 的相容性，并提高它们的界面黏结力。

(6) 增塑改性后的木薯淀粉或玉米淀粉的热稳定性降低；木薯淀粉/EVA 复合发泡鞋底材料及玉米/EVA 复合发泡鞋底材料同传统 EVA 发泡材料一样，热分解分为两步，但第一步的初始分解温度及终止温度均降低，质量损失增大；木薯淀粉或玉米淀粉的加入，降低了 EVA 发泡材料的热稳定性。

(7) 硅烷偶联剂 KH-570 比 KH-550 对高岭土改性的效果好，但 KH-570 不能改变高岭土的晶体结构。KH-570 可以提高玉米淀粉/EVA/高岭土复合发泡鞋底材料的综合物理力学性能，但当活化指数达到 100% 后，继续增加 KH-570，复合发泡鞋底材料的各个物理力学性能变化不大。对于煤系煅烧高岭土、水洗高岭土和龙岩煅烧高岭土，KH-570 的最佳含量分别为 1.8 phr、1.8 phr 和 0.6 phr。无论是何种高岭土，经过 KH-570 表面改性后，其对应的复合发泡鞋底材料的热稳定性均降低。

(8) 无论加入何种改性高岭土，随着高岭土含量的增加，复合发泡鞋底材料的密度均增大，拉伸强度、断裂伸长率及回弹性均降低；改性水洗高岭土和煤系煅烧高岭土含量为 20 phr 时，对应的撕裂强度均最大，分别为 14.21 kg/cm、12.78 kg/cm，而改性龙岩高岭土含量为 10 phr 时，其撕裂强度最大，为 9.35 kg/cm。

(9) 玉米淀粉/EVA/高岭土复合发泡鞋底材料内部多为闭孔孔洞，少数为开孔孔洞；无机粒子高岭土在复合发泡鞋底材料发泡时，确实起到了成核剂的作用；分别加入三种高岭土后，复合发泡鞋底材料的泡孔数量均增多，泡孔直径均减小，开孔孔洞均减少。对玉米淀粉/EVA/高岭土复合发泡鞋底材料拉伸断裂的机理探讨如下：刚性高岭土小颗粒均匀分布在复合发泡鞋底材料的泡孔孔壁上，起到辅助布层的作用，在复合发泡鞋底材料受到外力作用时，连续的 EVA 基体材料被拉伸，随着拉力的增大，有应力开裂现象，产生裂纹，而均匀分布的细小高岭土颗粒能够阻止裂纹扩展，从而阻止泡孔孔壁破裂，提高复合发泡鞋底材料的力学性能。

(10) 可溶性淀粉接枝乙酸乙烯的红外谱图中出现了 C=O 的特征吸收峰。随着引发剂过硫酸铵浓度的增加，可溶性淀粉/VAc 接枝共聚物的接枝率和接枝效率均呈现先增加后减小的趋势，当引发剂为 6 mmol/L 时，接枝率和接枝效率均达到最佳值，分别为 81.9% 和 45.4%。随着反应温度的增加，其接枝率和接枝效率均呈现先增大后减小的趋势，当反应温度为 70℃ 时，其接枝率和接枝效率达到最大值，分别为 83.7% 及 47.1%。湿法接枝改性淀粉/EVA 复合发泡鞋底材料的密度、拉伸性能和撕裂性能均低于传统 EVA 发泡材料。

(11) 干法接枝改性玉米淀粉/EVA 复合发泡鞋底材料的拉伸性能及撕裂性能均比加入增容剂的未改性玉米淀粉/EVA 复合发泡鞋底材料的好,其最大拉伸强度为 2.78 MPa,最大撕裂强度为 12.31 kg/cm。

(12) 湿法接枝改性和双引发干法接枝改性均可提高淀粉与 EVA 的相容性。湿法接枝改性淀粉的分解历程复杂,其初始分解温度低于可溶性淀粉的初始分解温度,热稳定性不及可溶性淀粉;对玉米淀粉进行干法接枝改性可以提高复合发泡鞋底材料的初始分解温度,从而提高复合发泡鞋底材料的热稳定性。

19.4　EVA/木粉/HDPE 复合材料制备

通过木粉改性和淀粉增塑,制得改性木粉和热塑性淀粉,并使用 HDPE 作为补强剂,采用三元共混的方式制得 EVA/淀粉/HDPE 复合发泡材料和 EVA/木粉/HDPE 复合发泡材料,并应用于鞋底发泡,缓解废弃鞋材对环境的压力。研究并对比了两种复合发泡材料的性能,包括力学性能、热稳定性、微观形貌等。同时对热塑性淀粉/木粉复合材料进行了研究,包括力学性能、热稳定性、微观形态、吸水性和降解性,尝试设计和制备一种可降解材料作为专用填料。关于 EVA/木粉/HDPE 复合发泡材料、EVA/淀粉/HDPE 复合发泡材料和淀粉/木粉复合材料性能、工艺和应用的相关总结如下。

(1) 经钛酸酯改性后的木粉在红外光谱中出现四种 C—H 振动峰,表明钛酸酯偶联剂成功作用在木粉表面。

(2) XRD 结果表明,HDPE 大幅提高了 EVA 前驱材料的结晶度,而过高结晶度可能会使发泡材料在发泡过程中出现泡孔坍塌的现象,影响材料性能,而这一点从力学性能测试中得到了证实。

(3) 木粉和淀粉都能够起到成核剂的作用,却又都能很好地调节体系的结晶度,提高了 EVA 发泡材料的泡孔密度,降低了孔径和平均孔壁厚度。当木粉、木粉和 HDPE 共同作用在 EVA 基体中时,EVA/木粉/HDPE 复合发泡材料和 EVA/淀粉/HDPE 复合发泡材料泡孔密度减小,泡孔直径缩小,且"双峰态"分布情况得到有效改善。但木粉和淀粉会降低体系的熔体流动速率,使得加工流动性变差。

(4) 力学性能表明,HDPE 单独与 EVA 共混时对性能提高非常小,木粉单独作用于 EVA 基体时其对力学性能有一定提高,HDPE 和木粉共同作用时效果更好。其中,木粉含量为 10 phr、HDPE 含量为 40 phr 时,拉伸强度达到最大值;木粉含量为 20 phr、HDPE 含量为 30 phr 时永久压缩形变达到最小值;复合材料的密度和邵氏硬度 C 均随 HDPE 和木粉含量的增加而增加;弹性随两者含量的增加而减少。当木粉含量为 10 phr、HDPE 含量不超过 30 phr 时,拉伸强度、永久压缩形变、邵氏硬度 C、密度和弹性的综合性能是最好的。

(5) FESEM 结果表明,钛酸酯偶联剂明显改善了木粉和塑料基体的相容性,提高了泡孔密度,改善了泡孔大小。力学性能测试结果表明,当偶联剂含量为 2%时,拉伸强度达到最大值;压缩永久形变随偶联剂含量的增加而减少;当偶联剂含量为 2%时,EVA/木粉/HDPE 复合发泡材料的密度和邵氏硬度 C 达到最大值;弹性回复达到最小值,且偶联剂对密度的影响十分明显。

(6) 对比 EVA/木粉/HDPE 复合发泡材料和 EVA/淀粉/HDPE 复合发泡材料,后者的泡孔结构更为致密整齐,具有更好的力学性能。

(7) 力学性能数据表明,淀粉含量为 20 phr 时复合发泡材料的拉伸强度、撕裂强度和断裂伸长率达到最大值,并且随着 HDPE 含量的增加而进一步提高,但 HDPE 含量超过 30 phr 时,以上性能变化就不大了。当淀粉含量从 0 phr 增加至 20 phr,永久压缩形变逐渐降低,但淀粉含量超过 20 phr 时,永久压缩形变变化不大。随着 HDPE 含量的增加,永久压缩形变先减小后增加。EVA/淀粉/HDPE 复合发泡材料的密度随着淀粉和 HDPE 含量的增加而增加,弹性受淀粉影响不大,但会随着 HDPE 含量的增加而减小,复合发泡材料的邵氏硬度 C 也主要随 HDPE 含量的增加而增加。

(8) 木粉与淀粉都具有低成本的特点,且两者有很好的相容性,两者按比例掺杂形成了廉价的可降解复合材料。

(9) 木粉掺杂进淀粉中,能够有效地提高热塑性淀粉的拉伸强度、弹性模量和热稳定性。木粉降低了热塑性淀粉的断裂伸长率、吸水性和降解速率。且随着木粉含量的增加影响变大。

(10) 木粉种类不同,化学组成(纤维素、半纤维素和木质素比例)也不同,进而造成性能的差异。云杉木木粉和杨木木粉使得复合材料具有较好的力学性能、热稳定性、吸水性和较低的降解率。山毛榉木粉易感染,最易降解。

(11) 当木粉颗粒大小从 80 目降低至 325 目时,会提高其复合材料的拉伸强度,降低生物降解率和吸水性,但对复合材料热稳定性、弹性模量和断裂伸长率没有明显影响。

19.5　RGO-TiO₂/EVA 复合材料制备

制备了 KH-550 改性的氧化石墨烯 K-GO、新型复配抗静电剂 RGO-CB 以及 RGO-TiO₂光催化剂,分别将其运用于 EVA 中或者负载在 EVA 发泡片材表面。分别考查 K-GO 和抗静电剂 RGO-CB 对 EVA 发泡材料机械性能和抗静电性能等的影响,RGO-TiO₂光催化薄膜对 EVA 发泡片材的功能化改进,主要结论如下。

(1) 通过改进的 Hummers 法制备 GO，选用硅烷偶联剂 KH-550 对 GO 进行化学接枝处理，制备出氧化石墨烯的衍生物 K-GO，最后将 K-GO 作为纳米添加助剂运用于 EVA 基体中制得功能性复合发泡材料。所制备的 GO 表面含有羟基、羧基和环氧基等含氧官能团，通过反应硅烷偶联剂 KH-550 成功插层到了 GO 上形成 K-GO，硅烷部分破坏了 GO 的周期性结构，减少了 GO 片层的团聚，并使得层间距进一步增大。复合发泡材料的内部泡孔多为闭孔泡孔，与传统 EVA 发泡泡孔结构相似。当 K-GO 的含量较少时，材料的内部泡孔大小均一性和泡孔的数量没有大的变化，添加量达到 1.2 phr 后，泡孔的平均尺寸变大，说明部分 K-GO 未分散均匀，起到了黏附作用，引起成核剂碳酸钙和发泡剂 AC 的聚集。力学性能测试表明，对于 K-GO，在低添加量下复合发泡材料的拉伸强度、拉伸断裂强度和回弹性能基本保持稳定，邵氏硬度 C 和撕裂强度得到了一定的提高。但当 K-GO 的添加量过量，超过 0.9 phr 时，复合发泡材料的综合力学性能会由于石墨烯的团聚出现下滑。K-GO 的最优添加量为 0.6 phr。

(2) 选用 PPD 在 GO/CB 悬浮液中原位还原，制得还原氧化石墨烯-炭黑杂化物 RGO-CB，然后作为功能填料，制得抗静电 RGO-CB/EVA 复合发泡材料。测试表明经过原位还原，CB 沉积在 RGO 表面充当屏障，防止 RGO 在干燥后重新团聚。当填料使用量大于 9 phr 并逐渐增大时，RGO 和 CB 由于表面存在的一些极性基团，与 EVA 基体的界面黏接力较差，导致了泡孔质量的下降。体积电阻率曲线表明，与 CB/EVA 相比，RGO-CB/EVA 的电阻率大幅减小，当添加量达到 15 phr 时，$\lg(\rho_V) = 7.6$，表现出合格的抗静电性。这归因于石墨烯固有的高导电率，以及 CB 颗粒吸附在石墨烯片层上，在导电网络中能够促进电荷高效的转移，所以较改性前有更好的抗静电性。同时也提高了原 CB 体系的热稳定性能和拉伸等机械性能。

(3) 以异丙醇钛为钛源、葡萄糖为还原剂，通过一步水热法制备 RGO-TiO$_2$，通过多巴胺进行表面处理得到表面负载 RGO-TiO$_2$ 的 EVA 发泡材料。傅里叶红外光谱分析表明，制备的 RGO-TiO$_2$ 复合催化剂，GO 得到充分的还原，保留了 GO 的碳骨架，TiO$_2$ 纳米颗粒有效地分散在 RGO 片层上，两者通过界面接触的方式紧密相接在一起。RGO 抑制了 TiO$_2$ 光生电子-空穴对的复合，光催化降解分析表明，可见光照射下复合催化剂对 RhB 的光催化降解性能比 TiO$_2$ 显著提高，在 100 min 时降解率达到 56%，并且负载于 EVA 发泡片材表面后，虽然其光催化降解效率低于 RGO-TiO$_2$，但完全可以满足其作为自清洁 EVA 发泡材料的基本要求。

参 考 文 献

[1] 王必勤. EPDM 发泡材料的制备及结构与性能研究. 上海: 上海交通大学, 2006.

[2] 刘定福, 李波, 陆海洁, 等. 可膨胀石墨电化学氧化法制备工艺研究进展. 炭素技术, 2013, 32(3): 1-3.

[3] Burns M, Wagenknecht U, Kretzschmar B, et al. Effect of hydrated fillers and red phosphorus on the limiting oxygen index of poly (ethylene-*co*-vinyl actate)-poly (vinyl butyral) and low density polyethylene-poly (ethylene-*co*-vinyl alcohol) blends. Journal of Vinyl and Additive Technology, 2008, 14(3): 113-119.

[4] Zhang Y, Hu Y, Song L, et al. Influence of Fe-MMT on the fire retarding behavior and mechanical property of (ethylene-vinyl acetate copolymer/magnesium hydroxide) composite. Polymers for Advanced Technologies, 2008, 19(8): 960-966.

[5] 蔡晓霞, 王德义, 彭华乔, 等. 聚磷酸铵/膨胀石墨协同阻燃EVA的阻燃机理. 高分子材料科学与工程, 2008, 24(1): 109-112.

[6] 王乐, 徐曼, 谢大荣, 等. 一种新型有机硅(ZD)在无卤阻燃电缆料中的应用. 高分子材料科学与工程, 2007, 23(2): 222-226.

[7] Huang Y J, Qin Y W, Zhou Y, et al. Polypropylene/graphene oxide nanocomposites prepared by *in situ* Ziegler-Natta polymerization. Chemistry of Materials, 2010, 22(13): 4096-4102.

[8] Zhang B, Fu R W, Zhang M Q, et al. Studies of the vapor-induced sensitivity of hybrid composites fabricated by filling polystyrene with carbon black and carbon nanofibers. Composites Part A: Applied Science and Manufacturing, 2006, 37(11): 1884-1889.

[9] 田瑶珠, 程利萍, 宋帅, 等. 炭黑/聚氯乙烯抗静电复合材料的制备及性能. 塑料, 2012, 41(3): 63-66.

[10] Zheng S D, Huang S L, Ren D Q, et al. Preparation and characterization of isotactic polypropylene/high-density polyethylene/carbon black conductive films with strain-sensing behavior. Journal of Applied Polymer Science, 2014, 131(17): 56-60.

[11] Kawabata N, Nishiguchi M. Antibacterial activity of soluble pyridinium-type polymers. Applied and Environmental Microbiology, 1988, 54(10): 2532-2535.

[12] Mayer A, Grebner W, Wannemacher R. Preparation of silver-latex composites. The Journal of Physical Chemistry B, 2000, 104(31): 7278-7285.

[13] Cherevko S, Xing X, Chung C H. Electrodeposition of three-dimensional porous silver foams. Electrochemistry Communications, 2010, 12(3): 467-470.

[14] Jiang Y, Lu Y, Zhang L, et al. Preparation and characterization of silver nanoparticles immobilized on multi-walled carbon nanotubes by poly (dopamine) functionalization. Journal of Nanoparticle Research, 2012, 14(6): 1-10.

[15] Agnihotri S, Mukherji S, Mukherji S. Size-controlled silver nanoparticles synthesized over the range 5–100 nm using the same protocol and their antibacterial efficacy. RSC Advances, 2014, 4(8): 3974-3983.

[16] Jiang X C, Jiang T, Gan L L, et al. The plasticizing mechanism and effect of calcium chloride on starch/polyvinyl alcohol films. Carbohydrate Polymers, 2012, 90(4): 1677-1684.

[17] Oliveira D M J, Müller C M O, Laurindo J B. Influence of the simultaneous addition of bentonite and cellulose fibers on the mechanical and barrier properties of starch composite-films. Food Science and Technology International, 2011, 18(1): 35-45.

[18] Sudhakar Y N, Selvakumar M. Lithium perchlorate doped plasticized chitosan and starch blend as biodegradable polymer electrolyte for supercapacitors. Electrochimica Acta, 2012, 78(5): 398-405.

[19] Da Róz A L, Ferreira A M, Yamaji F M, et al. Compatible blends of thermoplastic starch and hydrolyzed ethylene-vinyl acetate copolymers. Carbohydrate Polymers, 2012, 90(3): 34-40.

[20] Chabrat E, Abdillahi H, Rouilly A, et al. Influence of citric acid and water on thermoplastic wheat flour/poly(lactic acid) blends: thermal, mechanical and morphological properties. Industrial Crops and Products, 2012, 37: 238-246.

[21] Mohd S, Nizam B S, Norkamruzita S, et al. Effects of glycerol content in modified polyvinyl alcohol-tapioca starch blends. Science and Engineering Research, 2012, 5: 523-526.

[22] 邵俊, 赵耀明. 聚乳酸/DMSO 增塑淀粉复合材料的制备与表征. 塑料工业, 2010, 38(2): 8-11.

[23] 卜华恒, 许德生. 丙烯酸乙酯与马铃薯淀粉接枝共聚. 安徽工程大学学报, 2011, 26(1): 42-44.

[24] 李翔, 李长有. 淀粉接枝共聚丙烯酸-丙烯酰胺煤尘抑尘剂的合成及应用. 化学研究, 2010, 21(1): 56-58.

[25] 杨黎燕, 赵新法, 李仲谨, 等. 反相悬浮淀粉接枝共聚微球反应的动力学. 高分子材料科学与工程, 2011, 27(5): 67-70.

[26] 曹亚峰, 张春芳, 刘兆丽, 等. 高锰酸钾引发双水相中淀粉接枝丙烯酰胺共聚反应. 精细化工, 2010, 27(4): 396-399.

[27] 台立民. EVA-150/淀粉共混改性及其对咪草烟的控制释放. 世界农药, 2008, 30(5): 32-34.

[28] 徐利平, 孙艳斌, 肖立芳, 等. EVA 增容改性玉米淀粉/LDPE 共混体系的研究. 胶体与聚合物, 2008, 26(3): 16-17.

[29] 任崇荣, 任凤梅, 马海红, 等. 高含量淀粉/HDPE 片材的制备及力学性能研究. 塑料工业, 2008, 36(10): 16-19.

[30] 钱志国, 王永涛, 韩宇, 等. 改性淀粉/EVA 共混低成本热熔胶的制备及性能研究. 中国胶黏剂, 2009, 18(7): 17-21.

[31] Rodriguez-Perez M A, Simoes R D, Constantino C J L, et al. Structure and physical properties of EVA/starch precursor materials for foaming applications. Journal of Applied Polymer Science, 2011, 121: 2324-2330.

[32] 孙刚, 曾广胜, 张礼. 工艺参数对淀粉/EVA 复合发泡材料挤出发泡的影响. 包装学报, 2014, 6(1): 40-43.

[33] 孙家干, 杨建军, 张建安, 等. 有机改性高岭土/聚氨酯纳米复合材料的制备与表征. 高分子材料科学与工程, 2012, 28(2): 128-136.

[34] 朱平平, 王戈明. 煅烧高岭土表面改性及其在 EPDM 中的应用. 非金属矿, 2010, 33(1): 36-38.

[35] 李娜, 马国章, 许并社. 煅烧高岭土的硬脂酸改性及其性能研究. 应用化工, 2009, 38(8): 1136-1138.

[36] Aron I J, Eller R, Merrill R E. Pencil sheath composition: USA, US 3875088. 1979-04-01.

[37] Barlow F, Khanna Y, Pietsch D B, et al. Cellulose fiber reinforced composites having reduced discoloration and improved dispersion and associated methods of manufacture: USA, US 6743507. 2004-06-01.

[38] Khavkine M, Isman B. Flowable flax bast fiber: USA, US 6833399. 2004-12-21.

[39] Van Dijk D, De Vries F B A. Plastic-based composite product and apparatus for manufacturing same: USA, US 6929841. 2005-08-16.

[40] Matuana L M, King J A. Method of making wood-based composite board: USA, US 6702969. 2004-03-09.

[41] Maine F W, Newson W R. Method and apparatus for forming composite material and composite material therefrom: USA, US 6939496. 2005-09-06.

[42] Wang C B, Ying S J. Batch foaming of short carbon fiber reinforced polypropylene composites. Fibers and Polymers, 2013, 14(5): 815-821.

[43] Lee Y H, Kuboki T, Park C B, et al. AIChE Annual Meeting, Philadephia (PA), 2008: 16-21.

[44] Dahl M E, Rottinghaus R G, Stephens A H. Extruded wood polymer composite and method of manufacture: USA, US 6153293. 2000-11-28.

[45] Finley M D. Method of forming a foamed thermoplastic polymer and wood fiber profile and member: USA, US 6342172. 2002-01-29.

[46] Zehner B E. Foam composite wood replacement material: USA, US 6590004. 2003-07-08.

[47] Zehner B E, Ross S R. ABS foam and method of making same: USA, US 6784216. 2004-08-31.

[48] Burger C C, Brandt J R, Smith D W, et al. Synthetic wood component having a foamed polymer backing: USA, US 6863972. 2005-03-08.

[49] Park C B, Rizvi G M, Zhang H. Plastic wood fiber foam structure and method of producing same: USA, US 6936200. 2005-08-30.

[50] Beshay A D. Polymer composites based cellulose-V: USA, US 4820749. 1989-04-11.

[51] Ronden C P, Morin J C. Process for the production of composites of co-mingled thermoset resin bonded wood waste blended with thermoplastic polymers: USA, US 5981631. 1999-11-09.

[52] Drabeck G W, Bravo J, DiPierro M, et al. Polymer-wood composites and additive system therefor: USA, US 6942829. 2005-09-13.

[53] Ashori A, Nourbakhsh A. Preparation and characterization of polypropylene/wood flour/nanoclay composites. European Journal of Wood and Wood Products, 2011, 69(4): 663-666.

[54] Kord B, Hemmasi A H, Ghasemi I. Properties of PP/wood flour/organomodified montmorillonite nanocomposites. Wood Science and Technology, 2011, 45(1):111-119.

[55] Stark N M White R H, Mueller S A, et al. Evaluation of various fire retardants for use in wood flour-polyethylene composites. Polymer Degradation and Stability, 2010, 95(9): 1903-1910.

[56] Nezakati T, Cousins B G, Seifalian A M. Toxicology of chemically modified graphene-based materials for medical application. Archives of Toxicology, 2014, 88(11):1987.

[57] Zhang Y, Rhee K Y, Park S J. Nanodiamond nanocluster-decorated graphene oxide/epoxy

nanocomposites with enhanced mechanical behavior and thermal stability. Composites Part B Engineering, 2017, 114:111-120.

[58] Ghaffar A. 生物炭——氧化石墨烯复合材料的制备及其对水中污染物的去除性能研究. 杭州: 浙江大学, 2019.

[59] Moo J G S, Khezri B, Webster R D, et al. Graphene oxides prepared by Hummers', Hofmann's, and Staudenmaier's methods:dramatic influences on heavy-metal-ion adsorption. Chemphyschem, 2015, 15(14): 2922-2929.

[60] Ji C, Yao B, Li C, et al. An improved Hummers method for eco-friendly synthesis of graphene oxide. Carbon, 2013, 64(11):225-229.

[61] Ji L, Rao M, Zheng H, et al. Graphene oxide as a sulfur immobilizer in high performance lithium/sulfur cells. Journal of the American Chemical Society, 2017, 133(46):18522-18525.

[62] Ma X, Zachariah M R, Zangmeister C D. Reduction of suspended graphene oxide single sheet nanopaper: the effect of crumpling. Journal of Physical Chemistry C, 2017, 117(6):3185-3191.

[63] Cheng J S, Wan W H, Chen X Y, et al. Preparation and structural characterization of graphene by rice husk. Transactions of the Chinese Society of Agricultural Engineering, 2015, 31(12):288-294.

[64] Reina A, Jia X, Ho J, et al. Layer area, few-layer graphene films on arbitrary substrates by chemical vapor deposition. Nano Letters, 2009, 9(1):30-35.

[65] Liu X L, Balla I, Bergeron H, et al. Rotationally commensurate growth of MoS_2 on epitaxial graphene. ACS Nano, 2016, 10(1): 1067-1075.

[66] 姜丽丽,鲁雄.石墨烯制备方法及研究进展. 功能材料, 2012, 43(23): 3185-3189.

[67] 葛创. 三维石墨烯的制备及其应用研究. 南京: 东南大学,2017.

[68] You B, Wang L, Yao L, et al. Three dimensional N-doped graphene-CNT networks for supercapacitor. Chemical Communications, 2013, 49(44): 5016-5018.

[69] Stark N M, White R H, Mueller S A, et al. Evaluation of various fire retardants for use in wood flour-polyethylene composites. Polymer Degradation and Stability, 2010, 95(9): 1903-1910.

[70] Hoover R. Composition, molecular structure and physicochemical properties of tuber and root starches: a review. Carbohydrate Polymers, 2001, 45(3): 253-267.

[71] Tester R F, Karkalas J, Qi X. Starch-composition, fine structure and architecture. Journal of Cereal Science, 2004, 39(2): 151-165.

[72] Pérez S, Bertoft E. The molecular structures of starch components and their contribution to the architecture of starch granules. Starch/Stärke, 2010, 62(8): 389-420.

[73] Jane J L, Kasemsuwan T, Leas S, et al. Anthology of starch granule morphology by scanning electron microscopy. Starch/Stärke, 1994, 46(4): 121-129.

[74] Knutson C A, Grove M J. Rapid method for estimation of amylose in maize starches. Cereal Chemistry, 1994, 71(5): 469-471.

[75] Morrison W R, Laignelet B. An improved colorimetric procedure for determining apparent and total amylose in cereal and other starches. Journal of Cereal Science, 1983, 1(1): 9-20.

[76] Biliaderis C G, Grant D R, Vose J R. Molecular weight distributions of legume starches by gel chromatography. Cereal Chemistry, 1979, 56(3): 475-480.

[77] Goering K J, DeHaas B. A comparison of the properties of large- and small-granule starch isolated from several isogenic lines of barley. Cereal Chemistry, 1974, 51(5): 573-578.

[78] Yusuph M, Tester R F, Ansell R, et al. Composition and properties of starches extracted from tubers of different potato varieties grown under the same environmental conditions. Food Chemistry, 2003, 82(2): 283-289.

[79] Fannon J E, Hauber R J, BeMiller J N. Surface pores of starch granules. Cereal Chemistry, 1992, 69: 284-288.

[80] Tan T H, Scott J, Yun H N, et al. Understanding plasmon and band gap photoexcitation effects on the thermal-catalytic oxidation of ethanol by TiO_2-supported gold. ACS Catalysis, 2017, 6(3): 1870-1879.

[81] Vignesh K, Mathew S, Bartlett J, et al. Photocatalytic hydrogen production using metal doped TiO_2: a review of recent advances. Applied Catalysis B: Environmental, 2019, 244(3): 1021-1064.

[82] Xu W, Zhang J, Chen J, et al. Effect of preparation methods on the structure and catalytic performance of Fe-Zn/K catalysts for CO_2 hydrogenation to light olefins. Chinese Journal of Chemical Engineering, 2018, 26(4): 95-101.

[83] Mohammadi R, Maali-Amiri R, Abbasi A. Effect of TiO_2 nanoparticles on chickpea response to cold stress. Biological Trace Element Research, 2013, 152(3):403-410.

[84] Chang F W, Ou T C, Roselin L S, et al. Production of hydrogen by partial oxidation of methanol over bimetallic Au-Cu/TiO_2-Fe_2O_3 catalysts. Journal of Molecular Catalysis A Chemical, 2009, 313(1): 55-64.

[85] Grados M A, Alvi M H, Srivastava S. Behavioral and psychiatric manifestations in Cornelia de Lange syndrome. Current Opinion in Psychiatry, 2017, 30(2): 92-96.

[86] Qi H P, Liu Y Z, Chang L, et al. *In-situ* one-pot hydrothermal synthesis of carbon-TiO_2 nanocomposites and their photocatalytic applications. Journal of Photochemistry & Photobiology A Chemistry, 2017, 333:40-48.

[87] Alberti A, De Marco L, Pellegrino G, et al. Combined strategy to realize efficient photoelectrodes for low temperature fabrication of dye solar cells. ACS Applied Materials & Interfaces, 2014, 6(9): 6425-6433.

[88] 李小培, 谢双, 肖宇, 等. 纳米 TiO_2/聚合物复合材料的制备工艺特点及应用. 黏接, 2015, 36(7): 79-84.

[89] da Silva K I M Fernandes J A, Kohlrausch E C, et al. Structural stability of photodegradable poly(L-lactic acid)/PE/TiO_2 nanocomposites through TiO_2 nanospheres and TiO_2 nanotubes incorporation. Polymer Bulletin, 2014, 71(5):1205-1217.

[90] 赵慎强, 洪若瑜, 王益明, 等. 炭黑的分散性对抗静电涂层导电性能的影响. 材料导报, 2012, 26(10): 64-69.

[91] 李新功, 吴义强, 郑霞, 等. 偶联剂在改善天然植物纤维/塑料界面相容性的应用. 高分子通报, 2010, (1): 7-10.

[92] Yang H P, Yan R, Chen H P, et al. Characteristics of hemicellulose, cellulose and lignin pyrolysis. Fuel, 2007, 86(12/13): 1781-1788.

[93] Almeida A, Possemiers S, Boone M N, et al. Ethylene vinyl acetate as matrix for oral sustained release dosage forms produced via hot-melt extrusion. European Journal of Pharmaceutics and Biopharmaceutics, 2011, 77(2): 297-305.

[94] Siqindalai J, Chen W X. Radiation effects on HDPE/EVA blends. Journal of Applied Polymer Science, 2002, 86(3): 553-558.

[95] Faker M, Razavi Aghjeh M K, Ghaffari M, et al. Rheology, morphology and mechanical properties of polyethylene/ethylene vinyl acetate copolymer (PE/EVA) blends. European Polymer Journal, 2008, 44(6): 1834-1842.

[96] John B, Varughese K T, Oommen Z, et al. Melt rheology of HDPE/EVA blends: the effects of blend ratio, compatibilization, and dynamic vulcanization. Polymer Engineering and Science, 2010, 50(4): 665-676.

[97] Park K W, Kim G H. Ethylene vinyl acetate copolymer (EVA)/multiwalled carbon nanotube (MWCNT) nanocomposite foams. Journal of Applied Polymer Science, 2009, 112(3): 1845-1849.

[98] 邵如, 陈胜胜, 唐龙祥. EVA/PF/MFAPP/MH复合材料的制备及性能. 弹性体, 2020, 30(6): 24-29.

[99] Zhou X, Zhang P D, Li Z F, et al. Miscibility behavior of ethylene/vinyl acetate and C5 petroleum resin by FTIR imaging. Analytical Sciences, 2007, 23(7): 877-880.

[100] 邹瑜. 水滑石类功能材料的特性分析及其阻燃应用. 硅酸盐通报, 2020, 39(12):4034-4042.

[101] 刘帅东, 崔永岩. 无卤复合协效阻燃乙烯-醋酸乙烯酯共聚物的性能研究. 塑料科技, 2020, 48(11): 37-41.

[102] 李苗实, 吴淑龙, 金志健. 石墨烯/纳米 SiO_2/聚磷酸铵在 EVA 共聚物中阻燃协效研究. 当代化工研究, 2020, (22): 17-18.

[103] ManoJ F, KoniarovaD, Reis R L. Thermal properties of thermoplasticstarch/synthetic polymer blends with potential biomedical applicability. Journal of Materials Science: Materials in Medicine, 2003, 14: 127-135.

[104] Rodriguez-Perez M A, Simoes R D, Constantino C J L, et al. Structure and physical properties of EVA/starch precursor materials for foaming applications. Journal of Applied Polymer Science, 2011, 121(4): 2324-2330.

[105] Wang X L, Yang K K, Wang Y Z, et al. Crystallization and morphology of a novel biodegradable polymer system: poly(1,4-dioxan-2-one)/starch blends. Acta Materialia, 2004, 52(16): 4899-4905.

[106] Vertuccio L, Gorrasi G, Sorrentino A, et al. Nano clay reinforced PCL/starch blends obtained by high energy ball milling. Carbohydrate Polymers, 2009, 75(1): 172-179.

[107] LiaoX, Nawaby A V, Whitfield P S. Carbon dioxide-induced crystallization in poly(L-lactic acid) and its effect on foam morphologies. Polymer International, 2010, 59(12): 1709-1718.

[108] Sarazina P, Lia G, Ortsb W J, et al. Binary and ternary blends of polylactide, polycaprolactone and thermoplastic starch. Polymer, 2008, 49(2): 599-609.

[109] Averous L, Boquillon N. Biocomposites based on plasticized starch: thermal and mechanical behaviours. Carbohydrate Polymers, 2004, 56(2/4): 111-122.

[110] Ma X, Yu J, Kennedys J F. Studies on the properties of natural fibers-reinforced thermoplastic starch composites. Carbohydrate Polymers, 2005, 62(1): 19-24.

[111] Alvarez V A, Ruseckaite R A, Vázquez A. Degradation of sisal fibre/Mater Bi-Y biocomposites buried in soil. Polymer Degradation and Stability, 2006, 91(12): 3156-3162.

[112] Alvarez V A, Ruseckaite R A, Vázquez A. Aqueous degradation of Mater Bi Y—sisal fibers biocomposites. Journal of Thermoplastic Composite Materials, 2007, 20(3): 291-303.

[113] Torres F G, Arroyo O H, Gómez C J. Processing and mechanical properties of natural fiber reinforced thermoplastic starch biocomposites. Journal of Thermoplastic Composite Materials, 2007, 20(2): 207-223.

[114] Romhány G, Karger-Kocsis J, Czigány T. Tensile fracture and failure behavior of thermoplastic starch with unidirectional and cross-ply flax fiber reinforcements. Macromolecular Materials and Engineering, 2003, 288(9): 699-707.

[115] Soykeabkaew N, Supaphol P, Rujiravanit R. Preparation and characterization of jute-and flax-reinforced starch-based composite foams. Carbohydrate Polymers, 2004, 58(1): 53-63.

[116] Johnson M R, Tucker N, Barnes S. Impact performance of Miscanthus/Novamont Mater-Bi® biocomposites. Polymer Testing, 2003, 22(2): 209-215.

[117] Georgopoulos S T, Tarantilib P A, Avgerinos E, et al. Thermoplastic polymers reinforced with fibrous agricultural residues. Polymer Degradation and Stability, 2005, 90(2): 303-312.

[118] Li Y, Hu C J, Yu Y H. Interfacial studies of sisal fiber reinforced high density polyethylene (HDPE) composites. Composites Part A: Applied Science and Manufacturing, 2008, 39(4): 570-578.

[119] Canché-Escamillaa G, Rodriguez-Laviadaa J, Cauich-Cupula J I, et al. Flexural, impact and compressive properties of a rigid-thermoplastic matrix/cellulose fiber reinforced composites. Composites Part A: Applied Science and Manufacturing, 2002, 33(4): 539-549.

索　引